中国石油炼油化工技术丛书

大型芳烃技术

主　编　劳国瑞

副主编　刘林洋　王新兰　谢　萍

石油工业出版社

内 容 提 要

本书系统阐述了中国石油在芳烃生成、芳烃转化、芳烃分离、芳烃衍生物、芳烃基聚合材料等芳烃领域中的自有特色技术，提出了适用于芳烃产业不同发展目标、不同发展阶段的不同技术路线。同时，还简要总结了各项新技术的开发历程和主要思路，并对技术发展方向进行了展望。

本书可供石化和合成材料行业从事科研、设计、建设、生产和技术管理的科技工作者及高等院校相关专业的师生阅读与参考。

图书在版编目（CIP）数据

大型芳烃技术 / 劳国瑞主编 . —北京：石油工业
出版社，2022.3
（中国石油炼油化工技术丛书）
ISBN 978-7-5183-4974-6

Ⅰ . ①大… Ⅱ . ①劳… Ⅲ . ①芳香族烃-生产工艺
Ⅳ . ①TQ241

中国版本图书馆 CIP 数据核字（2021）第 247201 号

出版发行：石油工业出版社
　　　　　（北京安定门外安华里 2 区 1 号　100011）
　　　　　网　址：www.petropub.com
　　　　　编辑部：(010) 64523825　图书营销中心：(010) 64523633
经　　销：全国新华书店
印　　刷：北京中石油彩色印刷有限责任公司

2022 年 3 月第 1 版　2022 年 6 月第 2 次印刷
787×1092 毫米　开本：1/16　印张：15.25
字数：380 千字

定价：150.00 元

《大型芳烃技术》
编 写 组

主　　编：劳国瑞

副 主 编：刘林洋　王新兰　谢　萍

编写人员：(按姓氏笔画排序)

　　　　　丁海兵　丰存礼　王　薇　王小丰　井　涛　冯丽梅
　　　　　吕陈秋　刘　飞　刘泊滟　孙爱军　孙富伟　李　民
　　　　　李　岳　李红坤　李银苹　张　上　张宇航　林冠屹
　　　　　周　帆　胡水明　娄　阳　桂　鹏　徐亚荣　郭　敬
　　　　　黄丙耀　程光剑　崔国刚　董博文　潘晖华　潘　鹏
　　　　　魏书梅

主审专家：周华堂　任建生

丛书序

创新是引领发展的第一动力，抓创新就是抓发展，谋创新就是谋未来。当今世界正经历百年未有之大变局，科技创新是其中一个关键变量，新一轮科技革命和产业变革正在重构全球创新版图、重塑全球经济结构。党的十八大以来，以习近平同志为核心的党中央坚持创新在我国现代化建设全局中的核心地位，把科技自立自强作为国家发展的战略支撑，面向世界科技前沿、面向经济主战场、面向国家重大需求、面向人民生命健康，深入实施创新驱动发展战略，不断完善国家创新体系，加快建设科技强国，开辟了坚持走中国特色自主创新道路的新境界。

加快能源领域科技创新，推动实现高水平自立自强，是建设科技强国、保障国家能源安全的必然要求。作为国有重要骨干企业和跨国能源公司，中国石油深入贯彻落实习近平总书记关于科技创新的重要论述和党中央、国务院决策部署，始终坚持事业发展科技先行，紧紧围绕建设世界一流综合性国际能源公司和国际知名创新型企业目标，坚定实施创新战略，组织开展了一批国家和公司重大科技项目，着力攻克重大关键核心技术，全力以赴突破短板技术和装备，加快形成长板技术新优势，推进前瞻性、颠覆性技术发展，健全科技创新体系，取得了一系列标志性成果和突破性进展，开创了能源领域科技自立自强的新局面，以高水平科技创新支撑引领了中国石油高质量发展。"十二五"和"十三五"期间，中国石油累计研发形成44项重大核心配套技术和49个重大装备、软件及产品，获国家级科技奖励43项，其中国家科技进步奖一等奖8项、二等奖28项，国家技术发明奖二等奖7项，获授权专利突破4万件，为高质量发展和世界一流综合性国际能源公司建设提供了强有力支撑。

炼油化工技术是能源科技创新的重要组成部分，是推动能源转型和新能源创新发展的关键领域。中国石油十分重视炼油化工科技创新发展，坚持立足主营业务发展需要，不断加大核心技术研发攻关力度，炼油化工领域自主创新能力持续提升，整体技术水平保持国内先进。自主开发的国Ⅴ/国Ⅵ标准汽柴油生产技术，有力支撑国家油品质量升级任务圆满完成；千万吨级炼油、百万吨级乙烯、百万吨级PTA、"45/80"大型氮肥等成套技术实现工业化；自主百万吨级乙烷制乙烯成套技术成功应用于长庆、塔里木两个国家级示范工程项目；"复兴号"高铁齿轮箱油、超高压变压器油、医用及车用等高附加值聚烯烃、ABS树脂、丁腈及溶聚丁苯等高性能合成橡胶、PETG共聚酯等特色优势产品开发应用取得新突破，有力支撑引领了中国石油炼油化工业务转型升级和高质量发展。为了更好地总结过往、谋划未来，我们组织编写了《中国石油炼油化工技术丛书》（以下简称《丛书》），对1998年重组改制以来炼油化工领域创新成果进行了系统梳理和集中呈现。

《丛书》的编纂出版，填补了中国石油炼油化工技术专著系列丛书的空白，集中展示了中国石油炼油化工领域不同时期研发的关键技术与重要产品，真实记录了中国石油炼油化工技术从模仿创新跟跑起步到自主创新并跑发展的不平凡历程，充分体现了中国石油炼油化工科技工作者勇于创新、百折不挠、顽强拼搏的精神面貌。该《丛书》为中国石油炼油化工技术有形化提供了重要载体，对于广大科技工作者了解炼油化工领域技术发展现状、进展和趋势，熟悉把握行业技术发展特点和重点发展方向等具有重要参考价值，对于加强炼油化工技术知识开放共享和成果宣传推广、推动炼油化工行业科技创新和高质量发展将发挥重要作用。

《丛书》的编纂出版，是一项极具开拓性和创新性的出版工程，集聚了多方智慧和艰苦努力。该丛书编纂历经三年时间，参加编写的单位覆盖了中国石油炼油化工领域主要研究、设计和生产单位，以及有关石油院校等。在编写过程中，参加单位和编写人员坚持战略思维和全球视野，密切配合、团结协作、群策群力，对历年形成的创新成果和管理经验进行了系统总结、凝练集成和再学习再思考，对未来技术发展方向与重点进行了深入研究分析，展现了严谨求实的科学态度、求真创新的学术精神和高度负责的扎实作风。

值此《丛书》出版之际，向所有参加《丛书》编写的院士专家、技术人员、管理人员和出版工作者致以崇高的敬意！衷心希望广大科技工作者能够从该《丛书》中汲取科技知识和宝贵经验，切实肩负起历史赋予的重任，勇作新时代科技创新的排头兵，为推动我国炼油化工行业科技进步、竞争力提升和转型升级高质量发展作出积极贡献。

站在"两个一百年"奋斗目标的历史交汇点，中国石油将全面贯彻习近平新时代中国特色社会主义思想，紧紧围绕建设基业长青的世界一流企业和实现碳达峰、碳中和目标的绿色发展路径，坚持党对科技工作的领导，坚持创新第一战略，坚持"四个面向"，坚持支撑当前、引领未来，持续推进高水平科技自立自强，加快建设国家战略科技力量和能源与化工创新高地，打造能源与化工领域原创技术策源地和现代油气产业链"链长"，为我国建成世界科技强国和能源强国贡献智慧和力量。

2022 年 3 月

丛书前言

中国石油天然气集团有限公司（以下简称中国石油）是国有重要骨干企业和全球主要的油气生产商与供应商之一，是集国内外油气勘探开发和新能源、炼化销售和新材料、支持和服务、资本和金融等业务于一体的综合性国际能源公司，在国内油气勘探开发中居主导地位，在全球 35 个国家和地区开展油气投资业务。2021 年，中国石油在《财富》杂志全球 500 强排名中位居第四。2021 年，在世界 50 家大石油公司综合排名中位居第三。

炼油化工业务作为中国石油重要主营业务之一，是增加价值、提升品牌、提高竞争力的关键环节。自 1998 年重组改制以来，炼油化工科技创新工作认真贯彻落实科教兴国战略和创新驱动发展战略，紧密围绕建设世界一流综合性国际能源公司和国际知名创新型企业目标，立足主营业务战略发展需要，建成了以"研发组织、科技攻关、条件平台、科技保障"为核心的科技创新体系，紧密围绕清洁油品质量升级、劣质重油加工、大型炼油、大型乙烯、大型氮肥、大型 PTA、炼油化工催化剂、高附加值合成树脂、高性能合成橡胶、炼油化工特色产品、安全环保与节能降耗等重要技术领域，以国家科技项目为龙头，以重大科技专项为核心，以重大技术现场试验为抓手，突出新技术推广应用，突出超前技术储备，大力加强科技攻关，关键核心技术研发应用取得重要突破，超前技术储备研究取得重大进展，形成一批具有国际竞争力的科技创新成果，推广应用成效显著。中国石油炼油化工业务领域有效专利总量突破 4500 件，其中发明专利 3100 余件；获得国家及省部级科技奖励超过 400 项，其中获得国家科技进步奖一等奖 2 项、二等奖 25 项，国家技术发明奖二等奖 1 项。中国石油炼油化工科技自主创新能力和技术实力实现跨越式发展，整体技术水平和核心竞争力得到大幅度提升，为炼油化工主营业务高质量发展提供了有力技术支撑。

为系统总结和分享宣传中国石油在炼油化工领域研究开发取得的系列科技创新成果，在中国石油具有优势和特色的技术领域打造形成可传承、传播和共享的技术专著体系，中国石油科技管理部和石油工业出版社于 2019 年 1 月启动《中国石油炼油化工技术丛书》（以下简称《丛书》）的组织编写工作。

《丛书》的编写出版是一项系统的科技创新成果出版工程。《丛书》编写历经三年时间，重点组织完成五个方面工作：一是组织召开《丛书》编写研讨会，研究确定 11 个分册框架，为《丛书》编写做好顶层设计；二是成立《丛书》编委会，研究确定各分册牵头单位及编写负责人，为《丛书》编写提供组织保障；三是研究确定各分册编写重点，形成编写大纲，为《丛书》编写奠定坚实基础；四是建立科学有效的工作流程与方法，制定《〈丛书〉编写体例实施细则》《〈丛书〉编写要点》《专家审稿指导意见》《保密审查确认单》和《定稿确认单》等，提高编写效率；五是成立专家组，采用线上线下多种方式组织召开多轮次专家审稿会，推动《丛书》编写进度，保证《丛书》编写质量。

《丛书》对中国石油炼油化工科技创新发展具有重要意义。《丛书》具有以下特点：一是开拓性，《丛书》是中国石油组织出版的首套炼油化工领域自主创新技术系列专著丛书，填补了中国石油炼油化工领域技术专著丛书的空白。二是创新性，《丛书》是对中国石油重组改制以来在炼油化工领域取得具有自主知识产权技术创新成果和宝贵经验的系统深入总结，是中国石油炼油化工科技管理水平和自主创新能力的全方位展示。三是标志性，《丛书》以中国石油具有优势和特色的重要科技创新成果为主要内容，成果具有标志性。四是实用性，《丛书》中的大部分技术属于成熟、先进、适用、可靠，已实现或具备大规模推广应用的条件，对工业应用和技术迭代具有重要参考价值。

《丛书》是展示中国石油炼油化工技术水平的重要平台。《丛书》主要包括《清洁油品技术》《劣质重油加工技术》《炼油系列催化剂技术》《大型炼油技术》《炼油特色产品技术》《大型乙烯成套技术》《大型芳烃技术》《大型氮肥技术》《合成树脂技术》《合成橡胶技术》《安全环保与节能减排技术》等 11 个分册。

《清洁油品技术》：由中国石油石油化工研究院牵头，主编何盛宝。主要包括催化裂化汽油加氢、高辛烷值清洁汽油调和组分、清洁柴油及航煤、加氢裂化生产高附加值油品和化工原料、生物航煤及船用燃料油技术等。

《劣质重油加工技术》：由中国石油石油化工研究院牵头，主编高雄厚。

主要包括劣质重油分子组成结构表征与认识、劣质重油热加工技术、劣质重油溶剂脱沥青技术、劣质重油催化裂化技术、劣质重油加氢技术、劣质重油沥青生产技术、劣质重油改质与加工方案等。

《炼油系列催化剂技术》：由中国石油石油化工研究院牵头，主编马安。主要包括炼油催化剂催化材料、催化裂化催化剂、汽油加氢催化剂、煤油及柴油加氢催化剂、蜡油加氢催化剂、渣油加氢催化剂、连续重整催化剂、硫黄回收及尾气处理催化剂以及炼油催化剂生产技术等。

《大型炼油技术》：由中石油华东设计院有限公司牵头，主编谢崇亮。主要包括常减压蒸馏、催化裂化、延迟焦化、渣油加氢、加氢裂化、柴油加氢、连续重整、汽油加氢、催化轻汽油醚化以及总流程优化和炼厂气综合利用等炼油工艺及工程化技术等。

《炼油特色产品技术》：由中国石油润滑油公司牵头，主编杨俊杰。主要包括石油沥青、道路沥青、防水沥青、橡胶油白油、电器绝缘油、车船用润滑油、工业润滑油、石蜡等炼油特色产品技术。

《大型乙烯成套技术》：由中国寰球工程有限公司牵头，主编张来勇。主要包括乙烯工艺技术、乙烯配套技术、乙烯关键装备和工程技术、乙烯配套催化剂技术、乙烯生产运行技术、技术经济型分析及乙烯技术展望等。

《大型芳烃技术》：由中国昆仑工程有限公司牵头，主编劳国瑞。介绍中国石油芳烃技术的最新进展和未来发展趋势展望等，主要包括芳烃生成、芳烃转化、芳烃分离、芳烃衍生物以及芳烃基聚合材料技术等。

《大型氮肥技术》：由中国寰球工程有限公司牵头，主编张来勇。主要包括国内外氮肥技术现状和发展趋势、以天然气为原料的合成氨工艺技术和工程技术、合成氨关键设备、合成氨催化剂、尿素生产工艺技术、尿素工艺流程模拟与应用、材料与防腐、氮肥装置生产管理、氮肥装置经济性分析等。

《合成树脂技术》：由中国石油石油化工研究院牵头，主编胡杰。主要包括合成树脂行业发展现状及趋势、聚乙烯催化剂技术、聚丙烯催化剂技术、茂金属催化剂技术、聚乙烯新产品开发、聚丙烯新产品开发、聚烯烃表征技术与标准化、ABS 树脂新产品开发及生产优化技术、合成树脂技术及新产品展望等。

《合成橡胶技术》：由中国石油石油化工研究院牵头，主编龚光碧。主要包括丁苯橡胶、丁二烯橡胶、丁腈橡胶、乙丙橡胶、丁基橡胶、异戊橡胶、苯乙烯热塑性弹性体等合成技术，还包括橡胶粉末化技术、合成橡胶加工与应用技术及合成橡胶标准等。

《安全环保与节能减排技术》：由中国石油集团安全环保技术研究院有限公司牵头，主编闫伦江。主要包括设备腐蚀监检测与工艺防腐、动设备状态监测与评估、油品储运雷电静电防护，炼化企业污水处理与回用、VOCs 排放控制及回收、固体废物处理与资源化、场地污染调查与修复，炼化能量系统优化及能源管控、能效对标、节水评价技术等。

《丛书》是中国石油炼油化工科技工作者的辛勤劳动和智慧的结晶。在三年的时间里，共组织中国石油石油化工研究院、寰球工程公司、大庆石化、吉林石化、辽阳石化、独山子石化、兰州石化等 30 余家科研院所、设计单位、生产企业以及中国石油大学（北京）、中国石油大学（华东）等高校的近千名科技骨干参加编写工作，由 20 多位资深专家组成专家组对书稿进行审查把关，先后召开研讨会、审稿会 50 余次。在此，对所有参加这项工作的院士、专家、科研设计、生产技术、科技管理及出版工作者表示衷心感谢。

掩卷沉思，感慨难已。本套《丛书》是中国石油重组改制 20 多年来炼油化工科技成果的一次系列化、有形化、集成化呈现，客观、真实地反映了中国石油炼油化工科技发展的最新成果和技术水平。真切地希望《丛书》能为我国炼油化工科技创新人才培养、科技创新能力与水平提高、科技创新实力与竞争力增强和炼油化工行业高质量发展发挥积极作用。限于时间、人力和能力等方面原因，疏漏之处在所难免，希望广大读者多提宝贵意见。

前言

当今世界正面临百年未有之大变局。新一轮科技革命正在打破科学技术的固有边界,催生新一轮产业变革,全球经济结构将在重塑中重生。芳烃产业作为石油和化学工业的主要支柱之一,是基础能源、有机化工和合成材料等领域的重要贡献者。芳烃产业的高质量发展呼唤新的技术体系,不断涌现的芳烃新品种、新技术、新路线在广泛的市场竞争中推陈出新,快速迭代,技术体系在持续重构中加速演进。新的技术体系呼唤新的创新思维和科研方法,解决原料、技术与需求间的不匹配不平衡问题,成为创新的主要着力点。

中国石油一直是国际芳烃市场的重要参与者,也开发形成了独具特色的涵盖能源、基础化工品和特色化工品的芳烃技术生态体系,并重点在油品分质利用、芳烃及其衍生物生产、芳烃基聚合材料及原料等领域形成了多项国际先进的自主成套技术,为持续构建芳烃业务高质量发展新格局提供不竭动力。为了更好地全面梳理中国石油重组改制以来,尤其是"十二五""十三五"期间芳烃技术研究成果,认真总结一段时期以来科研开发的思路和方法,系统规划芳烃产业的发展新生态,有必要在再认识中再提升,因此编写《大型芳烃技术》这本专著,并作为《中国石油炼油化工技术丛书》的分册之一,以飨读者。

本书主要围绕中国石油在芳烃领域的自有特色技术进行系统阐述,提供了适用于芳烃产业不同发展目标、不同发展阶段的不同技术路线。同时,还简要总结了各项新技术的开发历程和主要思路,并对技术发展方向进行了展望,借此尝试向读者展示技术不断发展演进的脉络框架。

本书的主编单位由中国石油天然气集团有限公司下属的中国昆仑工程有限公司担任,参编单位有中国石油辽阳石化、乌鲁木齐石化、石油化工研究院等。编审人员都是科研、设计、生产一线的学术带头人和技术骨干。本书共7章,其中第一章、第七章由劳国瑞、谢萍等编写;第二章由冯丽梅、魏书梅、黄丙耀等编写,刘林洋、徐亚荣审核;第三章由娄阳、郭敬、徐亚荣等编写,刘林洋、程光剑审核;第四章由井涛、李银苹等编写,劳国瑞、谢萍审核;第五章由孙爱军、崔国刚等编写，王新兰、劳国瑞审核；第六章由丁海兵、李岳、周帆等编写，张宇航审核。

在本书编写过程中，得到了中国石油天然气集团有限公司科技管理部、石油工业出版社有限公司等单位的鼎力支持。同时，邀请国内科研院所和高校的专家学者对全书内容进行了审阅，尤其是周华堂教授做了大量的指导工作，并提出了许多十分中肯而又非常有建设性的意见和建议；杜建荣、胡友良、段伟、李胜山、任建生等专家教授专门抽出时间对本书的编写工作进行了悉心的指导和帮助；书稿质量本质上源于技术竞争力和适用性，中国工程院院士戴厚良对芳烃技术研发的战略方向和科技创新中遵循的思维理念做出了战略性指引，杨继钢对技术与产业的融合应用做出了重要贡献，杜吉洲对技术研发过程中的组织协调付出了大量心血，谨在此表示衷心的感谢！

本书涉及专业领域宽、技术性强，加之理论认识和技术发展日新月异，书中内容虽经多次审查及修订完善，但受编者经验和水平所限，仍难免有疏漏或不足之处，恳请读者不吝指正。

目录

第一章　绪　论

石油和化学工业是国民经济的重要组成部分，深刻影响并改变着人们的生产和生活。芳烃产业作为其中的主要支柱之一，成为基础能源、有机化工和合成材料等领域的重要贡献者。在基础能源中，芳烃组分是汽油辛烷值的主要贡献者之一；在有机化工中，苯、甲苯、二甲苯作为基础有机化工原料，支撑起了芳烃衍生物，直至合成材料和化学纤维的庞大体系。据国家统计局统计，2020年全国化纤产量 $6025 \times 10^4 t$，化纤行业营业收入7984亿元，其中涤纶产量 $4923 \times 10^4 t$，连续多年稳居世界第一，有力推动了下游产业蓬勃发展。未来5~10年，芳烃产业将在不断的技术创新与应用中前进，在一体化、园区化建设中提升，在全球化的产生链中持续前进。

当今世界正面临百年未有之大变局。"人类命运共同体"理念正在被世界所广泛接纳，"碳达峰""碳中和"将深远影响并正在深刻改变全球能源格局，人民对美好生活的向往也正在重塑工业技术体系的方向和边界。芳烃产业正大踏步迎来变局时刻，能源中的芳烃将逐步转身为化工产品，也会有更多的油品改以芳烃产品的面貌出现；与此同时，新材料产业的发展对生产生活的影响更为广泛，产业链条化、装置规模化、路线差异化、产品功能化正成为产业发展的显著特征。芳烃产业作为合成材料产业的主要分支之一，正迸发出勃勃生机。

第一节　芳烃生产技术发展概述

芳烃产业的高质量发展呼唤新的技术体系，而一切变革和创新突破的基点，始于对事物本质的挖掘、梳理和归纳总结，并在反应和分离技术理念的迭代中得以发展，在响应时代的市场需求中得以应用，芳烃生产技术也是如此。

芳烃是芳香族碳氢化合物的简称，也称芳香烃。这类化合物分子中通常含有苯环结构且具有高度不饱和性，但不易进行加成反应和氧化反应，而比较容易进行取代反应，这种特性曾作为其芳香性的标志。随着有机化学的发展，人们发现一些不含苯环结构的环状烃也具有类似特性，它们被称为非苯芳烃。本文所述芳烃主要指以苯环为基本结构的芳烃。芳烃技术的发展也均由此展开，并主要涵盖如下几个方面：

（1）芳烃的产生。通常是指由原本不含苯环结构的物质经环化、脱氢转化而来，从而具有苯环结构，如催化重整、芳构化等技术。

（2）芳烃的转化。通常是指由一种芳烃物质转化为另一种芳烃物质，主要通过苯环结构上烷基的增减、转移、转化，甚至苯环的开合而来，如烷基化、歧化、异构化、重芳烃轻质化等技术。

（3）芳烃的分离。芳烃与非芳烃组分的分离，通常根据其特定官能团——苯环结构相关特性差异，如大 π 键带来的分子极性差异等，采用萃取、共沸精馏、吸附等技术完成分离过程；不同芳烃组分的分离，通常根据其非苯环结构特性差异，如碳链带来的沸点差异等，采取精馏等技术完成分离过程；同分异构体芳烃的分离，通常根据其空间构型的差异，如分子尺寸特性，借助第三方介质的空间位阻效应完成分离过程，如吸附、膜分离等技术。

芳烃最初主要来源于煤焦化工艺，但焦化芳烃在数量上和质量上都渐渐不能满足有机工业需求，为弥补不足，品质优良的石油芳烃得到迅速发展，目前已成为芳烃主要来源，占全部芳烃来源的 80% 以上。对二甲苯（para-Xylene，简称 PX）作为其中最主要的芳烃产品，与其下游主要产品精对苯二甲酸（PTA）和聚对苯二甲酸乙二醇酯（PET），在近些年构筑起了 PX-PTA-PET 产业链的庞大规模和产值，为我国纺织化纤行业占据世界优势地位、石化产业突飞猛进和国民经济持续健康发展做出了不可磨灭的贡献。

芳烃联合装置是石油芳烃原料的核心生产装置，它以直馏、加氢裂化重石脑油或乙烯裂解汽油等为原料，生产苯、甲苯、对二甲苯、邻二甲苯、间二甲苯和重芳烃等芳烃类产品。典型的芳烃联合装置通常包括催化重整、芳烃抽提、二甲苯分离、歧化及烷基转移、吸附分离、二甲苯异构化和苯/甲苯分馏等装置。早在 20 世纪 50 年代，美国得克萨斯州就建成了世界上第一套芳烃装置。70 年代，美国 UOP 公司就开始转让 Parex 吸附分离工艺。日本东丽株式会社于 1970 年也研究成功类似吸附工艺，称 Aromax 工艺。90 年代起，法国 Axens（IFP）、中国石化等启动了分离对二甲苯技术的研究，英国 BP 公司等也对"深冷结晶分离"工艺持续优化并用于工业生产。目前 PX 生产有以吸附分离为核心的吸附分离成套技术，如美国 UOP 公司、法国 Axens 公司以及中国石化的技术；还有以结晶分离为核心的结晶分离成套技术，如英国 BP 公司、美国 GTC 公司等的技术，瑞士 Sulzer 公司等也开发了结晶分离单项技术。芳烃装置的规模从早期的万吨级、十万吨级一直到后来的百万吨级、两百万吨级，装置的生产规模越来越大，芳烃类产品的产量也逐年提高。自 1986 年上海石化建成我国第一套对二甲苯装置以来，我国芳烃产业不断发展壮大，目前在建的世界单系列产能最大的对二甲苯芳烃联合装置为 $260 \times 10^4 t/a$，就位于我国广东省揭阳市。

与此同时，芳烃技术也在不断改进提高。在催化剂方面，UOP 公司乙苯脱烷基异构化催化剂为 I-500，相比上一代催化剂 I-300 和 I-350，二甲苯单程损失率更低，从而使物耗降低，选择性提高，能耗降低，寿命可达 10 年；乙苯转化型异构化催化剂为 I-600，与上一代 I-400 相比，在相同的进料量情况下单程 C_8 芳环损失降低约 0.5%（质量分数），产品混合二甲苯中 PX 占比显著提升，高于 23%，同时稳定性更好。Axens 公司乙苯转化型异构化催化剂 OparisMax 较其上一代催化剂 Oparis，选择性和活性都得到了提高；乙苯脱烷基型异构化催化剂有两种，一种是 EMHAI，代替了上一代的 AMHAI，具有更高的活性，在寿命不变的前提下，空速可提高 30% ~ 50%，同时可直接生产合格苯；另一种是 XyMax-2，替代了上一代催化剂 XyMax，提高了选择性，具有更高的空速和乙苯转化率，同时二甲苯损失降低。

在吸附剂方面，2011 年 UOP 公司推出的 ADS-47 吸附剂，与上一代的 ADS-37 吸附剂相比，在吸附剂装填量相同的情况下，装置的处理规模可以增大25%。2015年，UOP公司开发出适应轻质解吸剂系统的ADS-50吸附剂，与使用重质解吸剂的传统流程相比，设备及塔板可减少20%，装置投资减少10%~15%，装置占地减少25%。Axens公司则推出最新的SPX5003吸附剂和新一代吸附技术Eluxyl 1.15。SPX5003具有更高的吸附容量，相比上一代SPX3003吸附剂，其在同样的吸附剂装填量时，装置处理量可以提高25%。Eluxyl 1.15技术采用了15床层单塔替代原有的双塔24床层吸附塔，相应程控阀组数量从原有的144个减少为90个。

在节能技术方面，随着芳烃联合装置体逐渐大型化，装置流程的优化设计大大增强了装置的操作灵活性，热集成技术、热量利用方案、换热设备也逐渐灵活多样，分壁精馏、多效精馏、换热网络热夹点、低温热利用、热泵等技术得到广泛应用，高通量管换热器、板壳式换热器、缠绕管换热器等高效节能装备也普遍采用。这些都为进一步降低装置能耗提供了有利条件，也成为芳烃技术向绿色低碳深入发展的重要方式。

中国石化开发的SorPX对二甲苯模拟移动床吸附分离成套工艺技术，于2011年完成工业试验。SorPX采用192台程控阀和4路管线冲洗的模拟移动床技术，通过拉曼光谱实时跟踪吸附塔内物料组成变化。SorPX工艺结合配套的低温热利用技术，相对于传统的吸附分离，可大幅度减少公用工程消耗。SorPX工艺采用自主开发的基于对二乙基苯解吸剂的RAX系列吸附剂，目前国内已有3套工业装置采用该技术，单线产能为100×10^4t对二甲苯/a。采用单塔16床层的第三代SorPX技术已经成功推向市场，这将进一步推动世界芳烃产业技术升级的步伐。

芳烃技术未来发展的重点在于持续提升所采用的过程单元与分子特性的结合及匹配程度，而在宏观层面而言，则主要围绕原料来源的多元化、转化加工的低碳化、加工规模的大型化等展开，并根据市场价值变化情况，不断在能源和化工之间寻求并持续重构平衡关系，从而形成了以油气资源利用为主、煤炭资源有益补充的原料体系，以反应和分离效能提升为主、节能降耗方法和装备有机集成的技术体系，以关键装备大型化为主、多种协同技术有效配套的工程体系。

芳烃产品的下游是芳烃衍生物，是指芳烃分子中的氢原子被其他原子或原子团取代而形成的化合物，通常围绕苯环及其上烃基的利用而展开，如酸、醇、胺等化工单体，并进而延展到合成材料领域，如聚酯、聚碳酸酯、聚酰胺及聚酰亚胺等，形成了极为丰富的产品体系和产业链。未来，芳烃衍生物技术发展的关注点主要围绕装备大型化、生产低碳化、环境友好型等展开，装置规模不断提升，生产条件日益缓和，资源利用更为有效，能源消耗持续降低，环境影响越发弱，产业技术体系发展日臻完善。

芳烃基合成材料，是指其主要单体中含有一个或以上的芳烃中间体的高分子化合物，如以对苯二甲酸为单体的聚酯、以由苯酚转化而来的双酚A为单体的聚碳酸酯、以苯为主要原料的尼龙类聚酰胺、以对苯二甲酸为单体的特种尼龙、以苯二甲酸和苯二胺为单体的芳纶类聚酰胺、以芳香族二胺和芳香族二酐或四羧酸为单体的聚酰亚胺，以及含有己二酸或对苯二甲酸的可生物降解聚酯等，芳烃基材料日益成为工程塑料和特种塑料的主力军。芳烃基合成材料除了追求规模化、低成本和绿色低碳生产大宗产品外，更关注开发新品种以满足高性能、生物型、可降解、环境友好等新的功能性需求。

第二节　中国石油芳烃生产技术发展概述

中国石油一直是国际芳烃产品市场的重要参与者，通过持续不断的科研开发，逐步形成了独具特色的涵盖能源、基础化工品和特色化工品的芳烃技术生态体系。中国石油通过构建自有核心工艺和工程技术，强化在前沿跟踪、工艺研究、催化剂开发、工程化开发、装备研制、生产应用等环节的一体化整合，不断提升在芳烃生产、芳烃转化、芳烃分离、芳烃衍生物和芳烃基聚合材料等领域的竞争能力，形成了具有中国石油特色的芳烃原料多元化、芳烃加工集成化、下游应用规模化、产业链条一体化的芳烃加工及综合利用成套技术，并重点布局发展推进油品分质利用、芳烃生产、PTA等自主成套技术，为中国石油高质量发展提供持续动力。

在芳烃生产领域，以芳烃资源获取和芳烃前身物转化为研究目标，中国石油坚持对油、煤等化石资源的匹配耦合式利用，以能源、基础芳烃原料和特色化工品生产为切入点，进一步增强了甲醇、轻烃、碳四等资源的综合利用。移动床甲醇制芳烃技术中C_{5+}油收率平均为30.70%，油相中芳烃含量平均为80.56%，其中C_8芳烃含量为31.53%，C_{10+}芳烃含量为12.91%，进一步丰富了多甲基苯的来源。轻烃甲醇芳构化技术则充分利用炼厂中来源广泛的轻烃资源，将强放热的甲醇反应与中等强度吸热的轻烃芳构化反应过程进行结合，发挥其热量和物质耦合效应，为资源整合利用探索了一条新路。

在芳烃转化领域，以芳烃相互转化为研究目标，中国石油坚持以特色化技术开发为主导，积极发展歧化及烷基转移、甲基化、异构化等自有技术。通过苯、甲苯和重芳烃间的烷基转移，以及甲醇提供的新的烷基基团，重构苯环和烷基之间的数量和位置平衡关系，为二甲苯增产提供了有效支撑，也为苯、重芳烃等芳烃资源的柔性化利用提供了保障。二甲苯异构化技术作为PX生产的关键一环，开发了高转化率、高选择性、低C_8芳烃损失的异构化催化剂。均四甲苯异构化技术作为生产均四甲苯的特色技术，具有反应温度低（240~260℃）、四甲苯收率高（大于99.0%）、均四甲苯含量高（产物中含量大于20%）等特点，是以碳十重芳烃为原料多产均四甲苯路线的有效途径。

在芳烃分离领域，以芳烃提纯分离为研究目标，中国石油坚持以油品分质利用等原创性成套技术为依托，巩固技术优势、拓宽应用场景，力争达到"整体国际先进、局部国际领先"水平。目前已经工业应用的汽、柴油馏分中芳烃与其他组分的族组成分离技术，采用模拟移动床吸附分离工艺，利用芳烃组分与饱和烃组分在吸附剂上吸附能力的差异实现周期性的吸附与解吸，从而实现芳烃组分与饱和烃组分的高效分离。吸附后重芳烃采用轻质化技术开辟了新的芳烃原料渠道；吸附后非芳组分裂解性能良好，显著优化了烯烃裂解原料品质，可实现柴油裂解料BMCI值降低30%、"三烯"（乙烯、丙烯、丁二烯）收率提升20%、焦油产量降低60%、结焦率降低40%的优化目标，大幅延长乙烯裂解装置运行周期。PX"吸附+结晶"技术则立足于不同技术机理和分离纯度对能量品种、品质需求和数量消耗的不同影响，以分离过程单元有机耦合的方式，形成具有绿色低碳特征的更高电气化水平分离成套技术。

在芳烃衍生物领域，以芳烃衍生物中的多元酸类产物生产和转化为研究目标，中国石油坚持以 PTA 成套技术为依托，巩固技术优势，保持持续进步，逐步达到国际领先水平。PTA 技术以百万吨级大型氧化反应器技术、精制母液与氧化尾气的耦合利用技术、氧化溶剂置换式压力过滤技术为核心，形成了装备大型化、生产低碳化、环境友好型三大技术特色，实现了装置投资、原料消耗和能量消耗的同步大幅降低。其主要原料 PX 消耗国际领先，综合能耗国际先进，技术水平跻身世界前列。同时，拓展性开发了精间苯二甲酸（PIA）成套技术。

在芳烃基聚合材料领域，以各类芳烃衍生物化工单体的缩聚为研究目标，中国石油坚持以聚酯系列成套技术为依托，积极培育和发展新材料产业，持续向"高、精、尖"迈进，聚对苯二甲酸丙二醇酯（PTT）等高端织物纤维、聚对苯二甲酸丁二醇酯（PBT）等工程塑料、聚碳酸酯（PC）等高性能材料、芳纶等聚酰胺类特种纤维、聚对苯二酸己二酸丁二醇酯（PBAT）等可生物降解塑料等一系列技术方向的不断拓展应用，对于引领材料工业升级换代，支撑战略性新兴产业发展，保障国家重大工程建设，构建材料工业发展新格局具有重要的战略意义。

第二章　芳烃生成技术

芳烃是石油化工行业的重要基础原料，被称为 BTX 的苯、甲苯和二甲苯同乙烯及丙烯在国民经济中的地位类似，其生产技术是衡量一个国家工业化程度的重要标志。多年来，我国是全球最大的对二甲苯(PX)需求国，出现长期供不应求的局面，尤其是随着国内聚酯产业的飞速发展，这种现象变得尤为突出。近年来 PX 产业布局和供求局面发生了较大变化，但整体来看，我国 PX 产业将会持续稳定发展。

目前，工业上芳烃的生产主要来源于石油加工和煤加工工业，以石油为原料的芳烃生产主要源于催化重整、裂解汽油和甲苯歧化等，以煤为原料的芳烃生产主要源于煤焦化等。由于各地区资源和工业结构的不同，世界各地芳烃来源存在显著差异，但占比最大的仍然是催化重整，基本都达到了 50% 以上。来自煤炭加工的比例非常小，中国所占比例最大，也仅仅占到了总量的 4%。近 50 年来，随着乙烯和炼油工业的发展，利用石油生产 BTX 的产量迅速增长，80% 以上的芳烃来源于石油，中国也不例外。我国富煤少油的能源结构，接近 70% 的原油对外依存度，决定了中国的芳烃必须寻求多元化来源的发展道路。

近年来，随着煤制甲醇技术的发展，国内甲醇资源日益丰富，甲醇制芳烃技术也随之兴起，中国石油自主研发的甲醇制芳烃技术和轻烃甲醇芳构化技术也基本达到可工业化水平。

甲醇制芳烃技术可以有效地发挥我国煤多油少的资源优势，增产芳烃。轻烃作为炼厂低附加值副产品，如何合理利用是很多企业急需解决的难题之一。轻烃甲醇芳烃化除了能有效利用甲醇来源丰富优势外，还可把乙烯原料轻质化替换出来的轻烃资源转化为芳烃。

第一节　催化重整技术

催化重整是炼油的主要过程之一。它是在一定温度、压力、临氢和催化剂的条件下，将石脑油转化成富含芳烃的重整生成油，并副产氢气的过程。重整生成油可经芳烃抽提制取苯、甲苯和二甲苯，催化重整装置生产的苯、甲苯、二甲苯约占世界总产量的 70% 左右，是芳烃原料的最重要生产技术[1]。中国石油于 2020 年成功开发了具有自主知识产权的连续重整技术。

一、国内外技术进展

催化重整工艺按反应系统流程可分为固定床反应器半再生式重整工艺(简称半再生重整)和移动床反应器连续再生式重整工艺(简称连续重整)两大类。半再生重整第一个工业化装置于 20 世纪 40 年代在美国得克萨斯州的炼厂投产。1965 年，国内自行开发的半再生铂重整装置在大庆炼油厂投产。1971 年和 1973 年，美国环球油品公司(UOP)和法国石油研究院(IFP)分别开发了连续重整工艺以及相应的催化剂[2]。进入 21 世纪，中国石油、中国石化等也相继开发出自己的连续重整工艺技术，并实现工业化。

随着炼厂大型化的发展、洁净油品生产对氢气的大量需求及芳烃资源需求量增加，催化重整装置规模及反应苛刻度日益提高，半再生重整装置已不能满足实际需求。由于连续重整装置在操作周期、高反应苛刻度、产品收率、规模化生产等方面具有的明显优势及技术持续进步，已逐步取代半再生重整装置。

目前已经工业化的连续重整催化剂再生工艺主要分为两大类：分别为以美国 UOP 公司为代表的再生气湿热循环催化剂再生工艺，以法国 Axens 公司为代表的再生气干冷循环催化剂再生工艺。中国石油、中国石化的国产化连续重整技术均采用再生气干冷循环催化剂再生工艺。

二、工艺原理

典型的连续重整装置基本流程通常包含原料预处理、催化重整反应和催化剂再生三个部分。

1. 原料预处理

催化重整装置的原料为石脑油，催化重整催化剂含贵金属活性中心，其对石脑油中硫、氮等杂质含量有严格的要求。

原料预处理的目的是进行原料的精制和分馏，并通过加氢及汽提的工艺过程脱除其中的硫、氮、砷、铅、铜等有害杂质，使之成为完全符合重整催化剂要求的精制石脑油，反应总体为放热反应。最常用的加氢催化剂金属组分为 Co-Mo、Ni-Mo、Ni-W 体系，通常认为 Mo 或 W 是主要活性组分，Co 或 Ni 是助活性组分。

根据原料、产品、能耗、投资等的不同需求，原料预处理的工艺流程有先加氢后分馏、先分馏后加氢、先汽提后分馏、汽提塔"二塔合一"等不同流程。

2. 催化重整反应

精制石脑油在临氢条件和重整催化剂作用下转化为富含芳烃的重整生成油，并副产氢气。催化重整的主要反应是在重整催化剂作用下的烷烃和环烷烃转化成芳烃的过程，也包括一些异构化反应和裂解反应等，反应过程总体为强吸热反应。低压对重整反应热力学平衡有利，连续重整装置的平均反应压力约为 0.35MPa。重整反应在热力学和动力学上相差较大，但却同时进行，相应的重整催化剂需具备两种活性中心，工业上应用的连续重整催化剂均由 Pt 负载含氯氧化铝制备而成，其中 Pt 为金属中心，含氯氧化铝提供酸性中心，金属中心提供金属加氢、脱氢功能，酸性中心提供异构化、环化和加氢裂解功能，如图 2-1 所示。

连续重整反应器采用径向移动床反应器，重整反应器布置形式主要有反应器并列式和反应器重叠式两种。

3. 催化剂再生

为了保证重整反应在较高的苛刻度下长周期进行，连续重整装置设置催化剂连续再生系统，使重整催化剂能够在反应部分不停工的条件下连续完成催化剂烧焦，及时恢复其活性。改进催化剂再生的技术是发展连续重整的重要方面。

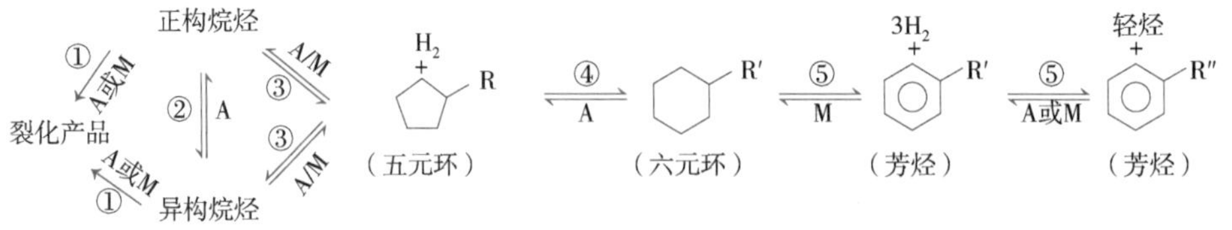

①裂化和脱甲基反应　④环烷烃异构化反应　　芳烃：苯、甲苯、混合二甲苯、C$_{9+}$芳烃等
②烷烃异构化反应　　⑤脱氢反应　　　　　　主要活性位：M为金属功能（铂）；A为酸性功能（氯）
③烷烃脱氢环化反应　⑥脱烷基和脱甲苯反应

图 2-1　催化重整反应网络

重整催化剂连续再生包括以下四个基本步骤：

（1）烧焦——烧去催化剂上的积炭；

（2）氧氯化——使金属铂氧化和分散并调整氯含量；

（3）干燥——脱除催化剂上的水分；

（4）还原——将铂金属由氧化态还原成金属态。

催化剂的连续再生系统前三个步骤在再生器内进行，最后一个步骤在反应器前的还原罐内进行。

除了催化剂性能恢复所需的操作外，催化剂再生系统还包含催化剂的输送。连续重整催化剂输送是通过气力输送实现的，当催化剂需从操作压力较低的设备输送至操作压力较高的设备时，可通过设置闭锁料斗或提高催化剂料位两种方式实现。

三、中国石油连续重整技术

中国石油于 2011 年开始研发连续重整催化剂，于 2017 年开始基于中国石油自主研发的连续重整催化剂开发连续重整工艺，并成功发出中国石油 PTT 连续重整技术。PTT 连续重整技术包含以下关键技术。

1. 中国石油 PTT 连续重整反应技术

1）并列式上进上出连续重整反应工艺

并列式布置的重整反应器易于实现连续重整装置的大型化建设。上进上出的重整反应器结合新型顶烧式加热炉可以实现反应器与加热炉之间直连，有效减小转油线的压降，有利于连续重整主反应，如图 2-2 所示。

2）新型再接触工艺技术

再接触部分设置了再接触塔。重整产物分离罐顶含氢气体经重整循环氢压缩机升压后一部分气体作为循环氢进入重整反应部分，另一部分气体先后经过重整氢增压机（一级）、重整氢增压机（二级）增压后进入新型再接触塔底部。重整产物分离罐底液体经重整产物分离罐泵升压后，冷却至低温后进入新型再接触塔顶部接触吸收增压后含氢气体中的部分烃类，使产氢纯度提高，同时液体产品收率增加。

3）PTT 连续重整反应器

中国石油 PTT 连续重整反应器力求简化，其结构及安装具有如下特点：（1）为达到最佳油气分配和反应效果并防止催化剂泄漏，中心管、扇形筒的形状配合偏差小，其上缝隙、

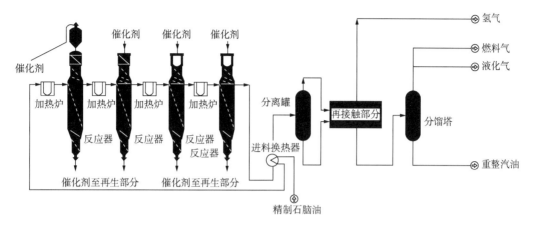

图 2-2 中国石油 PTT 连续重整反应工艺

开孔尺寸均匀，公差要求严格。凡与催化剂接触的反应器内件表面及反应器器壁内表面均要求打磨光滑平整。(2)为实现油气在反应器床层中的均匀分布，除了控制中心管和扇形筒的结构尺寸和开孔率外，还必须控制反应器壳体的圆度、中心管的垂直度、扇形筒的直线度以及内件安装精确度以确保油气在催化剂床层中压降相等。(3)为保证催化剂在输送管内的流动连续性和均衡性，要求催化剂输送管以及相关连接件内表面必须光滑，相关焊缝必须打磨平整，连接件装配必须精确到位。(4)扇形筒采用悬挂结构，方便安装操作，从结构上解决了扇形筒自行向下膨胀问题，以保证最终的装配质量和装置运行安全。(5)中心管外部丝网和扇形筒均采用激光焊接 V 形丝网技术。(6)上进上出型反应器在上部配置催化剂料斗，可直接通过内部催化剂输送管线流至催化剂床层，催化剂可在反应器腔体内进行预热。(7)上进上出型反应器在下部配置催化剂收集料斗，可将催化剂集中收集流出反应器，减少外部管线连接。(8)上进上出型反应器可结合管线布置进行设备安装高度的调整，确保外部工艺管线可在同一操作水平上，减少外部管线应力对设备本体的影响。(9)上进上出型反应器为单系列布置，降低了设备整体高度，便于安装和检修，特别是对内件的安装与维护。

4)顶烧式 U 形管重整加热炉

顶烧式 U 形管加热炉含有辐射室，辐射室内设置有多路并联 U 形辐射管，并与进出口集合管相连，进出口集合管位于辐射室顶部(炉外)，集合管与炉外弹簧吊架连接，将辐射盘管整体悬吊在炉体钢结构上，炉管受热后向下膨胀；在辐射室顶部布置强制通风燃烧器向下燃烧，辐射管可为单面辐射也可为双面辐射；辐射室下部设置热烟道通往独立的对流室余热锅炉及独立烟囱。

顶烧式 U 形管加热炉可以采用两个以上的辐射室连接一个对流室，形成两个以上的辐射室共同设置一个对流室的结构，对流室可以设置在辐射室正下方，也可设置在辐射室一侧。

顶烧式 U 形管加热炉还对重整反应进料加热炉的余热回收方案进行了优化设计，在对流室余热锅炉中部及尾部分别增设高温及低温空气预热器，冷空气由空气鼓风机送入空气预热器与烟气换热后经热风道至炉顶燃烧器处供燃烧使用，出空气预热器冷烟气由烟气引风机排入独立烟囱，如图 2-3 所示。

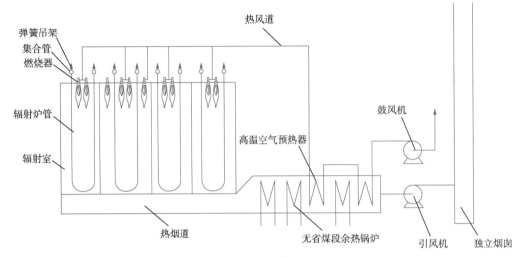

图 2-3　顶烧式 U 形管加热炉

2. 中国石油 PTT 连续重整催化剂再生技术

1）一段烧焦、多段进气的催化剂再生工艺

　　该技术烧焦床层为一段连续床层，分气管通过环形隔板隔离为主烧焦区和补充烧焦区，上部为主烧焦区，下部为补充烧焦区。主烧焦区和补充烧焦区的烧焦气均为干烧焦气。主烧焦气通过电加热器加热到 450~550℃，进入主烧焦区，烧掉催化剂上的高 H/C 的积炭；补充烧焦气通过电加热器加热到 460~600℃，烧掉低 H/C 的积炭，保证完成补充烧焦的催化剂上碳含量小于 0.2%（质量分数）。此工艺最大限度地保持了催化剂的比表面积，延长催化剂的使用寿命，如图 2-4 所示。

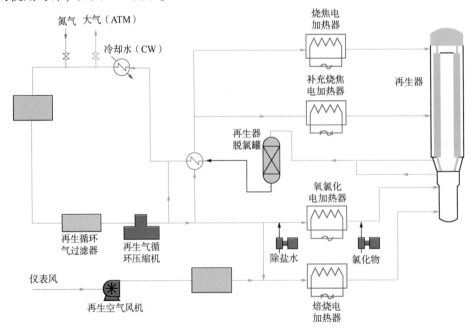

图 2-4　一段烧焦多段进气的催化剂再生工艺流程

2）PTT 连续重整再生器

PTT 连续重整再生器采用新型一段烧焦、多段进气、径向向心式连续重整再生器及内构件的机械结构。

再生器的主要特点在于多段进气，一段烧焦。主烧焦气体从上部丝网进入烧结区，副烧焦气体从下部丝网进入烧焦区，实现多段进气、一段烧焦的目的。再生器上部设置大设备法兰，所有内件可通过大设备法兰进行吊装、维修。内件结构中设计了星形催化剂下料斗和星形催化剂收集料斗以便更加容易疏导催化剂的流动，有效防止催化剂堆积，避免催化剂浪费，提高催化剂的利用率。

为实现燃烧气在再生器床层中的均匀分布，除了控制内、外网的结构尺寸和开孔率，还必须控制再生器壳体的圆度和内、外网的垂直度以确保燃烧气在催化剂床层中压降相等。

为保证催化剂在再生器内的流动连续性和均衡性，要求催化剂输送管以及与催化剂接触的连接件内表面必须光滑，相关焊缝必须打磨平整，连接件装配必须精确到位。

3）CCRMS 催化剂再生专用控制系统

重整催化剂连续再生控制和联锁保护关系到重整装置长周期、连续、稳定运行，是连续重整装置的核心。新型催化剂连续再生专用控制系统（CCRMS）实现了重整催化剂连续再生、循环的可靠控制和联锁保护，具有可操作逻辑顺序控制和系统安全保护双重特点。

CCRMS 控制系统功能包括催化剂再生部分安全联锁保护和闭锁料斗循环控制两部分，硬件采用冗余结构，基于冗余容错技术，满足 IEC 61508 SIL3 的安全完整性等级要求，具有高可靠性和稳定性。软件采用模块化结构指令程序，具有双重确认和自动排错提示功能，实现了良好的可读性、可扩展性和可开发性。该系统采用集散控制系统（DCS）与 CCRMS 为主从关系的两级结构，协同实现催化剂再生操作指令的执行和逻辑控制。

第二节　甲醇制芳烃技术

21 世纪以来，随着我国原油对外依存度不断提高及原油价格波动，国内煤化工行业迅猛发展，至 2020 年底，国内甲醇产能近 9400×10⁴t/a，而我国芳烃主要来源是石油炼制。甲醇制芳烃技术的研发，将减少芳烃对石油原料的依赖，发展甲醇制芳烃技术有利于促进我国以煤为原料替代石油生产石化产品产业的发展，也是保障我国能源安全的重要手段之一。

一、国内外技术进展

甲醇制芳烃（MTA）技术源于 20 世纪 70 年代，Mobil 石油公司开发的甲醇转化为汽油（MTG）的工艺。20 世纪 80 年代，Mobil 公司研究发现，经过改性的 ZSM-5 分子筛催化剂具有更高的芳烃选择性，该研究停留在实验室阶段，未进行工业化。随着石油能源的日渐紧缺，原来作为石油化工产物的芳烃变的紧俏，把甲醇转化为芳烃的产业应运而生，从而形成了甲醇芳构化制芳烃（MTA）这一概念[3-5]。

Mobil 公司采用的是固定床技术，资料显示，其芳烃收率在 30% 左右。除美国专利中出现 Mobil 公司的两个专利 USP4590321 和 USP4686312 外，在其他文献当中几乎没有出现过类似的研究报道。直到 2002 年，Chevron Phillips 公司申请了美国专利"由含氧化合物生产芳烃产品"。该专利公布了一种采用两种分子筛催化剂利用甲醇生产芳烃的技术，其中第一种催化剂是硅铝磷分子筛，第二种催化剂为含有金属锌以及来自ⅢA族或ⅥB族元素的分子筛催化剂。采用上述两种分子筛催化剂，并以一定方式进行组合，该发明获得了甲醇转化制取芳烃，特别是 BTX 的一种有效方法。

在我国，甲醇已经被成功应用于甲醇制烯烃产业并已投入商业运营，"十二五"规划也已经积极进行示范布局，开辟了以煤代油实现工业化生产基础有机化工原料的新途径。近年来，由甲醇制芳烃逐渐引起行业人士的广泛关注。

中国生产甲醇的技术已经非常成熟，煤制芳烃的关键点在于甲醇芳构化制芳烃。甲醇芳构化是在择型分子筛催化剂的作用下，经甲醇脱水生成烯烃，烯烃再经过聚合、烷基化、裂解、异构化、环化、氢转移等过程，最终转化为芳烃的过程。最终产品与择型催化剂的选择性有关，产品以对二甲苯为主。

国内主要有中国科学院山西煤化所、清华大学、北京化工大学、大连化物所、中国石化、中国石油等单位从事 MTA 的研究工作。

1. 清华大学的流化床技术（FMTA）

清华大学的催化剂连续反应—再生循环的流化床技术，催化剂为采用负载金属氧化物的复合分子筛催化剂，稳定性较好，反应温度 450℃，反应压力 0.1MPa，气相甲醇进料量3000mL/h，在 4800h 的反应时间内，甲醇平均转化率 97.5%，芳烃单程收率（甲醇碳基）大于 72%，芳烃产物中 BTX 的总选择性大于 55%。

2. 山西煤化所的两段固定床 MTA 技术[4]

中国科学院山西煤化所与中国化学工业第二设计院联合开发了固定床甲醇转化制芳烃（MTA）的技术，采用两个固定床反应串联的形式，第一芳构化反应器的气相组分进入第二反应器继续进行芳构化。催化剂为负载脱氢功能的 Ga、Zn 或 Mo 组分的分子筛（ZSM-5 或ZSM-11）催化剂。

一段的反应温度 200~500℃，压力 0.1~5.0MPa，液体空速 0.4~2.0h^{-1}，二段的反应温度 300~460℃，压力 0.1~3.5MPa，气体空速 100~1000h^{-1}，液相产品中的总芳烃含量可达 65%以上，芳烃收率为 30%（甲醇质量基）。

3. 北京化工大学 MTA 技术

河南煤化集团研究院与北京化工大学合作开发的煤基甲醇制芳烃技术开发项目，对甲醇芳构化催化剂性能改进、二甲苯异构化、苯及甲苯烷基化过程开发，以及煤基甲醇制芳烃流程设计等课题开展了大量研究，该项目探索出了最佳催化剂和反应的适宜工艺条件，提出了装置规模、反应器初步设计和关键设备参数。

4. 中国石化上海石油化工研究院技术

上海石油化工研究院甲醇芳构化催化剂采用负载脱氢氧化物的分子筛（ZSM-5）催化剂。固定床工艺评价结果显示，在 370~450℃，甲醇转化率达 100%，单程转化的总芳烃的收率为 60%~70%，BTX 轻芳烃的选择性大于 80%。

5. 中国石油的移动床甲醇制芳烃技术

中国石油开发出专用小球催化剂，并在百吨级移动床 MTA 中试反应装置上连续运行

1000h。反应原料可直接采用粗甲醇，C_{5+} 油收率平均为 30.70%，油相中芳烃含量平均为 80.56%，其中 C_8 芳烃含量达 31.53%。

二、工艺原理

甲醇芳构化（MTA）反应过程非常复杂，除了生成主产物苯、甲苯、二甲苯之外还生成大量烷烃、烯烃、重芳烃等产物，主要化学反应如下：

$$CH_3OH \xrightarrow[400 \sim 500\,℃]{催化剂} \frac{1}{n}C_nH_{2n-6} + \frac{3}{n}H_2 + H_2O \qquad (1-1)$$

MTA 反应剧烈且放热量大，反应热高达 39.67kJ/mol 甲醇，适当地降低反应温度有利于甲醇转化为轻质芳烃；反应是体积增大的反应，因此，较低的反应压力有利于主反应的进行；反应过程中会生成大量的水，水蒸气分压较高。

MTA 反应机理说法不一，目前比较认可的是烃池机理。研究人员对烃池活性中间体进行了研究，确定通过 $^{12}C/^{13}C$ 甲醇转换实验确定了甲醇制芳烃（MTH）反应中存在两个反应循环：一个反应循环涉及乙烯和甲基苯的形成，另一个涉及丙烯和高碳烯烃的生成。由此，提出了双循环机理，如图 2-5 所示。研究人员认为烯烃池循环和芳烃池循环不是彼此独立存在的，而是通过氢转移反应和脱烷基反应相互联系形成动态闭合回路。

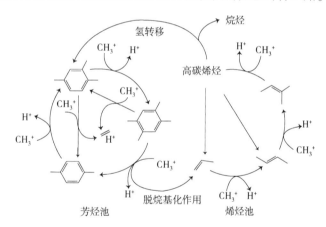

图 2-5 双循环烃池机理[6]

由图 2-5 可以看出，芳烃可以通过芳烃池生成，也可以由高碳烯烃（烯烃池产生）反应得到。目前，通过芳烃池形成芳烃还需要更多的证据支持，而且活性中间体以及具体的反应过程也存在一些争议。但是，高碳烯烃通过环化反应生成环烯烃或环烷烃，接着环烯烃或环烷烃通过氢转移或脱氢芳构化反应生成芳烃，这一过程得到了广泛的认可，即甲醇芳构化是在择型分子筛催化剂的作用下，经甲醇脱水生成烯烃，烯烃再经过聚合、烷基化、裂解、异构化、环化、氢转移等过程，最终转化为芳烃的过程。

三、中国石油移动床甲醇制芳烃技术

MTA 反应中会生成大量的水，而反应温度以及再生温度均在 400℃以上，在高温以及水蒸气氛围下分子筛会发生水热脱铝，导致分子筛活性位逐渐减少最终永久失活。因此，

MTA 反应催化剂必须具备优异的水热稳定性，才能在工业中实现长周期运行。MTA 反应又是强酸催化反应，反应产生的烯烃和芳烃均容易在强酸性位上进行积炭反应，致使催化剂失活较快，因此 MTA 催化剂的单程寿命基本在 300h 左右，催化剂活性流失影响产品组成。中国石油选择移动床反应器，使催化剂颗粒实现连续置换，平推流方式使催化剂的活性、选择性始终在最佳状态，生产效率较高。

2012 年以来，中国石油乌鲁木齐石化公司研究院(以下简称中国石油乌石化研究院)开展了移动床甲醇制芳烃技术的开发。

2012—2014 年，中国石油乌石化研究院与浙江大学合作，进行了甲醇催化转化制芳烃催化剂小试技术开发，完成了 ZSM-5 分子筛催化剂的改性工作；进行了适宜工艺条件的确定及催化剂寿命评价。提出合适的移动床结构，建立移动床冷模实验，通过实验得到压降、空腔、贴壁等方面的数据；提出催化剂的反应再生移动床工艺；结合动力学和冷模实验数据，建立移动床 MTA 反应器数学模型，并给出模拟结果。

2016—2018 年，完成了百吨级移动床中试试验。在小试研究基础上，通过开展 ZSM-5 分子筛催化剂孔结构的构建和材料形貌的控制研究，开发出移动床甲醇转化制芳烃工艺的专用小球催化剂，并通过微反装置的考评。实现了 ZSM-5 分子筛的清洁化工业生产，形成小球催化剂的批量、低成本制备工艺；采用 ZSM-5 催化剂，在反应温度 420~440℃，反应压力 0.5MPa，质量空速 1h^{-1} 的反应条件，在 100mL 固定床上进行了 330h 的稳定性评价试验，甲醇转化率基本达到 100%，C_{5+} 收率平均为 31.54%，油相中芳烃含量达 69.37%，二甲苯在油相中的含量达 30.27%，重芳烃(C_{10+})在油相中的含量达 15.15%。

在百吨级移动床 MTA 反应装置上，催化剂连续运行 1000h。C_{5+} 油收率平均为 30.70%，油相中芳烃含量平均为 80.56%，其中 C_8 芳烃含量 31.53%，C_{10+} 芳烃含量 12.91%。

1. 催化剂

移动床甲醇制芳烃所用催化剂为白色的 HZSM-5 分子筛小球催化剂。比表面积为 389m^2/g，磨损率为 3%，球形度 0.98，2~5mm 的颗粒占比 99.9%。

图 2-6 为改性前后 ZSM-5 分子筛 XRD 图对比。改性后得到的分子筛标记为 ZSM-5-AT。由图 2-6 可知，普通 ZSM-5 分子筛在 2θ = 7.88°、8.78°、23.04°、23.9°、24.4°处均存在较强的衍射峰，这分别对应着 ZSM-5 分子筛晶体的特征衍射峰。经过酸碱处理改性之后，衍射峰强度有所降低，但所有特征衍射峰仍然保留了下来，这说明改性使分子筛的结晶度略有降低，但没有破坏分子筛的晶型和晶相结构，改性方法保持了分子筛结构的相对完整。

图 2-7 为后处理前后 ZSM-5 分子筛的 SEM 图。由图 2-7 可知，未处理的 ZSM-5 分子筛为工业级分子筛，晶体呈方块状，大小不一，大的晶粒较多，尺寸约为 3μm，大小晶粒相互黏结在一起，形成大的块状。较大的晶粒和团簇造成反应扩散通道的增长，从而增大了扩散阻力，造成分子筛活性位的利用不完全以及催化剂稳定性的降低。经过碱处理和酸处理之后，分子筛晶体的基本形貌得到了保留，但部分大的晶体破碎，变成较小的块状，部分块状晶体的表面被刻蚀，出现了划痕和由外及里的孔道连通，这会极大地提高分子筛的比表面积和孔体积，反应物和产物的扩散距离缩短，有利于反应活性和稳定性的提高。

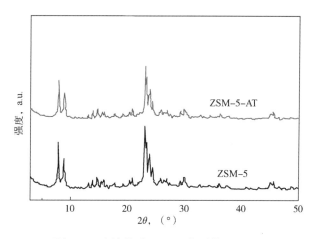

图 2-6 改性前后 ZSM-5 分子筛 XRD 图

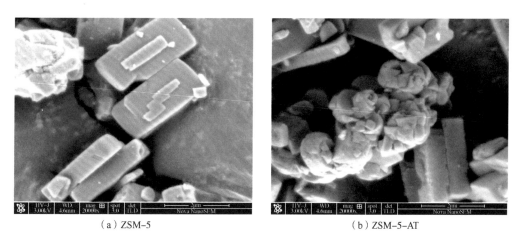

（a）ZSM-5 　　　　　　　　　　　　　（b）ZSM-5-AT

图 2-7 普通 ZSM-5 与后处理法制备多级孔 ZSM-5 分子筛 SEM 图

图 2-8 为后处理前后的 ZSM-5 分子筛催化剂 NH₃-TPD 图。由图可知，ZSM-5 分子筛有两个较明显的脱附峰，低温脱附峰和高温脱附峰，分别对应 ZSM-5 分子筛中的弱酸和强酸，普通 ZSM-5 分子筛强酸含量相对较多，经过碱处理和酸处理之后，ZSM-5-AT 的弱酸和强酸酸量都有了很大幅度的提升，这是由于对于高硅铝比的分子筛，碱处理脱硅导致分子筛中铝含量相对提高，四配位的铝是分子筛酸性的主要来源，因此碱处理后分子筛的酸量有了很大的提高。除此之外，碱处理之后的 C-ZSM-5-AT 弱酸的相对含量也有了很大的提高，强酸的相对含量降低，但碱处理之后反应的活性反而增加，这一方面是由于碱处理之后更多的活性中心被暴露，也说明甲醇芳构化反应并不需要太多的强酸中心。此外，较多的强酸虽然可以增加甲醇芳构化反应的活性，但同样有利于众多副反应的发生，因此强酸含量的减少有利于催化剂稳定性的提高。

图 2-9 为改性前后的 ZSM-5 分子筛的 N₂-物理吸脱附等温线。由图可知，普通 ZSM-5 分子筛的吸附等温线都为 I 型，较低的相对压力处为分子筛的微孔吸附阶段，在此阶段，普通 ZSM-5 分子筛几乎已经达到吸附饱和的状态，而且普通 ZSM-5 分子筛的吸附量相对

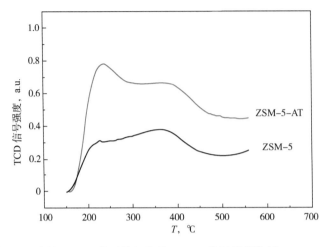

图 2-8　改性 ZSM-5 分子筛与普通 ZSM-5 分子筛催化剂 NH$_3$-TPD 图

较少，吸附等温曲线和脱附等温曲线基本重合，这说明普通 ZSM-5 分子筛中微孔较多，介孔量很少。改性后的分子筛 ZSM-5-AT 的吸附等温线属于 I 型和 IV 型的混合型，在相对压力 $p/p_0 = 0.45$ 附近有明显的跃升，相对压力 p/p_0 为 0.45~1.0 之间出现一个非常明显的迟滞环，迟滞环的出现是由于介孔中发生的毛细凝聚现象，这表明后处理之后的分子筛中形成了一定量的介孔。

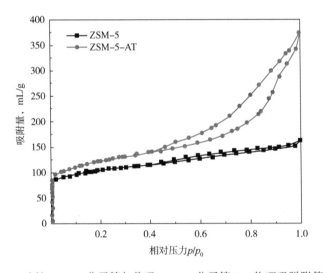

图 2-9　改性 ZSM-5 分子筛与普通 ZSM-5 分子筛 N$_2$-物理吸脱附等温线

综合以上表征结果，分子筛经过优化条件后的碱处理和酸处理后，分子筛的比表面积和孔体积都有了很大的提高，分子筛中引入了一定量的介孔，但分子筛的微孔被最大限度地保留了下来，分子筛晶体的形貌和晶型也保持不变，后处理使得工业级分子筛晶体的粒度减小，而且出现了由外及里的孔道连通，这大大提高了反应物和产物的扩散能力。这充分说明通过优化的后处理方法成功地在分子筛中引入了规则的介孔，使分子筛成为介孔—微孔复合的多级孔分子筛。

催化剂颗粒的物性参数见表 2-1 和表 2-2。

表 2-1　颗粒催化剂的物性数据

颗粒直径 mm	球型度	堆积密度 kg/m³	压碎强度 N	磨损率 %	内摩擦角 (°)	壁摩擦角，(°)		
						有机玻璃	丝网	约翰逊网
2.52	0.98	672	70.3	3	31	23.15	24.85	22

表 2-2　颗粒催化剂 BET 表征

比表面积 S_{BET} m²/g	总孔体积 V_{total} mL/g	微孔体积 V_{micro} mL/g	微孔面积 S_{micro} m²/g	最可能的孔径 nm
389	0.42	0.12	243	0.46

2. 技术特点

（1）采用移动床反应器进行 MTA 的主要优势在于 MTA 催化剂颗粒始终可以处于活性最优的状态操作。移动床 MTA 工艺可根据现阶段工业开发应用的催化剂积炭失活速率，计算出催化剂在移动床内的停留时间，通过调整移动床颗粒循环再生速率，使催化剂始终保持在最高最稳定的芳烃收率状态。

（2）鉴于移动床具有可控的中等大小范围内的循环速率，移动床 MTA 工艺对催化剂单程寿命要求不高，即不以高水比为代价刻意降低催化剂的积炭速率(高温水蒸气环境会加速分子筛脱铝，导致催化剂酸性下降，继而导致芳烃收率下降)，在保证芳烃高产率的同时达到了节能节水效果。催化剂生焦速率低，磨损剂耗小。

（3）在移动床 MTA 工艺对催化剂的单程寿命要求不高的技术基础上，反应原料可直接采用粗甲醇，与精甲醇相比，粗甲醇的原料采购成本可降低 15%以上。

（4）移动床设计为错流式径向移动床，在简化催化剂装卸步骤的同时降低了反应器的压降，减少了产物芳烃在过床时的停留时间，避免了芳烃进一步反应生成焦炭物质，保证了芳烃的产率。

（5）将积炭失活的催化剂均匀移出反应器进行器外再生，避免了固定床催化剂原位再生时因催化剂床层过厚，导致床层内部分催化剂再生不完全的现象，催化剂经器外再生后二次反应的性能得到提高，催化剂总使用寿命得到保障。

3. 工艺流程及关键指标

1）工艺流程

如图 2-10 所示的流程示意图中，甲醇加入原料罐中，经过计量泵控制和计量后，将原料增压输送到预热器中进行加热汽化后的原料在管线里与循环回来的气体混合进入反应器，反应器上进料、下出料，采用移动床径向反应器，在一定的温度、压力和空速下进行反应。反应后的产物经换热器换热，再经过滤罐过滤杂质后，经过冷凝器水冷后进入油水气三相分离器进行分离。分离后的气相一部分循环，一部分经过背压阀控制压力至常压后放空。需要循环的尾气，先经过干燥罐或进行脱水。干燥脱水后循环气换热后循环回反应器内。

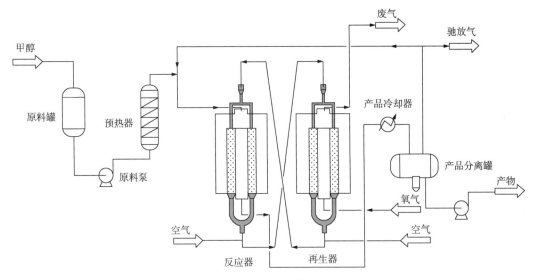

图 2-10 反应流程示意图

催化剂再生部分的目的是将待生催化剂进行再生，恢复其活性，然后再送回反应器，从而使甲醇制芳烃反应始终能在较高苛刻度下进行。来自反应器底部的待生催化剂，在底部的下部料斗内，先经氮气置换出所携带的烃类，采用自循环氮气压缩机送来的氮气作为提升气，将待生剂提升至再生器上部的分离料斗，待生剂在此经淘析气吹去粉尘后，进入氮气环境的闭锁料斗，然后进入再生器。闭锁料斗逻辑控制系统通过压力平衡来控制闭锁料斗的等待、加压、卸料、降压和装料 5 个步骤，以达到控制催化剂循环量的目的。

2）关键指标

催化剂理化性质指标：（1）比表面积≥350m²/g；（2）磨损率≤3%；（3）球形度为 0.98；粒径 2～5mm 的颗粒比例≥99.5%。

工艺指标：

（1）获得工业粒度的甲醇转化制芳烃催化剂，固定床评价装置规模：100mL 固定床评价装置，反应温度 400～440℃，压力 0.5MPa，质量空速 1h⁻¹；共进行了 330h 的稳定性评价试验，甲醇转化率基本 100%，C_{5+}收率平均 31.54%，油相中芳烃含量 69.37%，二甲苯在油相中的含量 30.27%，重芳烃（C_{10+}）在油相中的含量平均 15.15%。

（2）在百吨级移动床 MTA 反应装置上，催化剂连续运行 1000h。C_{5+}油收率平均为 30.70%，油相中芳烃含量平均为 80.56%，其中 C_8 芳烃含量 31.53%，C_{10+} 芳烃含量 12.91%。催化剂积炭率：0.066g/g 甲醇。

第三节　轻烃甲醇芳构化技术

轻烃来源广泛，主要指炼厂的拔头油、抽余油等组分（主要是 C_5、C_6、C_7 烷烃组分），其饱和蒸气压高，辛烷值（RON）低（60～70）。目前主要用作乙烯裂解原料，但乙烯装置原料来源日趋轻质化，这部分低附加值的轻烃资源的合理利用成为企业面临的一个难题。所以，基于我国芳烃长期需求量大、甲醇供大于求和轻烃急需寻找高效利用途径的局面[7-11]，将强放热的甲醇反应与中等强度吸热的轻烃芳构化反应过程进行结合，实现热量和物质耦合，提高了催化剂活性位利用率，降低了积炭率，提高催化剂稳定性，改质后的产品具有芳潜含量高，可以作为芳烃装置的优质原料，也可以作为高品质汽油调和组分（馏程、密度和胶质等各项指标均满足高标号汽油调和组分的要求），该工艺技术灵活，可根据实际生产需求调整原料比例，从而得到所需产品。因此，轻烃耦合甲醇芳构化反应可谓"绿色化学"和"一举多得"的生产技术。

一、国内外技术进展

目前，轻烃（抽余油、重整拔头油、戊烷油和加氢焦化石脑油等）耦合甲醇芳构化制芳烃/烯烃技术研究公开报道较少且尚处于基础研究阶段，大部分研究是关于轻烃中单体烃（C_4、C_5、C_6 与 C_7）耦合甲醇的研究报道[10-32]，在这些研究报道中，其目标产物大多是低碳烯烃。

Mier 等对正丁烷耦合甲醇制烯烃进行了一系列的系统研究[13,16,21]。在固定床反应器上，研究了甲醇与正丁烷反应时的热量情况[13]，发现以 HZSM-5 为催化剂，在温度 400~475℃ 范围内，正丁烷与甲醇发生了热量耦合，当甲醇与正丁烷物质的量比为 3∶1 时，可达到热量耦合中性。Mier 等[16]还研究了不同硅铝比、负载 Ni 的 HZSM-5 和 SAPO-18 催化正丁烷耦合甲醇制烯烃反应中催化剂的失活，由 C_2—C_4 烯烃收率比较了反应中催化剂的动力学行为，通过反应时间为 5h 的积炭量和反应再生循环中的水热稳定性研究催化剂的失活。研究结果表明，硅铝比为 30（$SiO_2/Al_2O_3 = 30$）的 HZSM-5 催化剂显示出良好的催化性能，这种催化剂具有较高的酸量和较强的酸性（≥120kJ/mol 氨），在反应温度为 575℃、空速为 1.1（$g_{cat} \cdot h/mol_{CH_2}$）时，$C_2$—$C_4$ 烯烃收率为 24.4%（丙烯收率为 11.5%），经过 10 个催化剂再生循环后，催化剂仍可以较好地恢复其初始动力学行为。

之后，Mier 等[21]建立了以 HZSM-5 为催化剂的正丁烷耦合甲醇制烯烃反应的失活动力学模型。反应研究采用固定床反应器，在前期研究的[13]热中性条件下（甲醇∶正丁烷=3∶1，物质的量比），动力学集总的提出结合了单独反应（正丁烷的裂化反应和甲醇制烯烃反应过程）和两者共进料反应的协同效应。根据反应中物质的浓度定量化由积炭引起的失活，证实含氧化合物是主要的积炭前驱体。在 400~550℃，反应时间为 5h，空速为 9.5（$g_{催化剂} \cdot h/mol_{CH_2}$）时，建立了耦合过程的甲醇、二甲醚、正丁烷、$C_2$—$C_4$ 烷烃、C_2—C_4 烯烃、C_5—C_{10} 和甲烷的集总失活烯烃动力学模型。

以 Zn 为负载元素，Song 等[24]采用物理混合法、离子交换法和浸渍法三种方法，制备了一系列负载 Zn 的 ZSM-5/ZSM-11 分子筛催化剂，并研究了其对甲醇耦合正丁烷制芳烃的影响。UV-vis、H_2-TPR 和 XPS 等表征分析了 Zn 在不同催化剂上的物种状态；NH_3-TPD 和 Py-IR 定量分析研究了负载 Zn 前后催化剂的酸性变化。物理法负载的 Zn，以 ZnO 颗粒的形式大量聚集在孔道外面，从而促进了甲醇耦合正丁烷反应中 C_2—C_4 烷烃的生成；离子交换法和浸渍法制备的 ZnZSM-5/ZSM-11 催化剂中 Zn 以 Zn—O—Zn 的形式聚集在小孔径中，更加有利于提高甲醇耦合正丁烷反应的芳烃选择性。

以 ZSM-5 分子筛为活性载体，Yang 等[27]采用利于金属颗粒分散和稳定的球磨法制备了 PtSnK-Mo/ZSM-5 催化剂。通过 TPR、H_2-TPD、XPS 和 CO-FTIR 表征，发现 BM 样品上存在 Pt-SnO_x 和 MoO_x 物种。在 475℃时，Pt-Mo-BM 催化甲醇耦合正丁烷制芳烃反应中，芳烃收率为 59%，正丁烷转化率为 86%；相比于生成烷烃，弱酸性位更有利于芳烃的生成。Yang 等还提出：反应过程中由 Pt-SnO_x 产生的一些小烯烃分子也参与到 MTA 的反应网络中，从而促进了丙烯和大分子烯烃的形成。因此，耦合反应过程中加速了芳烃的形成，预期的可能反应路径如图 2-11 所示。

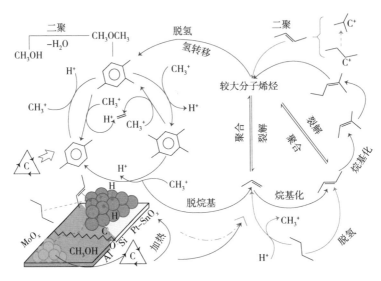

图 2-11　Pt-Mo 球磨催化剂催化甲醇耦合正丁烷反应过程中预期反应路径

Dai 等[30]研究了甲醇耦合正丁烷制芳烃反应，以负载不同 Ga 含量的纳米 HZSM-5 分子筛为催化剂，研究结果证明：负载 Ga 后可以提高芳烃选择性，但是催化剂的稳定性变差；同时由于甲醇与正丁烷的耦合效应，催化剂寿命从 18h 延长到 50h；又根据 TGA、原位 UV/vis、MAS NMR 谱图分析得到：在甲醇芳构化过程中加入正丁烷对催化剂的失活机理没有影响，但影响反应的双环机理。

以 HZSM-5 分子筛为载体，Gong 等[31]研究了负载 La 的 HZSM-5 催化剂催化甲醇与 C_4 烃[由 62.2%（质量分数）的正丁烷与 34.4%（质量分数）的正丁烯组成]耦合制丙烯反应，研究结果表明：与单独甲醇或 C_4 烃进料相比，甲醇与 C_4 烃的耦合反应，有效提高了丙烯收率和催化剂 LaHZM-5 的稳定性；同时丙烯收率取决于反应条件和 La 负载量，HZM-5 负载的 La 与 HZSM-5 表面的羟基基团发生了作用，这种作用改变了羟基基团的酸密度和酸分布，而丙烯收率与酸密度和酸分布紧密联系，在负载量为 1.5%（质量分数）时，得到相对较高的丙烯收率为 46.0%（质量分数）。

中国石油乌石化研究院也进行了轻烃耦合甲醇芳构化反应研究[32-33]，采用简单快速方法水热合成多级孔 ZSM-11 分子筛，并将制备的 ZSM-11 分子筛用于催化甲醇耦合正己烷反应中，研究发现：水热合成时间为 22h 时可制得小晶粒多级孔 ZSM-11 分子筛，比表面积为 387m^2/g，孔体积为 0.46cm^3/g；当反应条件为 380℃、常压、质量空速 1.43h^{-1}（甲醇的质量空速为 1h^{-1}，正己烷的质量空速为 0.43h^{-1}）时，研究得到产品 CH$_2$ 收率为 80.60%，芳烃选择性为 37.39%，辛烷值（RON）为 90.5，可直接用作高辛烷值汽油的调和组分或用作生产芳烃的原料；同时，研究还发现，相同反应条件时，与单独的甲醇反应相比，甲醇耦合正己烷反应后的产品终馏点降低了 23℃，而与单独的正己烷反应相比，甲醇耦合正己烷反应后的 CH$_2$ 收率也有较大幅度的提高。

二、工艺原理

轻烃耦合甲醇芳构化反应，是指在催化剂的催化作用下，轻烃与甲醇经过一系列裂解、环化、脱氢、异构化和芳构化等反应，生成较高品质产品（芳烃选择性和辛烷值较高）的反应过程。此外，产品还具有低烯烃、低苯、无硫等特点，可直接用作优良的高辛烷值汽油调和组分。其次，将强放热的甲醇反应与中等强度吸热的轻烃芳构化反应过程进行结合，反应过程可有效利用反应放出的热量，实现热量互补，大大降低能耗，使得反应条件温和。最后，耦合反应还克服了甲醇和轻烃分别单独反应的一些缺点，例如，耦合反应后的产物终馏点低，作为汽油调和组分时，无须切割；耦合反应可提高轻烃芳构化反应过程的液收率，产品收率高。

中国石油乌石化研究院选取轻烃中具有代表性的化合物正己烷为模型化合物，进行了轻烃耦合甲醇芳构化反应机理的研究。研究发现，反应过程中，在分子筛酸性作用条件下，甲醇较容易地优先吸附在分子筛的酸性活性位上（主要在 B 酸位点上），生成二甲醚或表面甲氧基团，然后生成芳烃类化合物或小分子烯烃［图 2-12（a）］，这些烯烃经过脱氢、氢转移、环化、聚合、芳构化、烷基化和裂解等反应步骤生成芳烃类化合物和小分子物质（CO、CO$_2$ 和 H$_2$ 等）。另一方面，较低温度下甲醇在分子筛的酸性活性位上生成具有离子特性的表面甲氧基团，然后该表面甲氧基团通过氢转移的方式提取正己烷的一个 H$^+$ 活化正己烷，得到小分子甲烷和碳正离子［图 2-12（b）］，此外，正己烷的裂化反应也可能生成小分子烯烃，小分子烯烃继而参与到烃池中，发生脱氢、氢转移和烷基化反应等，从而影响正己烷的反应路径，使得正己烷主要遵循了双分子反应机理。

三、中国石油轻烃耦合甲醇芳构化技术

轻烃耦合甲醇芳构化反应涉及多种反应，反应过程复杂，关于具体反应路径研究一直是该技术的一个难点。轻烃耦合甲醇芳构化技术灵活，可根据所需产品调整工艺，但如何精准掌握所需产品与工艺之间的关系，实现两者的匹配，尤其从小试研究到工业放大，达到反应床层稳定，也是该技术开发过程中需要重点克服的一个难题。

2015 年中国石油乌石化研究院开始进行轻烃耦合甲醇芳构化技术研究，先后完成了小试、模试、中试和工业放大研究，提出了可能的轻烃耦合甲醇芳构化反应路径，编制完成了 20×10^{4}t/a 轻烃耦合甲醇芳构化工艺包，形成了具有中国石油自主知识产权的轻烃耦合甲醇芳构化技术，目前该项技术已具备推广应用基础。

1. 催化剂

采用简单、快速及易工业化的"one-pot"水热合成制备了共晶 ZSM-5/ZSM-11 分子筛并

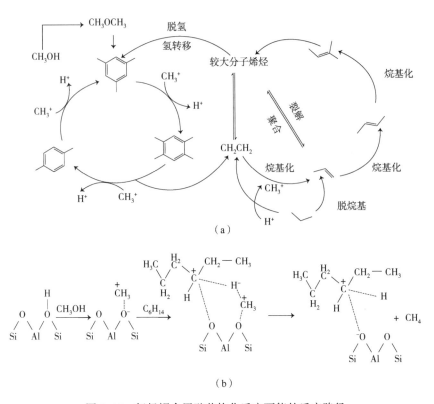

（a）

（b）

图 2-12　轻烃耦合甲醇芳构化反应可能的反应路径

首次将其用于催化甲醇耦合轻烃芳构化反应中。通过优化调整制备方法，克服放大效应，中国石油乌石化研究院完成了该催化剂的逐级放大制备和工业放大制备。根据催化剂小试制备方法，按比例对共晶分子筛催化剂 ZSM-5/ZSM-11 进行了 2L、50L 和 $1m^3$ 逐级放大合成研究，逐级放大制备的催化剂的 XRD 谱图如图 2-13 所示。

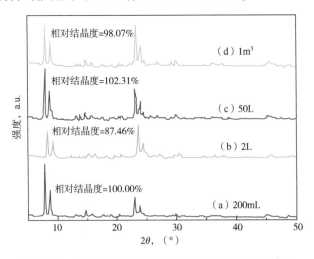

图 2-13　逐级放大合成 ZSM-5/ZSM-11 的 XRD 谱图

由图 2-13 可知，逐级放大样品的 XRD 谱图与小试制备的谱图几乎一样，说明逐级放大的样品为 ZSM-5/ZSM-11 共晶分子筛。以小试制备的 ZSM-5/ZSM-11 样品为基准，其结晶度定为 100%，分别将逐级放大制备样品 $2\theta = 7.90°$、$8.84°$、$23.15°$ 和 $23.85°$ 及 $45°$ 处的峰进行积分，并与小试样品进行对比，得到其相对结晶度[34]，逐级放大制备的样品的结晶度较高，这进一步说明了，逐级放大成功的重复了小试结果。

为了进一步验证逐级放大 ZSM-5/ZSM-11 的放大效果，进行了 N_2 吸附脱附测试，并与小试制备的 ZSM-5/ZSM-11 进行了对比，其吸附等温线如图 2-14 所示。不难发现，逐级放大样品的吸附等温线与小试 ZSM-5/ZSM-11 的吸附等温线几乎一致。因此，N_2 吸脱附表征说明，在小试的基础上，逐级放大制备的 ZSM-5/ZSM-11 较好地重复了小试制备的孔道结构特征，尤其是 50L 和 $1m^3$ 的放大制备，在小试 200mL 和 2L 的基础上，通过改变陈化时间和搅拌速率，有效改善了器内传质、传热和物料的流动情况，较好地避免了放大效应，保证了放大制备的共晶分子筛 ZSM-5/ZSM-11 的孔结构性质。在催化反应中，催化剂的酸性位是催化反应的活性位，所以，催化剂酸性、酸量和酸强度等性质至关重要。NH_3-TPD 表征如图 2-15 所示，从图 2-15 可以看出，逐级放大分子筛样品的 NH_3-TPD 曲线相似，均具有两个明显的峰，同时通过 peakFit v4.12 去卷积得到两个高斯拟合峰：高温峰（400℃附近）和低温峰（200℃附近），说明通过调整分子筛放大制备工艺，逐级放大的分子筛较好地再现了小试的酸性特征。综上，通过逐级放大共晶分子筛 ZSM-5/ZSM-11 的表征结果可得出成功实现了轻烃耦合甲醇芳构化反应的逐级放大和工业吨级制备。

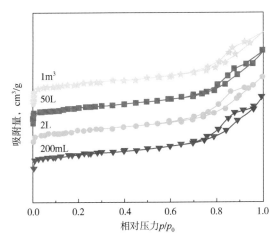

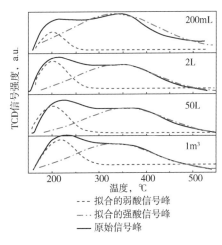

图 2-14　逐级放大合成 ZSM-5/
ZSM-11 的 N_2 吸附—脱附图

图 2-15　逐级放大 ZSM-5/
ZSM-11 的 NH_3-TPD 图

在反应温度为 380℃、反应压力为 0.5MPa、甲醇/抽余油质量比为 1:1、质量空速为 $1h^{-1}$ 的条件下，对 ZSM-5/ZSM-11 共晶分子筛催化剂小试样品和 $1m^3$ 工业放大剂进行催化甲醇耦合抽余油反应性能评价，结果如图 2-16 所示。由图 2-16 可知，在反应时间 72h，$1m^3$ 工业放大剂催化甲醇耦合抽余油反应性能和小试样品相当，甲醇转化率为 100%，C_{5+} 收率为 81%~89%，Y_{CH_2} 最高为 84%，芳烃收率比较稳定，最高为 35%，说明成功实现了该技术催化剂的工业放大制备，为甲醇耦合轻烃技术的工业应用提供了技术基础。

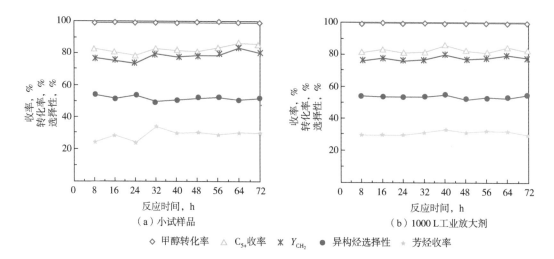

图 2-16   ZSM-5/ZSM-11 共晶分子筛催化剂小试样品和 1m³ 工业放大催化剂
催化甲醇耦合抽余油反应性能曲线

2. 技术特点

轻烃耦合甲醇芳构化技术为轻烃资源的高效利用提供了一条可靠技术路径。经过多次重复实验，成功开发了适用于轻烃耦合甲醇反应的催化剂，提出了适宜的工艺技术和反应路径，完成工业试验，主要特点包括以下 5 个方面：

（1）利用煤化工产品甲醇耦合轻烃芳构化反应，实现了石油化工和煤化工的有机结合。此外，随着乙烯装置原料的轻质化和页岩油气革命的到来，抽余油等轻烃的合理利用成为很多炼厂面临的一大难题，而甲醇耦合轻烃技术可同时为上述两种原料的利用提供一种有效的解决方案。

（2）首次提出甲醇耦合抽余油芳构化反应工艺，在甲醇的反应过程中引入轻烃，利用甲醇转化为烃类的放热效应耦合轻烃裂解的吸热效应，可避免反应过程中热量集聚现象的发生，耦合反应条件温和，反应易于控制，降低催化剂积炭量，提高催化剂寿命，同时达到节能降耗的目的。

（3）制备了高活性、高选择性的适用于轻烃耦合甲醇反应的分子筛催化剂，B 酸和强酸是反应的主要活性位。克服放大效应，成功完成了工业吨级放大制备，放大的催化剂再现了小试催化剂性能，在固定床模试装置上，催化剂总寿命大于 2 年。

（4）完成了 3×10^4t/a 工业试验的开展，反应过程可控易控，反应产品重复了实验室研究结果，各项指标达到考核指标要求，根据前期研究和工业试验结果，编制完成了 20×10^4t/a 轻烃耦合甲醇工艺包。

（5）提出了轻烃耦合甲醇反应的反应机理，为该技术的工业应用奠定了理论基础。反应中甲醇首先被活化生成具有离子特性的中间产物，该中间产物可活化烃类，使其主要遵循双分子反应机理。

3. 工艺技术简介

轻烃耦合甲醇芳构化反应工艺采用预热器—反应器串联布局方式，原则流程如图 2-17 所示。

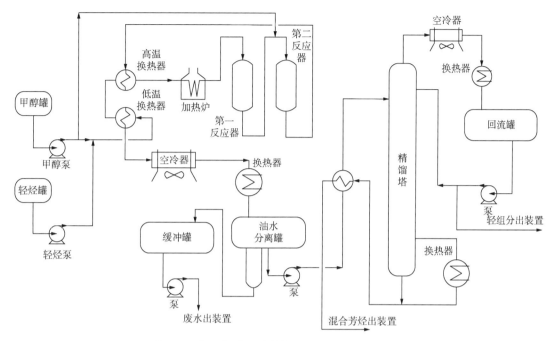

图 2-17　轻烃耦合甲醇芳构化反应工艺原则流程图

1）进料单元

原料甲醇经泵送至本反应装置的甲醇中间罐，由甲醇输送泵送至管线与抽余油混合。

2）预热和反应单元

甲醇和抽余油混合后进入低温换热器、高温换热器预热，并与来自反应器出口的反应产物进行换热，之后原料进入反应器进行反应，两个反应器为并联，处于反应或再生状态。

3）分离单元

反应后的产物经与原料换热冷却，然后进入空冷器，再经换热器换热后，流入油水分离罐进行油水分离。在油水分离罐中，反应后混合物中由甲醇生成的水，由底部进入缓冲罐，测试合格达到排放标准时，经泵送出装置。而油水分离罐中部为混合芳烃产品，经泵送至换热器换热后，进入产品精制单元的精馏塔。另外，油水分离罐顶部的气态反应物作为驰放气排出界区。

4）精制单元

来自分离单元的混合芳烃产品进入精馏塔进行精馏，塔顶物经塔顶冷凝器冷凝和换热器后，冷凝物经回流罐用泵输送至精馏塔回流，不凝气等轻组分气作为驰放气排出界区外。精馏塔塔底物(芳烃)经换热器换热后，作为目标产品输出界区外。

4. 工业应用

中国石油乌鲁木齐石化公司建成 3×10^4 t/a 甲醇耦合轻烃芳构化工业试验装置，于 2020 年 9 月开展了甲醇耦合轻烃芳构化工业试验，工业试验采用自主研发的工艺技术和催化剂，一次开车成功，并完成了 72h 标定。标定结果显示：在反应条件为 400～410℃，质量空速 0.9～1.5h^{-1} 时，C$_{5+}$ 芳烃含量为 25%～40%(质量分数)，干点为 199～205℃，研究法辛烷值

（RON）为 90~97，废水 pH 值为 6.69~6.92，达到预期考核指标要求，工业放大的催化剂在工业试验装置上反应时，催化性能优于实验室研究结果，完全满足考核指标要求，也为全面论证这一技术的经济性和 20×10⁴t/a 工艺包的编制提供了依据。

根据工业试验结果进行了物料衡算，见表 2-3。由表 2-3 可知，当甲醇和抽余油进料分别为 0.59t/h 和 2.47t/h 时，生成 C_{5+} 的量为 1.99t/h，水为 0.332t/h，干气和液化气分别为 0.14t/h 和 0.598t/h，产物中 C_{5+} 液收率较高，为 75.88%，干气的占比较低，仅为 4.58%。通过工业试验，进一步验证了开发的甲醇耦合轻烃芳构化技术反应温和，催化剂性能优良，具有良好的工业推广前景。

表 2-3　甲醇耦合轻烃芳构化工业试验物料衡算表

进　　料		产　　品		
组分	含量，t/h	组分	含量，t/h	占比，%
甲醇	0.59	干气	0.14	4.58
抽余油	2.47	液化气	0.598	19.54
合计	3.06	C_{5+}	1.99	75.88
		水	0.332	
		合计	3.06	100
甲醇转化率：100%				

第四节　技术展望

长期以来，芳烃生成技术的进步与创新，是我国"十三五"期间加大力度重点研发的核心技术。未来需要结合我国国民经济发展的需求，进一步明确芳烃生成技术的发展方向和趋势，加强基础研究，重点突破化学工程"三传一反"的基础理论研究；提高装备的利用效率；加快新材料的开发，特别是催化材料的研究。

围绕拓宽原料来源，实现原料多元化方面，注重煤化工与石油化工技术的结合，开发原料利用率更高、综合经济性更好的技术路线，实现煤资源利用率最大化；加快甲醇芳构化、轻烃耦合甲醇芳构化技术的工业化进程。

甲醇芳构化、轻烃耦合甲醇芳构化催化剂需经过不断的改进，通过金属、非金属元素的改性，使其活性、选择性和稳定性明显提高，积炭显著降低。从目前正在进行的研究工作看，芳构化催化剂的酸性分布、孔结构分布是影响催化剂选择性和稳定性的主要因素。另外，提高分子筛催化剂的抗磨损也是催化剂的研究关键。

开发移动床的甲醇制芳烃工艺，移动床反应器内构件的开发是反应器开发的关键技术，移动床反应器为径向下流式移动床结构，甲醇芳构化是中强放热反应，移动床反应器的成功开发是移动床甲醇芳构化技术工程应用的关键基础。

产品方面，生产单一芳烃产品可能会因市场波动带来投资风险，因此，可通过开发催化剂和反应器及相关控制系统实现同时生产芳烃和烯烃等，可根据市场灵活调节产品种类及产量，实现效益最大化。工艺方面，努力开发集成装置，实现甲醇转化装置的部分或全部产品进行后续加工，从而提高芳烃产品产量。

参 考 文 献

[1] 徐承恩. 催化重整工艺与工程[M]. 北京：中国石化出版社，2006.

[2] 李成栋. 催化重整装置操作指南[M]. 北京：中国石化出版社，2001.

[3] 马奉奇. 国内煤化工的现状及发展[J]. 河北化工，2011，34(1)：5-7.

[4] 温倩. 甲醇芳构化技术和经济性分析[J]. 煤化工，2012，40(2)：1-4.

[5] 邹琥，吴巍，蒽雷，等. 甲醇制芳烃研究进展[J]. 石油学报(石油加工)，2013，29(3)：539-547.

[6] Ilisa S, Bhan A. Mechanism of the catalytic conversion of methanol to hydrocarbons[J]. ACS Catalysis, 2012, 3(1)：18-31.

[7] 戴厚良. 芳烃技术[M]. 北京：中国石化出版社，2014.

[8] 徐海丰. 2018 年世界乙烯行业发展状况与趋势[J]. 国际石油经济，2019，27(1)：82-88.

[9] 齐玉琴. 我国甲醇产能严重过剩[J]. 中国石化，2014(9)：32-35.

[10] 谢克昌，房鼎业. 甲醇工艺学[M]. 北京：化学工业出版社，2015.

[11] 陈魁. 我国甲醇产业现状与市场分析[J]. 2015，33(11)：8-14.

[12] 任光. 我国煤制甲醇的工业现状及发展趋势分析[J]. 化肥设计，2016，54(5)：5-7.

[13] 闻振浩. 苯和甲醇烷基化催化剂及反应机理的研究[D]. 上海：华东理工大学，2016.

[14] Lücke B, Martin A, Günschel H, et al. CMHC: coupled methanol hydrocarbon cracking formation of lower olefins from methanol and hydrocarbons over modified zeolites[J]. Microporous and Mesoporous Materials, 1999(29)：145-157.

[15] Mier D, Aguayo A T, Gayubo A G, et al. Synergies in the production of olefins by combined cracking of n-butane and methanol on a HZSM-5 zeolite catalyst[J]. Chemical Engineering Journal, 2010, 160：760-769.

[16] Bai T, Zhang X, Liu X, et al. Coupling conversion of methanol and 1-butylene to propylene on HZSM-5 molecular sieve catalysts prepared by different methods[J]. Korean Journal of Chemical Engineering, 2016, 33(7)：2097-2106.

[17] Liu X L, Bai T, Wang F, et al. Coupling conversion of 1-butylene and methanol topropylene over superfine HZSM-5 catalysts[J]. Advanced Materials Research, 2014, 962-965：723-726.

[18] Mier D, Aguayo A T, Gayubo A G, et al. Catalyst discrimination for olefin production by coupled methanol/n-butane cracking[J]. Applied Catalysis A：General, 2010, 383：202-210.

[19] Safomova S S, Koval L M, Erofeev V I, et al. Catalycic activity of Ga-containing zeolite catalysts in the coupled reforming of methanol and C_3-C_4 alkanes[J]. Theroretical Foundations of Chemical Engineering, 2008, 42(5)：550-555.

[20] Wang Z R, Jiang B B, Liao Z W, et al. Enhanced reaction performances for light olefin production from butene through cofeeding reaction with methanol[J]. Energy Fuels, 2018, 32(1)：787-795.

[21] Tagiev D B, Agaeva S B, Abasov S I, et al. Conjugate conversion of methanol and n-butane on zinc-zirconium catalysts[J]. Russian Journal of Applied Chemistry, 2013, 86(5)：733-738. .

[22] Martin A, Nowak S, Lücke L, et al. Coupled conversion of methanol and C_4-hydrocarbons(CMHC)on iron-containing ZSM-5 type zeolites[J]. Applied Catalysis, 1990, 57(1)：203-214.

[23] Mier D, Gayubo G, Aguayo A, et al. Olefin production by cofeeding methanol and n-butane：Kinetic modeling considering the deactivation of HZSM-5 zeolite[J]. AIChE Journal, 2011, 57(10)：2841-2853.

[24] Roohollahi G, Kazemeini M, Mohammadrezaee A, et al. The joint reaction of methanol and *i*-butane over the HZSM-5 zeolite[J]. Journal of Industrial and Engineering Chemistry, 2013, 19: 915-919.

[25] Song C, Liu K F, Zhang D Z, et al. Effect of cofeeding *n*-butane withmethanol on aromatization performance and coke formation over a Zn loaded ZSM-5/ZSM-11 zeolite[J]. Applied Catalysis A: General, 2014, 470: 15-23.

[26] Song C, Liu X J, Zhu X X, et al. Influence of the state of Zn species over Zn-ZSM-5/ZSM-11 on the coupling effects of cofeeding *n*-butane with methanol[J]. Applied Catalysis A: General, 2016, 519: 48-55.

[27] Song C, Liu S L, Li X J, et al. Influence of reaction conditions on the aromatization of cofeeding *n*-butane with methanol over the Zn loaded ZSM-5/ZSM-11 zeolite catalyst[J]. Fuel Processing Technology, 2014, 126: 60-65.

[28] Su C, Qian W Z, Xie Q, et al. Conversion of methanol with C_5-C_6 hydrocarbons into aromatics in a two-stage fluidized bed reactor[J]. Catalysis today, 2016, 264: 63-69.

[29] Yang K, Zhu L T, Zhang J, et al. Co-aromatization of *n*-butane and methanol over PtSnK-Mo/ZSM-5 zeolite catalysts: the promotion effect of ball-milling[J]. Catalysts, 2018, 8: 307-327.

[30] Chang F X, Wei Y X, Liu X B, et al. An improved catalystic cracking of *n*-hexane via methanol coupling reaction over HZSM-5 zeolite catalysts[J]. Catalysis Letters, 2006, 106: 171-176.

[31] Chang F X, Wei Y X, Liu X B, et al. A mechanistic investigation of the coupled reaction of *n*-hexane and methanol over HZSM-5[J]. Applied Catalysis A: Genernal, 2007, 328: 163-173.

[32] Dai W L, Yang L, Wang C M, et al. Effect of *n*-butanol cofeeding on the methanol to aromatics conversion over Ga-modified nano H-ZSM-5 and its mechanistic interpretation[J]. ACS Catalysis, 2018, 8: 1352-1362.

[33] Gong T, Zhang X, Bai T, et al. Coupling conversion of methanol and C_4 hydrocarbon to propylene on La-modified HZSM-5 zeolite catalysts[J]. Industrial & Engineering Chemistry Research, 2012, 51(42): 13589-13598.

[34] Wei S M, Xu Y R, Che C, et al. Fast and simple synthesis of hierarchical ZSM-11 and its performance in the cofeeding reaction of methanol and *n*-hexane[J]. Reaction Kinetics, Mechanisms and Catalysis, 2019, 127: 803-823.

第三章　芳烃转化技术

在芳烃生产中，苯、甲苯、二甲苯是主要的目标产品。除此之外还有碳九、碳十芳烃等产品，芳烃转化技术的意义在于根据市场需求的不同，将低价值的芳烃产品高附加值化，传统技术，如甲苯歧化及烷基转移、甲苯择形歧化、碳八异构化等技术目的大都是实现最大化生产对二甲苯。新技术包括苯/甲苯甲醇烷基化、重芳烃轻质化等，提供了更灵活的芳烃生产解决方案。总体而言，针对不同的技术，国内外相关研究机构开发了相关工艺，其中催化剂是芳烃转化技术的核心。

中国石油发挥专业优势，在芳烃转化技术的工艺研究、催化剂开发、工程化开发、生产应用等多个环节实现整合突破，开发了苯与重芳烃烷基转移、甲苯择形歧化、碳八芳烃异构化、甲基化、重芳烃轻质化、四甲苯异构化等技术，增强了在原料价格波动情况下的应对能力，实现了重质芳烃的转化和甲基资源的优化利用，促进企业的差异化发展，在实现提升经济效益的同时，也推动企业产业结构调整与转型升级。

第一节　苯与重芳烃烷基转移技术

在芳烃生产中，歧化及烷基转移是芳烃联合装置的重要一环，传统技术都是以甲苯和碳九(包括部分碳十)芳烃为原料在催化剂作用下转化成苯和二甲苯，从而实现调节产品结构、增加二甲苯产量等目的。

近年来我国芳烃规模受下游需求拉动不断增加，以"三苯"为代表的传统芳烃市场规模虽不断扩大，但不同产品的市场供需并不均衡，缺乏灵活转化的生产技术，缺乏利用苯作为原料生产二甲苯的技术，在苯价格波动、低于甲苯价格时，采用传统歧化的生产装置经济性受到影响。为了更好地应对市场变化，国内外开始重视装置生产的原料范围拓展，陆续开发了以苯和碳九芳烃为原料，提升现有装置灵活性的新型烷基转移技术。

一. 国内外技术发展概况

美国 Mobil 公司开发的 Trans-Plus5 工艺，能处理 C_{9+} 重芳烃与甲苯、苯或二者的任意组合的混合进料。

中国石化上海石油化工研究院开发了苯与 C_{9+} 芳烃烷基转移催化剂(简称 BAT-100 催化剂)，并在中国石化天津分公司进行了工业应用[1-2]。反应进料为苯、碳九和碳十芳烃，临氢条件下在固定床反应器内进行气固相反应，生成甲苯和碳八芳烃。运行结果表明，苯和 C_{9+} 芳烃总转化率大于 50%，甲苯与 C_8 芳烃的总选择性大于 90%，原料苯与 C_{9+} 芳烃质量比为 (40∶60)~(50∶50)时，苯转化率为 40%~50%，表明 BAT-100 催化剂具有较强的苯转化能力。

中国石油开发了苯及重芳烃生产甲苯及碳八芳烃的新型工艺路线，实现了工业化应用，并将其与甲苯择形歧化工艺组合成新的芳烃转化技术，既能扩大石脑油的应用范围，又能在降低柴油产量的同时增产对二甲苯。

二、工艺原理

苯和重芳烃烷基转移生产甲苯和碳八芳烃所涉及的反应体系较为复杂，但也符合正碳离子机理，其主反应包括苯与多侧链烷基苯之间的烷基转移反应以及多侧链烷基苯的脱乙基和脱丙基反应，其相应的主产物为甲苯和碳八芳烃。除主反应外，副反应包括芳环加氢、脱甲基、缩合、结焦等[3-4]。

烷基转移反应：

$$C_6H_6+C_6H_3—(CH_3)_3 \rightleftharpoons C_6H_5—CH_3+C_6H_4—(CH_3)_2$$

$$C_6H_6+CH_3—C_6H_4—C_2H_5 \rightleftharpoons C_6H_5—CH_3+C_6H_5—C_2H_5$$

$$C_6H_6+C_6H_2—(CH_3)_4 \rightleftharpoons C_6H_5—CH_3+C_6H_3—(CH_3)_3$$

脱烷基反应：

$$CH_3—C_6H_4—C_2H_5+H_2 \rightleftharpoons C_6H_5—CH_3+C_2H_6$$

$$(CH_3)_2—C_6H_3—C_2H_5+H_2 \rightleftharpoons C_6H_4—(CH_3)_2+C_2H_6$$

$$C_6H_5—C_3H_7+H_2 \rightleftharpoons C_6H_6+C_3H_8$$

三、中国石油苯和重芳烃烷基转移技术

中国石油开发了新型苯和重芳烃烷基转移催化剂，系统研究了催化剂的小试合成、放大制备，并在工业装置上进行了应用。

针对苯和重芳烃烷基转移的研究表明，在苯与重芳烃的烷基转移反应中，二甲苯的产率与催化剂的酸强度、酸性位点的分散度以及催化剂的比表面积密切相关[5]。通过催化剂优化可有效促进带有甲基基团的化合物在反应条件下发生烷基转移反应，从而提高二甲苯的收率，降低乙苯产率[6]。

1. 催化剂

1）分子筛合成

分别合成了 EUO、β 沸石、超稳 Y 型分子筛（USY）、MOR 和 4 种硅铝比的 ZSM-5 分子筛（分别记为 E-1、E-2、E-3 和 E-4）。所有分子筛的相对结晶度均大于 85%，满足催化剂制备的要求。

表 3-1　实验室制备分子筛相对结晶度

分子筛	SiO_2/Al_2O_3	相对结晶度，%	分子筛	SiO_2/Al_2O_3	相对结晶度，%
EUO	65	90	ZSM-5（E-1）	22	99
β 沸石	30	86	ZSM-5（E-2）	60	89
USY	10	97	ZSM-5（E-3）	150	92
MOR	30	99	ZSM-5（E-4）	>300	95

2）酸性功能对催化剂性能影响

（1）不同类型分子筛对催化剂性能的影响。

β沸石具有独特的孔道结构，是一种大孔三维结构的高硅沸石，具有三维十二元环孔道体系，其酸性适中，适合进行烷基转移反应，通过加入不同比例的β沸石，考察以新型丝光沸石和不同比例β沸石为主要酸性组元的复合分子筛对催化剂的影响。评价结果如图3-1所示。

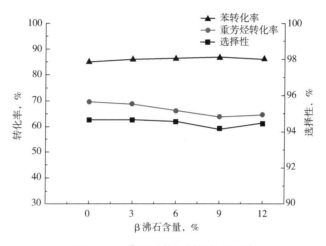

图3-1 β沸石对催化剂性能的影响

由图3-1可以看出：加入β沸石可以明显调节苯与重芳烃的转化率，甲苯及C_8芳烃选择性随β沸石含量提高而增加，较适宜的β沸石含量为3%~6%（质量分数）。

（2）金属助剂含量对催化剂性能的影响。

通过加入不同比例的Pd，考察了不同Pd含量对催化剂的影响（图3-2）。可以看出：选择性随Pd含量提高而增加，但较高的金属含量会提高催化剂的成本，较适宜的Pd含量为0.01%~0.02%（质量分数）。

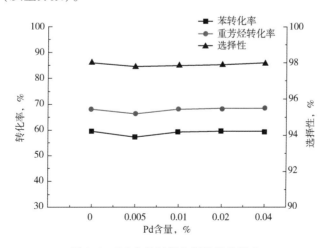

图3-2 Pd含量对催化剂性能的影响

2. 技术特点

苯与重芳烃烷基转移技术需要解决的问题是：原料体系复杂，对催化剂兼容性要求高，既要满足重芳烃大分子与苯的烷基转移反应，又要减缓非芳烃小分子的结焦反应。中国石油通过在分子筛材料、改性耦合技术及工艺技术等几个方面的创新，开发的新型催化剂有以下几方面特点：

（1）突破性解决了重芳烃低积炭烷基转移利用的技术难题，催化剂处理 C_{9+} 重芳烃能力大幅提至 65%（质量分数）以上，其中 C_{10+} 含量可达 16%（质量分数）。同时，可将加氢裂化重石脑油的干点深拔提高至 170~175℃ 以上，扩大了重整装置原料范围，增加芳烃产量，对炼化一体化的整体经济增效贡献显著。

（2）研发出复合分子筛材料匹配与多组分金属氧化物改性耦合技术，成功开发出适合复杂原料工况、满足苛刻运行条件的新型催化剂。开发的大孔道复合分子筛催化材料，重芳烃催化活性高、C_8 芳烃收率高、寿命稳定性好，实现了低成本原料增产二甲苯的路线。

（3）实现了苯、甲苯、C_{9+} 芳烃和 C_{10+} 芳烃组合进料的工艺技术创新，既能用于以苯和重芳烃为原料的新型反应工艺，也适用于甲苯和重芳烃为原料的传统歧化工况，极大增加了装置生产的灵活性和市场竞争力（表3-2）。

BHAT-01 苯与重芳烃烷基转移催化剂工艺操作条件与传统甲苯歧化与烷基转移催化剂相当，通过对活性组分均匀负载技术的改进和分子筛组成的优化，提高了催化活性，适用于不同原料组成的进料条件，该催化剂转化率比较好，特别是对重芳烃的转化能力更强，可以大量转化重芳烃，生产甲苯及 C_8 芳烃。当甲苯价格高于苯时，可以以苯和重芳烃为原料生产甲苯和二甲苯；当甲苯价格低于苯时，可以以甲苯和重芳烃为原料生产苯和二甲苯，有效提高了装置生产灵活性。

表3-2　国内外歧化与烷基转移技术对比表

参　　数	传统甲苯歧化技术				新型烷基转移技术	
催化剂	UOP TA-20	Mobil EM-1000	中国石化 HAT-099	中国石油 BHA-01	中国石化 BAT-100	中国石油 BHA-01
质量空速，h^{-1}	1.8	2.7	2.3	2.3	1.7	2.3
反应压力，MPa	2.6	2.4	2.8	2.5	2.8	2.5
反应温度，℃	387	400	340~420	350~420	360~420	370~420
氢烃物质的量比	3	2	3.9	5.5	4~6	5.5~6.5
总转化率，%	44.9	45	46	47	55	56
选择性，%	88	87	89	95	93	96
C_{10} 处理量，%（质量分数）	—	—	5~12	7~10	9	16

3. 工艺技术简介

中国石油开发的苯和重芳烃烷基转移工艺流程如图3-3所示。

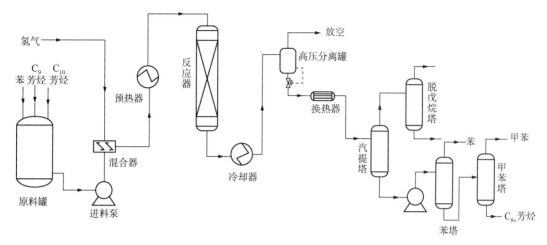

图 3-3　苯和重芳烃烷基转移工艺流程

苯和重芳烃烷基转移装置首先将芳烃原料中的苯、C_9芳烃和C_{10}芳烃一起送入进料缓冲罐，经高速泵增压后，与来自循环氢压缩机的循环氢混合，经过反应进出料换热器、反应加热炉后进入反应器，在氢气环境和一定温度、压力下发生歧化和烷基转移反应，生成含有甲苯和C_8芳烃的混合物，反应物经过进出料换热器、空冷器和水冷器后进入气液分离罐，含氢气体从上部排出，除少量排放外，大部分循环到压缩机增压后循环使用，气液分离罐底部的液体进入稳定塔，小于苯沸点的小分子烃类从稳定塔塔顶和侧线排出，塔底含有苯、甲苯、二甲苯混合物的液体经白土处理后进入苯塔，苯产品由苯塔侧线抽出，循环回进料缓冲罐回用，塔底含有甲苯和二甲苯的混合物进入甲苯塔，分离出甲苯和混合二甲苯，甲苯从甲苯塔塔顶抽出，塔底二甲苯混合物则送到芳烃分馏单元处理。

4. 工业应用

该技术于 2013 年在中国石油辽阳石化公司芳烃联合装置 $48\times10^4 t/a$ 歧化及烷基转移单元进行了工业应用，以苯和重芳烃为原料(工况条件一)的标定结果见表 3-3，以甲苯和重芳烃为原料(工况条件二)的标定结果见表 3-4。标定结果表明，BHAT-01 催化剂可以苯和重芳烃为原料，在反应器入口温度 360℃、高压气液分离器压力 2.7MPa、质量空速 $1.8 h^{-1}$、氢烃物质的量比 7.5 的条件下，苯平均转化率为 35.99%，重芳烃平均转化率为 74.26%，甲苯和C_8芳烃的平均总收率为 96.34%。同时，BHAT-O1 催化剂能按照传统的甲苯歧化及烷基转移工艺进行生产，在反应器入口温度 355℃、高压气液分离器压力 2.7MPa、质量空速 $2.0 h^{-1}$、氢烃物质的量比 5.7 的条件下，甲苯和重芳烃的平均总转化率为 47.22%，苯和C_8芳烃的平均总收率为 94.98%。

表 3-3　BHAT-01 催化剂的工业标定结果(工况一)

质量空速，h^{-1}		氢烃物质的量比		高压分离罐压力，MPa		入口温度，℃		出口温度，℃	
1.8		7.5		2.5		359		381	
组分	NA	B	T	EB	PX	MX	OX	C_9A	C_{10+}A
原料，%	0.12	33.55	—	—	—		1.45	53.65	11.41

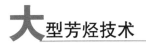

续表

质量空速，h^{-1}	氢烃物质的量比			高压分离罐压力，MPa		入口温度，℃		出口温度，℃	
1.8	7.5			2.5		359		381	
组分	NA	B	T	EB	PX	MX	OX	C_9A	$C_{10+}A$
产物，%	2.07	21.28	27.01	2.40	6.79	15.23	6.81	15.43	2.98
C_8A，%	$T+C_8A$，%			BC，%		HAc，%		Ya，%	
31.20	58.21			36.57		71.70		96.33	

注：NA—非芳烃；B—苯；T—甲苯；EB—乙苯；PX—对二甲苯；MX—间二甲苯；OX—邻二甲苯；C_9A—C_9芳烃；$C_{10+}A$—C_{10}以上芳烃；C_8A—C_8芳烃；$T+C_8A$—甲苯和C_8芳烃；BC—苯转化率；HAc—重芳烃转化率；Ya—选择性。

表 3-4　BHAT-01 催化剂的工业标定结果(工况二)

质量空速，h^{-1}	氢烃物质的量比			高压分离罐压力，MPa		入口温度，℃		出口温度，℃	
1.9	6.0			2.4		357		381	
组分	NA	B	T	EB	PX	MX	OX	C_9A	$C_{10+}A$
原料，%	0.07	0.05	64.06	—	—	—	1.86	28.31	5.65
产物，%	2.74	8.92	41.65	0.66	8.00	18.13	7.66	11.01	1.24
C_8A，%		$B+C_8A$，%		总转化率($T+C_{9+}A$)，%				Ya，%	
34.45		43.37		45.01				93.97	

工业化应用结果表明，该催化剂的转化率比较好，特别是对重芳烃的转化能力更强，可以大量转化重芳烃，生产甲苯及C_8芳烃。

自2013年在中国石油辽阳石化公司工业应用以来，较好地适应了当时苯价格大幅低于甲苯的市场需求，装置每年可少产苯7.2×10^4t，利用碳十等重芳烃原料5.4×10^4t，共增产甲苯13.5×10^4t。在满足辽阳石化公司汽油调和的基础上，彻底实现对二甲苯装置原料C_8芳烃的自给自足，减少外进C_8芳烃进厂量12.2×10^4t/a。项目实施后，按2个月计算，年增效3000万元。

第二节　甲苯择形歧化技术

大规模工业化的甲苯歧化工艺可分为两种，一种是甲苯歧化与烷基转移工艺，另一种是甲苯择形歧化工艺。目前国内绝大部分装置采用的是甲苯歧化与烷基转移工艺，它以甲苯和C_9芳烃(视情况有部分C_{10})为原料，所得混合二甲苯中PX只占约24%(热力学平衡值)，因此后续需要有复杂的吸附分离单元，以及配套的二甲苯异构化单元，以得到高纯度的PX，致使工艺流程烦琐，能耗高。甲苯择形歧化工艺以甲苯为原料，产物中对二甲苯含量远高于热力学平衡值，可大大减小后续单元的规模和投资，是一种当前国内外重点开发的择形催化工艺。

一、国内外技术进展

甲苯择形歧化工艺以甲苯为原料，产物中对二甲苯含量远高于热力学平衡值，可大大减小后续单元的规模和投资，该工艺主要包括 MSTDP、PX-Plus、SD-01 等技术。

MSTDP 技术是由美国 Mobil 公司开发成功的甲苯择形歧化法，于 1988 年实现工业化[5]。工艺压力为 2.2~3.5MPa，温度为 400~470℃，预处理的压力很低，温度很高。该工艺的关键是一种 ZSM-5 分子筛催化剂。二甲苯产物中对二甲苯含量的可高达 82%~90%（质量分数），对二甲苯选择性比常规甲苯歧化工艺高近 3 倍，减轻了二甲苯异构化装置和吸附分离装置的操作负荷。但转化率较低，仅为 30% 左右，造成甲苯循环量较大。Mobil 后续开发了第二代选择性甲苯歧化工艺，即 PxMAX，与第一代流程相比，区别主要是采用了异位硅改性的 HZSM-5 分子筛催化剂，因此甲苯的转化率更高，操作温度低，氢烃物质的量比较低[6]。

PX-PLUS 是美国 UOP 公司 1998 年工业化的甲苯择形歧化技术[7]。该工艺类似 MSTDP 工艺，其甲苯转化率为 30%，对位选择性为 90%，反应产物中苯与二甲苯的物质的量比为 1.37，对二甲苯收率为 41% 左右。使用 PX-PLUS 技术生产的高浓度对二甲苯的混合二甲苯经简单结晶分离后，就可获得高纯度的对二甲苯产品，残液中的对二甲苯含量仍在 40%（质量分数）以上。

中国石化上海石油化工研究院于 1997 年开始甲苯择形歧化技术的研究[8-9]，开发的 SD-01 工艺 2006 年实现工业化应用。当反应条件为反应温度 420~470℃、压力 1~2MPa、氢烃物质的量 1~3、质量空速 2~4h^{-1} 时，转化率为 30%，PX 选择性为 90%，产物中苯/PX 为 1.38。

中国石油自主开发了甲苯择形歧化催化剂，关键技术包括两部分，一是选择具有择形功能且初始活性高的分子筛材料，二是分子筛外表面酸性位的硅沉积钝化改性，以减少 PX 的反应产物重新异构化为混合二甲苯的可能性，提高目的产物的选择性。

自主开发的择形歧化催化剂评价结果表明，催化剂甲苯转化率接近 30%，对二甲苯选择性≥90%，达到国内外先进水平，具备工业应用基本条件。

二、工艺原理

经典的反应扩散模型是从反应动力学的基本概念出发，以二甲苯扩散系数的差别解释对位选择性的产生，认为系勒模数（Φ）与本征扩散系数 D 和沸石晶粒半径 R 存在函数关系即 $\Phi = k(R^2/D)$。图 1.2 为 Kaeding 等于 1982 年提出甲苯歧化反应模型[10-11]。

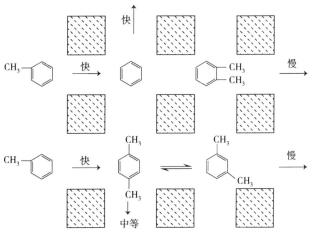

图 3-4　甲苯歧化反应模型

该模型认为甲苯分子能快速扩散进入 ZSM-5 的孔道，甲苯歧化生成二甲苯的速度较慢，二甲苯异构的速率较快。由于对二甲苯最容易扩散出去，而邻二甲苯和间二甲苯的扩散较慢，不易扩散出孔道，因而不断异构而转化为对二甲苯。甲苯歧化是属于产物择形的择形催化。孔道被改性后，更不利于间二甲苯和邻二甲苯的扩散。正是由于二甲苯分子在孔道中的扩散速率的差异，导致了对位选择性的产生。

高选择性 PX 的生成，要求必须对 ZSM-5 分子筛外表面和孔口进行改性，已报道的改性技术主要有金属氧化物改性、硅沉积、积碳等[12]。早期美国学者采用 P、Mg 调变 HZSM-5 的酸性和孔口，可得到 90% 以上的对位选择性，但甲苯转化率低；原位高温积碳和异位（或原位）化学气相沉积法（CVD）硅改性 ZSM-5 可在基本不改变孔容和孔内表面性质的前提下调变缩小孔口尺寸和覆盖外表面酸位[13]，达到提高对位选择性的效果，如 Mobil 利用纯沸石（ZSM-5）上高温积碳方法进行改性[14]，获得了 28% 的甲苯转化率和 96% 的对二甲苯选择性，但这类方法操作和装置复杂，催化剂活性相的改性程度不易控制，难以重复，从而难以工业应用。

三、中国石油甲苯择形歧化催化剂

中国石油通过选择高活性分子筛材料和外表面酸性位的硅沉积钝化改性，开发了高选择性的择形歧化催化剂。

1. 催化剂简介

1）分子筛的筛选

（1）不同硅铝比的 ZSM-5 分子筛对择形歧化性能的影响。

在进行分子筛原粉筛选时，对不同硅铝比的 ZSM-5 分子筛原粉，均按照原粉、硅胶粉的相同比例混捏，经过焙烧成型、铵交换制备出择形歧化催化剂前体，并采用相同的改性方法，试验考察了改性后的催化剂及未改性的催化剂前体对甲苯择形歧化反应性能的影响，结果见表 3-5、表 3-6。

表 3-5　不同硅铝比的 ZSM-5 分子筛对择形歧化性能的影响

硅铝比	液体产物组成，%					转化率，%	选择性，%
	苯	甲苯	PX	MX	OX		
285	1.00	97.7	0.67	0.16	0.04	1.87	77.01
155	1.14	97.1	0.87	0.16	0.03	2.49	82.08
66.8	4.96	87.9	5.92	0.39	0.07	11.70	92.79
31	3.72	91.20	4.410	0.180	0.020	8.46	95.66
30	0.91	98.09	0.32	0.3	0.07	1.55	46.38
27	3.450	91.437	2.920	1.640	0.000	8.32	64.04
24.4	15.150	70.720	11.370	1.020	0.120	29.02	90.89
21~23	9.721	79.230	6.282	1.535	0.415	20.48	76.31

注：PX—对二甲苯；MX—间二甲苯；OX—邻二甲苯。

表3-6　未经过改性的催化剂前体择形歧化的性能

硅铝比	液体产物组成,%					转化率,%	选择性,%
	苯	甲苯	PX	MX	OX		
30	19.252	54.024	5.154	11.278	5.050	45.89	23.59
27	25.255	47.047	5.210	11.372	5.065	52.83	24.07
24.4	25.800	47.400	5.300	11.640	5.140	52.42	24.00
21~23	21.695	52.298	5.373	11.871	5.242	47.61	23.45

从表3-5中的数据可以看出,硅铝比不同的ZSM-5分子筛,对甲苯择形歧化的活性影响也不同。由前四组数据可知,硅铝比降低,选择性增高明显,这主要是因为分子筛酸中心主要是由骨架中的铝产生的。硅铝比降低,相应的酸中心数增加,歧化反应的活性中心增加,从而导致催化剂的活性提高。其转化率呈增长趋势,但依然维持很低的转化水平。同时可以看出,在硅铝比接近(硅铝比分别为31、30、24.4、21~23)时,相近低硅铝比的转化率和选择性却相差较大。

结合表3-6中数据可以看出,硅铝比为24.4的ZSM-5分子筛制备出的催化剂前体转化率高,其改性后择形歧化的催化性能明显优于其他两种ZSM-5分子筛,表明该硅铝比为24.4的ZSM-5分子筛适宜用于制备择形歧化催化剂的活性组分。

(2)分子筛晶粒大小的影响。

对硅铝比分别为31、30、27、24.4、21~23的ZSM-5分子筛原粉进行扫描电镜分析,测量其晶粒大小,结果如图3-5所示,并将其评价结果进行对比,见表3-7。

(a)硅铝比:30　　　　　　　　　(b)硅铝比:31

(c)硅铝比:27　　　　(d)硅铝比:24.4　　　　(e)硅铝比:21~23

图3-5　不同硅铝比分子筛晶粒扫描电镜图

表3-7　不同晶粒大小的分子筛对择形歧化性能的影响

硅铝比	平均晶粒 μm	液体产物组成,%					转化率,%	选择性,%
		苯	甲苯	PX	MX	OX		
31	1.676	3.72	91.20	4.410	0.180	0.020	8.46	95.66
30	2.876	0.91	98.09	0.32	0.30	0.07	1.55	46.38
27	2.941	3.450	91.437	2.920	1.640	0.000	8.32	64.04
24.4	4.34	16.810	69.310	11.060	1.090	0.120	30.43	90.14
21~23	2.574	9.721	79.230	6.282	1.535	0.415	20.48	76.31

　　文献介绍分子筛的形貌对甲苯歧化的选择性有一定影响,小晶粒球状分子筛有利于形成间位异构体,而大晶粒长柱形分子筛有利于形成对位异构体。从图3-5和表3-7中列出的大晶粒分子筛的评价结果来看,其转化率高于30%,选择性高于90%,符合上述规律。

　　2)改性剂对催化剂性能影响

　　采用不同性质的改性剂对催化剂进行一次改性,比较改性后的催化剂对甲苯择形歧化的性能的影响,见表3-8。

表3-8　不同改性剂一次改性对催化剂性能的影响

改性剂	液体产物组成,%					转化率,%	选择性,%
	苯	甲苯	PX	MX	OX		
苯基氨基硅油	12.910	71.100	8.500	4.830	1.050	28.64	59.11
硅油	20.67	61.98	8.85	5.34	0.95	37.88	58.45
硅酸乙酯	19.329	55.613	5.637	11.633	0.009	44.24	25.50

　　从表3-8的数据可以看出,使用苯基氨基硅油和硅酸乙酯进行一次改性,甲苯转化率已低于30%,若再进行硅沉积改性势必导致催化剂活性降得更低,失去改性的意义;使用硅油进行一次改性转化率和选择性适中,进行二次改性才具有意义。

　　3)改性条件的研究

　　(1)改性溶剂的选择。

　　在相同的浸渍液比例的条件下,考察环己烷与正庚烷作为溶剂,配置不同硅油浓度,进行一次改性后的催化剂对甲苯择形歧化的性能的影响,见表3-9。

表3-9　不同溶剂对催化剂性能的影响

溶剂名称	溶剂比 (硅油:溶剂)	液体产物组成,%					转化率,%	选择性,%
		苯	甲苯	PX	MX	OX		
正庚烷	1:1	22.04	61.46	8.57	4.83	0.84	38.4	60.18
环己烷	1:1	20.67	61.98	8.85	5.34	0.95	37.88	58.45
正庚烷	2:3	20.52	63.43	9.15	4.55	0.77	36.42	63.23
环己烷	2:3	19.51	63.36	8.96	5.30	0.87	36.40	59.22
正庚烷	3:2	20.45	63.26	9.25	4.10	0.73	36.59	65.70
环己烷	3:2	20.26	62.87	9.21	4.67	0.80	36.99	62.97

从表3-9中的数据可以看出，使用正庚烷或环己烷作为溶剂，一次改性对催化剂性能的影响上看，甲苯的转化率效果相当，但对二甲苯的选择性有些差别大些，但从催化剂改性的角度一般多进行二次改性考虑，兼顾甲苯择形歧化中的选择性和转化率是一对矛盾体，并且一般对二甲苯的选择性要求不能超过50%~60%，从经济性出发环己烷价格更为便宜，回收方便，因此采用环己烷作为溶剂。

（2）改性时间的调整。

在相同浓度的硅油改性剂溶液的条件下，考察一次改性时间对催化剂性能的影响，结果见表3-10。

表3-10 一次改性时间对催化剂性能的影响

一次改性时间 h	液体产物组成,%					转化率,%	选择性,%
	苯	甲苯	PX	MX	OX		
16	17.770	66.090	9.950	3.970	0.580	34.43	64.11
8	18.880	63.175	10.323	5.022	0.014	36.64	63.99
6	18.621	62.947	8.294	7.001	0.009	36.87	49.63
4	26.501	57.552	5.923	6.776	0.011	42.29	43.14

从表3-10中的结果可以看出，改性浸渍时间缩短，转化率逐渐升高，选择性逐渐下降，从实验的经验看，一次改性催化剂评价结果转化率在35%以上，选择性在50%~60%之间，再进行二次改性才能获得满意效果，因此选择改性时间为6h。

根据经验，二次改性剂浓度要低于一次改性剂溶液的浓度，因此二次改性时硅油浓度为20%，结果见表3-11。

表3-11 二次改性时间对催化剂性能的影响

二次改性时间 h	液体产物组成,%					转化率,%	选择性,%
	苯	甲苯	PX	MX	OX		
16	19.44	66.05	11.02	1.29	0.14	33.70	88.51
6	15.15	70.72	11.37	1.02	0.12	29.02	90.89
4	16.81	69.31	11.06	1.09	0.12	30.43	90.14

从表3-11中数据可以看出，二次改性时间为4h的效果较好，转化率30%以上，选择性在90%以上。

（3）改性溶剂的比例。

采用环己烷作为浸渍液溶剂，对不同比例的改性溶液进行一次改性的催化剂评价，结果见表3-12。

表 3-12 不同比例的改性溶液一次改性的催化剂评价结果

溶剂比 （硅油∶溶剂）	液体产物组成,%					转化率,%	选择性,%
	苯	甲苯	PX	MX	OX		
3∶7	16.260	66.070	8.470	6.540	1.360	33.78	51.74
2∶3	21.250	60.790	8.410	6.100	1.120	39.07	53.81
1∶1	20.670	61.980	8.850	5.340	0.950	37.88	58.45
3∶2	20.260	62.870	9.210	4.670	0.800	36.99	62.74
7∶3	14.850	69.410	9.730	3.840	0.750	30.43	67.95

从表 3-12 的评价结果看，硅油与溶剂比为 2∶3、1∶1 的转化率和选择性都比较好，但从成本角度看硅油与溶剂比为 2∶3 硅油的消耗小，因此选择硅油与溶剂比为 2∶3。

（4）改性次数的影响。

由于一次改性催化剂对提高选择性是有限的，因此一般进行多次改性，结果见表 3-13。

表 3-13 催化剂三次改性后的性能对比

改性次数	液体产物组成,%					转化率,%	选择性,%
	苯	甲苯	PX	MX	OX		
未改性	25.80	47.40	5.30	11.64	5.14	52.42	24.00
1	18.621	62.947	8.294	7.001	0.009	36.87	54.19
2	16.810	69.310	11.060	1.090	0.120	30.43	90.14
3	7.810	86.870	3.690	0.110	0.100	12.81	94.62

从表 3-13 可以看出，第一次改性催化剂活性和选择性都比未改性时有变化，随着改性次数的增加，催化剂的转化率比未改性时降低，选择性有很大提高。说明经过多次改性后，改性分子更有效地覆盖催化剂表面的酸性，使扩散出孔道的对二甲苯不能够异构化为邻二甲苯或间二甲苯，从而提高对二甲苯的选择性。

当改性剂分子在沸石外表面沉积时，由于改性剂分子的尺寸比较大，与沸石外表面—OH 键连接时，由于分子的空间位阻太大，使得少部分沸石外表面—OH 与改性剂分子作用，造成一次改性不完全钝化沸石外表面酸性位，而需要二次改性弥补一次改性对外表面酸性位钝化的不足。正是由于两次改性对沸石外表面钝化的程度不同，造成反应中对位选择性的差别。而三次改性继续将外表面的酸性钝化，造成外表面的酸性位过渡修饰，导致外表面酸性位不足，影响了外表面的异构化活性。

2. 技术特点

（1）完成了催化剂改性制备的关键技术研究，采用两次以上硅沉积改性处理的工艺。PX 选择性最高可达 93%，在该条件下原料的转化率接近 29%，指标达到了同类技术先进水平。

（2）深入研究改性剂对催化剂表面孔口修饰的精细调控，分别采用硅酸乙酯、苯基氨基硅油、硅油作为改性剂进行择形催化剂的改性制备，评价实验结果表明，硅油作为改性剂制备出的催化剂效果较好，催化剂活性适中，甲苯转化率达到 28%，PX 选择性明显提高，可达 90% 以上。

第三节　碳八芳烃异构化技术

碳八芳烃异构化通常是指二甲苯异构化，二甲苯异构化反应的优化对芳烃联合装置的经济性运行影响巨大，而异构化催化剂是装置的核心。迄今为止，世界上已有近百套二甲苯异构化装置投入工业生产，根据乙苯转化途径不同，C_8芳烃异构化催化剂可分两类：(1)乙苯通过烷烃、环烷烃中间体转化为二甲苯，乙苯转化型 C_8 芳烃异构化技术的核心是催化剂，需要金属组元的加氢脱氢活性与酸性组元的异构化活性相互匹配，一般采用贵金属铂作为金属组元，而酸性组元经历了从无定型硅铝到分子筛的转变。(2)乙苯脱烷基型催化剂，主要将乙苯转化为苯，该类型催化剂的乙苯转化和二甲苯异构化活性高，且乙苯转化不需要 C_8 非芳烃中间体，催化剂对高质量空速和低氢烃比工况的适应性较好。

一、国内外技术进展

1. 乙苯转化型 C_8 芳烃异构化技术

20 世纪 60 年代，恩格哈德公司开发了贵金属—无定型硅铝的双功能催化剂，在临氢条件下，能将乙苯转化为二甲苯[14]。20 世纪 70 年代以来，随着分子筛催化材料的兴起，采用分子筛作为酸性组元的异构化技术获得了较大发展。由于分子筛活性高，选择性好，又具有良好的稳定性，贵金属—分子筛催化剂与贵金属—无定型硅铝催化剂相比，反应温度较低，质量空速更高。同时，催化剂运转周期长，可经受多次再生，使用寿命可达数年之久。

乙苯转化型异构化催化剂主要包括日本东丽公司的 T-12 催化剂，恩格哈德公司的 0-750 催化剂，UOP 公司的 I-9、I-400、I-600 催化剂，中国石化石油化工科学研究院（RIPP）的金-1876、SKI 系列催化剂、RIC 系列催化剂，IFP 的 OPARIS 系列催化剂等。

T-12 催化剂于 20 世纪 70 年代初由日本东丽公司开发，并在该公司实现工业化。T-12催化剂具有良好的异构活性，同时选择性好，二甲苯损失少。0-750 催化剂于 20 世纪 70 年代中后期由恩格哈德公司开发，反应条件与 I-5 催化剂相当。该催化剂活性好，选择性高，已工业应用，取代原装置催化剂。I-9 催化剂于 20 世纪 80 年代初由 UOP 公司开发，其反应条件与 0-750 基本相当。SKI 系列催化剂于 20 世纪 80 年代由 RIPP 开发反应条件为：温度 385~430℃，压力 0.9~1.3MPa，质量空速 2~5h^{-1}，氢烃物质的量比 4~6。OPARIS 催化剂于 20 世纪 90 年代由 IFP 开发，其酸性组元为 EU-1 沸石。由于采用了新型沸石，OPARIS 催化剂同丝光沸石系列催化剂相比，在选择性相当的情况下，活性有较大提高，质量空速略有提高。

2. 乙苯脱烷基型 C_8 芳烃异构化技术

美国 UOP 公司推出了一系列乙苯脱烷基型异构化催化剂，如 I-100、I-300、I-500；在此类催化剂中，UOP 公司新牌号的 I-500 催化剂目前处于世界领先水平，相比上一代的 I-300 和 I-350[15]，乙苯转化率达 68%，PX 异构化率接近 24%，芳环损失仅为 0.5%，另外产物中苯的选择性大于 98%，苯纯度大于 99.8%，无须经过抽提处理即可达到优级品规格的苯产品，降低了分离成本，提高了装置创效能力[16]。

Mobil 代表性催化剂及工艺有：LTI（1970 年），MVPI（1970 年后），MLPI（1970 年后），MHTI（1990 年后），MHAI（1990 年后）。XyMax 异构化工艺是 Mobil 公司开发的新一代异构化工艺，XyMax 采用双床层工艺，即将两种催化剂组元依次分段装入固定床反应器中或分别装入独立反应器中，上层催化剂选择性地催化乙苯脱烷基和非芳烃的转化，下层催化剂使二甲苯异构体重新达到平衡。催化剂在 400~480℃，1.4~1.6MPa，氢烃物质的量比为 2~4，WHSV 为 5~14h^{-1} 条件下，乙苯（EB）转化率达 40% 以上[17-18]。

国内中国石化自 2000 年后，开发了 SKI-100、SKI-110 乙苯脱乙基型催化剂，2009 年首次用于新建大型芳烃联合装置，随后又进行了多次工业应用[19-20]。从目前国内外 C$_8$ 芳烃异构化的研究动态看，总的方向是提高活性，减少副反应。在双功能催化剂方面，对金属组元，如引进铼、铱、锡、镓等，以组成双金属、多金属型；酸性组元采用混合沸石，以期取长补短，进一步提高活性与选择性。对催化剂中沸石组分的研究，主要包括合成新型沸石和对沸石进行择形改性，如近年合成的 ZSM-23、SM-3 等沸石，用于二甲苯异构化反应均具有良好的活性与选择性。

二、工艺原理

现在普遍认为，二甲苯异构化机理有两种：一种是分子内异构化，即通过分子内甲基转移直接得到异构化产物；另一种是分子间异构化，主要通过连续的二甲苯歧化和烷基转移得到异构化产物。总体来讲，烃类的异构化、歧化、裂解和脱烷基等反应都属于正碳离子机理[21]。

二甲苯在酸性催化剂上的异构化提出了两种反应机理。一种是借助酸性催化剂，如 AlBr$_3$、AlCl$_3$、HF-BF$_3$ 等，在苯环上快速添加或减少一个质子，使分子内的甲基产生位移，而达成平衡组成，如图 3-6 所示[10]：

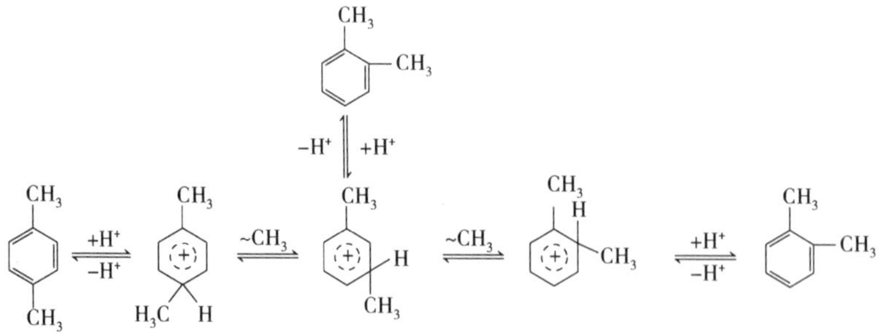

图 3-6 分子内甲基位移示意图

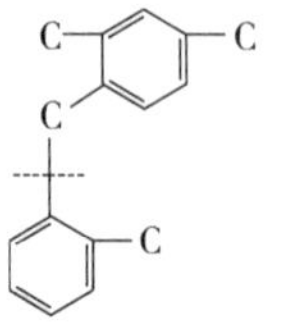

图 3-7 二甲苯中间物
结构图

另一种反应机理认为，在沸石系统的酸性催化剂上，二甲苯异构化是通过烷基转移完成的，即二甲苯的两个分子首先生成二苯基烷烃中间物，通过此物可获得不同甲基位置的三甲苯与甲苯，再由甲苯与三甲苯的烷基转移完成二甲苯异构化[22]。中间物结构如图 3-7 所示。

对于二甲苯异构化的两种反应机理，以甲基在分子内的位移较为合理。从 ZSM-5 系列沸石和丝光沸石等的二甲苯异构化反应结果看，产物中确有三甲苯与甲苯，但含量甚少，不足作为一个反应中间物。

双功能催化剂含有酸性组元及能使芳环加氢脱氢的铂—氧化铝金属组元。二甲苯在双功能催化剂上异构化时，除按上述的正碳离子反应机理进行外，还因在有氢气压力条件下操作，反应物中存在 C_8 环烷烃中间物，二甲苯异构化也有可能通过 C_8 环烷烃中间物完成。反应过程如图 3-8 所示。

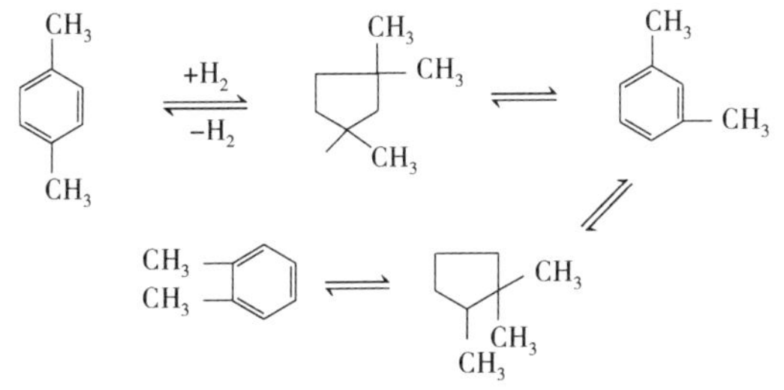

图 3-8　双功能催化剂机理示意图

从反应历程可以看出，芳烃与环烷烃间须进行快速的加氢脱氢反应，异构化是通过 C_8 的五元环烷完成的。

二甲苯异构化反应受热力学控制，为温度的函数，但实际上温度对三个异构体的平衡浓度影响不大。低温虽有利于对二甲苯生成，但平衡组成中间二甲苯浓度却远高于对二甲苯和邻二甲苯。原因是邻二甲苯的两个甲基旋转受阻，对二甲苯受制于自身的对称性，因此对二甲苯和邻二甲苯的生成熵较低。对二甲苯与邻二甲苯不能直接转化，必须分两步进行，即先转化为间二甲苯后，才能转化为对二甲苯或邻二甲苯。

当异构化采用酸性催化剂时，乙苯在较苛刻的条件下可产生歧化和脱烷基反应，从而生成苯及重芳烃，同时乙苯与二甲苯也产生烷基转移反应，这类反应将影响目的产物对二甲苯、邻二甲苯的收率。

异构化采用双功能催化剂时，乙苯在有 C_8 环烷烃存在下，可转化为二甲苯。其反应机理如图 3-9 所示。

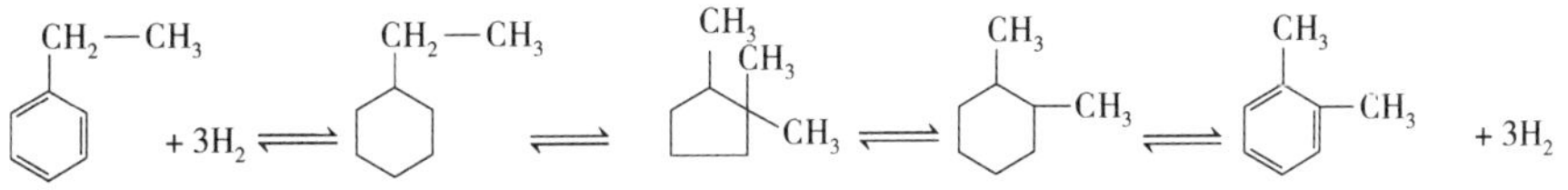

图 3-9　乙苯转化机理示意图

乙苯转化为二甲苯的选择性可达 50% 以上，其余转化则为歧化、烷基转移、脱烷基、裂解等反应。乙苯转化率与反应物中的 C_8 环烷烃含量成正比，但受热力学制约。

上述两个机理都为人们所接受，但两个反应路径发生的条件不同。反应过程按照哪个机理进行与催化剂的性状有关：首先与催化剂上酸性位点的酸性强弱有关，酸性越强，越容易向苯环提供质子，从而促使反应按分子内异构化机理进行；同时，酸性强将加速二苯基甲烷中间体的结焦，这会在一定程度上抑制反应按分子间异构化机理进行。其次与催化剂孔径有关，大孔径有助于体积较大的中间体形成，因此大孔径催化剂上的反应倾向于按分子间异构化机理进行，而小孔径催化剂上的反应更倾向于按分子内异构化机理进行。

由于乙苯与 PX 的沸点十分接近，在工业上通过精馏方法把两者分离是不经济的，因此在 C_8 芳烃异构化过程中，需同时实现乙苯转化。乙苯转化型 C_8 芳烃异构化技术，可在 C_8 芳烃中二甲苯异构体相互转化的同时，将乙苯通过 C_8 环烷烃中间体转化为二甲苯，该技术可充分利用 C_8 芳烃资源，最大量地生产 PX，提高企业的经济效益[23]。

三、中国石油碳八芳烃异构化催化剂

目前国内外对异构化催化剂的研究主要集中提高催化剂的活性，通过开发新型催化材料和催化剂改性方法提高催化剂的性能。

1. 催化剂简介

中国石油开发了乙苯脱烷基和乙苯转化型两种异构化催化剂，其中乙苯脱烷基催化剂进行了从小试到中试放大技术的研究，并进行了工业侧线试验和进一步的改进开发；开发的乙苯转化型催化剂 PAI-01 成功在辽阳石化异构化装置上进行了工业应用。

1）乙苯脱烷基催化剂的合成及改性

选择了合适硅铝比分子筛材料作为主活性组分，具有较大容结碳抗失活能力、优异传质扩散性能；通过择形催化的技术手段，精细调变部分分子筛孔口结构尺寸，仅允许乙苯进入内部孔道，高选择性催化乙苯脱烷基反应，并在孔内引入加氢活性金属使脱烷基乙烯加氢为烷烃；同时采用金属/非金属氧化物组合修饰方法对酸性进行高精度的改性，使酸性强度适合于二甲苯异构化的高效催化。

催化剂能适应原料中高的乙苯含量，在维持较高乙苯转化率下使反应产物最大幅度接近二甲苯的热力学平衡组成，并具有高的非芳烃碳氢物种的裂解反应活性。同时可抑制易于发生的二甲苯歧化、二甲苯烷基转移、二甲苯脱甲基和加氢裂解等副反应，在二甲苯损失尽可能少的条件下具有较好的稳定性。

ZSM-5 分子筛因具有独特的几何结构而表现出良好的择形选择性和反应活性，但因其酸性较强，用作碳八芳烃异构化催化剂时需要针对性地进行改性，以改善其催化效果。

（1）催化剂的改性[24]。

当采用硅/镁/镧对分子筛催化剂进行改性时，其以氧化物的形式负载于催化剂外表面，修饰外表面没有择形性的活性位点，同时可以调节孔口，控制反应物与产物的扩散速率。由图 3-10 可见：经氧化硅/氧化镁/氧化镧改性的分子筛催化剂，原有的特征峰均没有变化，说明氧化硅/氧化镁/氧化镧负载物没有影响改性催化剂的骨架；也没有出现新的特征峰，即没有新的晶相产生，这表明氧化硅/氧化镁/氧化镧负载物分散均匀，改性分子筛催化剂的结晶度基本未受影响。

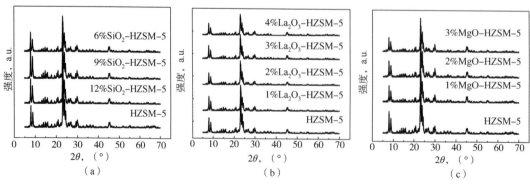

图 3-10　未改性与氧化硅/氧化镁/氧化镧改性 HZSM-5 分子筛催化剂的 X 射线衍射谱图

由图 3-11 可见，未改性的 HZSM-5 有 2 个脱附峰，225℃附近的峰归结于弱酸峰，450℃附近的峰归结于强酸峰。经氧化镁改性后，改变了催化剂的酸分布，弱酸中心的脱附峰有明显的降低，强酸中心的脱附峰基本消失，改性催化剂的弱酸脱附中心向高温方向偏移，说明酸强度增强。这可能是因为 Mg^{2+} 充分进入催化剂孔道，影响了催化剂孔道内的强酸位点，一方面覆盖了强酸中心，另一方面使部分弱酸转化为中强酸。而氧化镧对分子筛催化剂的酸性影响较弱(图 3-12)。

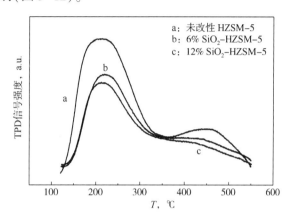

图 3-11 未改性与氧化硅改性 HZSM-5 分子筛催化剂的 NH_3-TPD 谱图

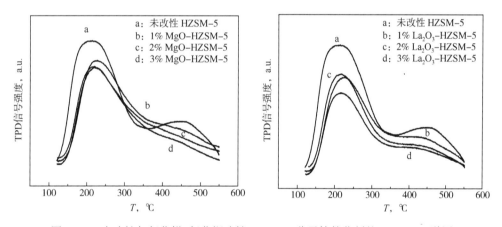

图 3-12 未改性与氧化镁/氧化镧改性 HZSM-5 分子筛催化剂的 NH_3-TPD 谱图

（2）改性分子筛催化剂的异构化反应性能。

随着二氧化硅负载量的增加，乙苯转化率呈下降趋势，二甲苯收率则有所升高，这说明分子筛催化剂酸性位的覆盖减少了乙苯的脱烷基和歧化等反应，降低了乙苯的转化率；但使得乙苯的转化只能在分子筛孔道内部发生，抑制了副反应；同时，分子筛催化剂外表面酸性位点被一定程度的覆盖，减少了间二甲苯和邻二甲苯在分子筛外表面发生异构化和歧化等副反应，从而提高了二甲苯的收率。由表 3-14 可知，虽然 1% SiO_2 负载量的改性分子筛催化剂乙苯转化率更高，但二甲苯损失也较高，收率仅为 96.2%。综合考虑乙苯转化率和二甲苯收率 2 个因素，选用负载 2.5%二氧化硅的改性效果相对较好。

表3-14 不同二氧化硅负载量的催化剂反应性能

SiO₂负载量，%	乙苯转化率，%	异构化率，%	二甲苯收率，%
1.0	79.3	24.3	96.2
2.5	73.0	23.6	97.1
5.0	64.9	23.1	97.3

由表3-15可知，随着氧化镁负载量的增加，乙苯转化率逐渐提高，而酸量的降低也抑制了催化剂的副反应，收率有一定提高。在氧化镁负载量为1%时，二甲苯收率、异构化率、乙苯转化率依次达到97.4%，24.4%，78.3%，综合改性效果较好。

表3-15 不同金属氧化物负载量的催化剂反应性能

负载金属氧化物	乙苯转化率，%	异构化率，%	二甲苯收率，%
0.20% MgO	65.1	23.9	97.1
0.50% MgO	72.6	24.2	97.2
1.0% MgO	78.3	24.4	97.4
0.50% La₂O₃	76.5	24.3	97.0
1.5% La₂O₃	74.2	24.5	97.5
3.0% La₂O₃	71.8	24.1	97.6

在异构化反应中，金属氧化物的加入有助于调节催化剂的酸量，同时可降低催化剂表观活化能，使反应更易进行，无论镁或镧改性均较明显地影响了酸性中心。由于氧化物分子颗粒度小，在催化剂成型过程中可能会滞留于孔道中，堵塞有效孔道，降低催化剂活性，因此金属氧化物的负载量不能过大。

2）乙苯转化型C₈芳烃异构化催化剂

中国石油开发的乙苯转化型C₈芳烃异构化催化剂PAI-01[13-14]采用新型共晶分子筛材料，并在催化剂制备过程中采用独特的预处理方法，该催化剂具有高质量空速、低氢烃比的良好工艺适应性(表3-16)。

表3-16 PAI-01催化剂的物化性质

项 目	设计指标	工业成品	项 目	设计指标	工业成品
外观	圆柱形	圆柱形	堆积密度，g/cm³	720±30	755
铂含量，%	0.34~0.35	0.345	径向抗压碎力，N/cm	≥80	95
径向尺寸，mm	1.8	1.8	磨耗率，%	≤1.0	<0.1
长度，mm	3~8	3~8			

PAI-01催化剂的操作条件见表3-17。

表 3-17 PAI-01 催化剂的操作条件

项 目	指 标	项 目	指 标
反应器入口温度,℃	360~420	质量空速,h^{-1}	4.0~5.0
高分压力,MPa	0.70~1.50	氢烃物质的量比	3.3~4.4

异构化装置主床层采用密相装填,密相装填可避免催化剂床层出现沟流和塌陷现象[25],这是国内异构化装置首次采用此种装填方式。催化剂的装填情况见表 3-18。由表 3-18 可见,PAI-01 催化剂的自然堆比为 0.710t/m³,反应器主床层的堆比为 0.755t/m³,密相装填有效提高了装填密度。另外,装填过程中粉尘较少,表明密相装填降低了装填过程中催化剂因摩擦和挤压造成的损失。

表 3-18 PAI-01 催化剂装填情况

项 目	主床层	密封层和塌陷层	环 隙
质量,t	33.00	2.50	0.50
高度,m	7.360	0.800	0.665
堆比,t/m³	0.755	—	—

催化剂在制备、贮运和装填过程会吸附水分,如不脱除,在还原过程中这部分吸附水将使铂晶粒增大,造成金属活性减弱。另外,为保证催化剂在干燥的气氛下还原,同时促使贵金属分散,脱水干燥是保证催化剂还原成功的关键步骤。在催化剂干燥流程下,分别在 260℃、370℃、450℃下脱水干燥。催化剂干燥完成后,将干燥流程切换为还原流程,在 450℃还原。催化剂还原完成后,反应器恒温至 380℃。

(1) 催化剂的投料开车。

异构化装置投料时的原料组成和补充氢气组成见表 3-19 和表 3-20。投料时,反应器入口温度 346℃,高压分离罐压力 0.90MPa,循环氢纯度 83.5%,进料负荷 74.0%。

表 3-19 投料时的原料组成

组分	非芳烃(NA)	苯(B)	甲苯(T)	乙苯(EB)	对二甲苯(PX)	间二甲苯(MX)	邻二甲苯(OX)	C_{9+}
含量,%	5.16	0.01	0.99	8.28	1.22	61.20	23.10	0.04

表 3-20 补充氢气组成

组分	H_2	C_1	C_2	C_3	i-C_4	n-C_4	i-C_5	n-C_5	C_{6+}
含量,%	93.05	2.26	2.34	1.55	0.41	0.20	0.11	0.04	0.04

投料后,反应器入口温度先下降后上升,出口温度上升,投料后 7min,反应器入口温度为 342.4℃,出口温度为 394.1℃,进出口温升最大为 51.7℃。投料后循环氢纯度由 83.4%下降至 70.0%开始回升,最终保持在 80.0%,投料后反应器温度和循环氢纯度变化分别如图 3-13 和图 3-14 所示。

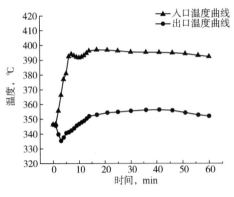

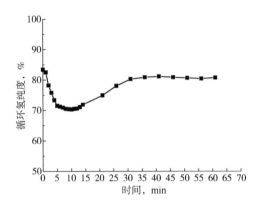

图 3-13 投料后反应器温度变化   图 3-14 投料后循环氢纯度变化曲线

催化剂的性能指标包括二甲苯异构化率（PX/$\sum$X）、乙苯转化率（EBC）和 C_8 芳烃收率（C_8Y），计算公式如下：

$$PX/\sum X = \frac{w(PX)_P}{w(PX)_P + w(MX)_P + w(OX)_P} \times 100\% \qquad (3-1)$$

$$EBC = 1 - \frac{w(EB)_P}{w(EB)_F} \times 100\% \qquad (3-2)$$

$$C_8Y = \frac{w(EB)_P + w(X)_P + w(C_8^{N+P})_P}{w(EB)_F + w(X)_F + w(C_8^{N+P})_F} \times 100\% \qquad (3-3)$$

式中　$w(PX)_P$——产品中对二甲苯（PX）的质量分数，%；

$w(MX)_P$——产品中间二甲苯（MX）的质量分数，%；

$w(OX)_P$——产品中邻二甲苯（OX）的质量分数，%；

$w(EB)_P$——产品中乙苯（EB）的质量分数，%；

$w(EB)_F$——进料中乙苯（EB）的质量分数，%；

$w(X)_P$——产品中二甲苯的质量分数，%；

$w(X)_F$——进料中二甲苯的质量分数，%；

$w(C_8^{N+P})_P$——产品中 C_8 非芳烃及芳烃（C_8^{N+P}）的质量分数，%；

$w(C_8^{N+P})_F$——进料中 C_8 非芳烃及芳烃（C_8^{N+P}）的质量分数，%。

投料后，进料负荷迅速由 74.0% 提升到 95.0%，投料 2h 后，系统基本稳定，投料后 24h、48h 和 72h 的反应结果和性能见表 3-21 和表 3-22，投料初期催化剂初活性强，反应对二甲苯平衡浓度（PX/$\sum$X）和乙苯转化率（EBC）较高，但 C_8 烃收率（C_8Y）偏低。

表 3-21　投化单元的料初期异构原料和产物组成

组分	原料,%			产物,%		
	24h	48h	72h	24h	48h	72h
NA	8.23	8.96	9.52	10.33	10.73	11.35
B	0.02	0.01	0.01	0.24	0.18	0.07

续表

组分	原料,%			产物,%		
	24h	48h	72h	24h	48h	72h
T	0.66	0.78	0.52	2.86	1.34	1.08
EB	9.96	10.26	10.33	7.12	7.69	7.72
PX	0.14	0.06	0.04	17.89	18.25	18.16
MX	54.50	53.15	52.99	39.78	40.87	40.97
OX	26.49	26.78	26.59	18.22	18.56	18.67
C_{9+}芳烃	0.00	0.00	0.00	3.56	2.38	1.98

表 3-22 投料初期催化剂性能指标

反应时间, h	24	48	72
PX/$\sum$X,%	23.57	23.49	23.34
EBC,%	28.51	25.05	25.27
C_8Y,%	93.98	96.87	97.39

（2）催化剂的工业标定。

装置连续稳定运转后，辽阳石化公司与石油化工研究院联合对 PAI-01 催化剂进行了 72h 工业标定，标定期间操作条件见表 3-23。受改造装置能力限制，标定期间装置负荷为 90%，标定结果见表 3-24。

表 3-23 异构化装置标定期间操作条件

反应时间, h	24	48	72
反应器入口温度,℃	367.4	367.1	367.6
反应器出口温度,℃	381.4	381.0	381.5
高分压力, MPa	1.08	1.08	1.08
氢烃物质的量比	3.11	3.13	3.11
质量空速, h^{-1}	4.41	4.41	4.41

表 3-24 PAI-01 催化剂的工业标定结果

反应时间, h	24	48	72
PX/$\sum$X,%	23.19	23.20	23.56
EBC,%	22.84	23.11	22.69
C_8Y,%	97.31	97.34	97.39
PX 总收率,%	89.17	89.09	89.11

由标定结果可以看出，催化剂的平均 PX/$\sum$X 为 23.32%，平均 EBC 为 22.88%（乙苯不积累），平均 C_8Y 为 97.35%，催化剂性能指标达到预期水平。装置 PX 平均总收率为

89.12%，换装 PAI-01 催化剂有效提高了装置的 PX 收率。

（3）催化剂再生。

2012 年 8 月，PAI-01 催化剂已连续运转 3 年，催化剂的设计寿命为 5 年，第一周期寿命 3 年，与运转初期相比，催化剂的活性与选择性降低，积炭严重，需要进行再生。异构化装置进入停工程序后，将反应系统切换至再生流程，依次在 260℃、320℃、400℃ 和 440℃ 进行烧焦，催化剂再生过程的温度变化情况如图 3-15 所示。

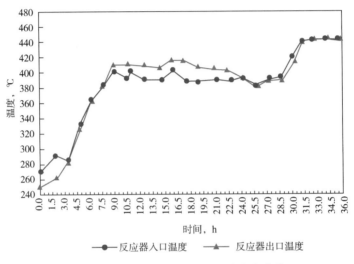

图 3-15　催化剂再生过程的温度变化曲线

催化剂再生过程结束后，将反应系统切换至开车流程，在反应器入口温度 350℃，高压分离罐压力 1.00MPa 的工艺条件下投料开车。反应器投料开车过程中的温度变化如图 3-16 所示，投料后，反应器入口温度先下降后上升；反应器出口温度上升至最高 394.3℃ 后下降；进油后 6min，反应器出入口温升达到最高的 52.4℃。

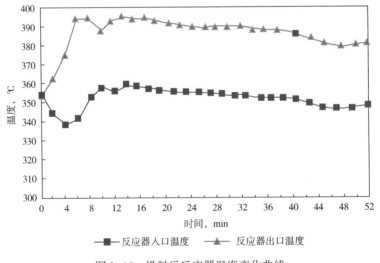

图 3-16　投料后反应器温度变化曲线

自投料后 24h，对反应器进出口物料进行采样，分析结果见表 3-25。

表 3-25　再生后初期异构化单元的原料和产物组成

组分	原料,%			产物,%		
	投料后 24h	投料后 48h	投料后 72h	投料后 24h	投料后 48h	投料后 72h
NA	10.12	12.05	12.95	11.89	13.12	13.89
B	0.01	0.00	0.00	0.67	0.33	0.15
T	1.08	0.78	0.49	4.18	2.12	1.33
EB	8.86	9.25	9.56	6.19	6.82	7.16
PX	0.04	0.06	0.06	17.15	17.55	17.89
MX	55.31	54.26	53.61	38.42	39.89	39.76
OX	24.58	23.60	23.33	17.56	17.98	18.03
C_{9+} 芳烃	0.00	0.00	0.00	3.94	2.19	1.79

通过表 3-26 可以看出，再生剂的性能指标均达到了新鲜催化剂水平，催化剂再生工作顺利完成。

表 3-26　再生后初期催化剂性能指标

反应时间，h	24	48	72
PX/$\sum$X，%	23.45	23.27	23.64
EBC，%	30.14	26.27	25.10
C_8Y，%	92.22	96.11	97.21

2. 技术特点

（1）分子筛催化材料的筛选和组合改性修饰方法。

选择合适硅铝比与晶形的分子筛材料作为主活性组分，具有较大容结碳抗失活能力、优异传质扩散性能。采用金属/非金属氧化物组合修饰方法对分子筛内外表面酸性进行高精度的改性，使酸性强度适合于二甲苯异构化的高效催化，从而实现在一个固定床反应器中使用含有一种改性分子筛组分的一种乙苯脱烷基异构化双功能催化剂。

（2）高选择性分子筛孔口修饰实现乙苯脱烷基技术。

采用择形催化的技术手段，通过采用分子筛硅沉积/负载非金属氧化物组合改性方法改性，精细调变其中部分分子筛孔口结构尺寸，高选择性催化乙苯脱烷基反应，并在孔内引入加氢活性金属使脱烷基乙烯加氢为烷烃，抑制催化剂结焦。

（3）分子筛酸性位高精度精细调节技术。

分子筛材料具有较大外表面，通过负载碱性金属氧化物调节减弱位于分子筛外表面非择形催化酸性位的强度，使分子筛外表面上仅选择性催化二甲苯异构化反应，同时保留内表面的酸性位，消除乙苯与二甲苯分子的歧化副反应。

3. 工业应用

中国石油石油化工研究院研发的 PAI-01 型 C_8 芳烃异构化催化剂，在辽阳石化公司 $25\times 10^4t/a$ 对二甲苯芳烃联合装置异构化单元上替代 I-300 催化剂的工业应用和再生情况：在乙苯脱烷基型异构化装置上换装了乙苯转化型催化剂，装置进行了改造，增加一轻烃分离塔。工业标定的结果表明，PAI-01 型催化剂的技术指标达到国际先进水平。催化剂应用满3 年后，进行了器内再生，再生后催化剂活性达到新鲜剂水平。

异构化装置原采用乙苯脱烷基型催化剂，改使用乙苯转化型催化剂后，系统物料中将增加 10% 左右的 C_8 非芳烃，系统循环量增大，原设计不能满足生产要求。因此对装置进行了改造，在原脱庚烷塔后增加一轻烃分离塔，并改变原脱庚烷塔的操作参数，从塔顶分馏出部分 C_8 非芳烃进入轻烃分离塔，再通过轻烃分离塔底返回异构化反应器，有效地解决了乙苯转化型催化剂物流循环量大的问题，装置改造前后的原则流程图如图 3-17 所示。

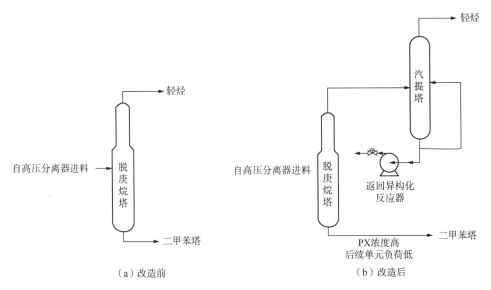

图 3-17　装置改造前后原则流程图

第四节　甲基化技术

PX 主要通过甲苯歧化、二甲苯异构化、甲苯与 C_9 芳烃烷基转移或二甲苯吸附分离等方式生产，这些生产方法已经无法满足下游产业对 PX 的需求，因而有必要寻求增产 PX 的新工艺。从芳烃联产装置原料的循环和综合利用角度来看，苯、甲苯和甲醇甲基化研究也有重要价值。甲苯歧化和 C_9 芳烃烷基转移生产 PX 过程中副产苯、邻二甲苯（OX）和间二甲苯（MX），OX 和 MX 可以作为二甲苯异构化的原料；二甲苯异构化生产 PX 过程中副产甲苯和苯，甲苯可以作为甲苯歧化的原料。如果苯、甲苯和甲醇烷基化实现工业化生产，甲苯歧化和 C_9 芳烃烷基转移以及二甲苯异构化副产的苯就可以得到有效利用，苯、甲苯和甲醇烷基化生成的甲苯可以作为甲苯歧化的原料，生成的二甲苯可以作为二甲苯异构化的原料。这样，通过三个装置之间原料和产物的相互转移，可以实现 PX 的最大化生产[5-7]。

中国石油乌鲁木齐石化公司研究院与华东理工大学合作开发了苯与甲醇甲基化催化剂，采用原位合成合适硅铝比纳米 ZSM-5 分子筛，采用后处理方法改性分子筛载体形成多级孔，负载金属氧化物，以调变 ZSM-5 的表面酸性及其分布，揭示苯和甲醇在分子筛催化剂上甲基化的作用机理、扩散作用及其构效关系；在小试研究的基础上，进行分子筛催化剂的工业放大。工业放大的催化剂在一定的反应温度、压力下，液收率 99% 以上，甲醇转化率 100%，苯的单程转化率 55%，甲苯和二甲苯的选择性 90% 以上，催化剂单程运行周期 4个月。该项目于 2015 年开始进行苯与甲醇甲基化年产 3×10^4t 混合芳烃工业试验设计和装置建设，并于 2018 年 9 月一次开车成功，72h 标定数据达到预期的设计数据，在工业试验数据的基础上，完成了 50×10^4t/a 苯与甲醇甲基化生产混合芳烃的工艺包，2019 年 10 月通过专家评审。

中国石油从 2010 年开始进行甲苯甲醇烷基化催化剂和工艺技术的开发，采用原位水热合成特殊形貌的分子筛，通过孔结构的调变、外表面的钝化、酸性质的修饰等改性方法合成制备出性能稳定、高活性、高选择性的甲苯甲醇甲基化催化剂，2014 年成功进行了催化剂的放大，掌握了高活性、高选择性的甲苯甲醇甲基化催化剂的制备方法。随后进行了反应工艺的研究，进行工艺优化，控制甲醇副反应，延缓积炭，提高甲醇利用率。

一、国内外技术进展

苯和甲醇甲基化研究主要集中在国内，国外对该反应的研究较少。近年来，随着苯产量的逐渐过剩，苯和甲醇甲基化研究逐渐得到研究人员的重视，但有关苯与甲醇甲基化的催化剂的研发大部分还处于实验室研发阶段。甲苯和甲醇烷基化技术的研究机构主要有 ExxonMobil、杜邦、联碳、BP、UOP 以及中国石化上海石油化工研究院、大连化物所、中国石油乌石化研究院等。

1. 苯与甲醇烷基化技术

苯和甲醇甲基化研究重点是开发高活性、高选择性和良好稳定性的催化剂。付朋[26]于 2008 年对苯和甲醇甲基化制取甲苯、二甲苯催化剂进行了研究，他首先研究了苯和甲醇甲基化反应热力学，以探讨该反应在热力学上的可行性。苯和甲醇甲基化体系主要包括苯和甲醇的甲基化生成甲苯的反应，以及甲苯和甲醇甲基化生成二甲苯的反应。付朋的研究表明：460℃时，生成甲苯、PX、MX 和 OX 的 Gibbs 自由能分别为 -149kJ/mol、-126kJ/mol、-127kJ/mol 和 125kJ/mol；相应的平衡常数分别为：4.0×10^{10}、1.0×10^9、1.1×10^9 和 7.5×10^8。主反应的平衡常数都很大，因此可以认为苯和甲醇甲基化体系的主反应均不可逆。随后，付朋[10]探讨了不同结构分子筛在苯和甲醇甲基化反应的应用。研究发现：Hβ 分子筛用于苯和甲醇甲基化反应时，苯的转化率仅为 18%，且催化剂寿命很差；而 ZSM-5 和 MCM-56分子筛在苯和甲醇甲基化反应表现出较好的活性和选择性。低硅铝比 ZSM-5 分子筛的催化稳定性差，而高硅铝比 ZSM-5 分子筛有适宜的酸性和比表面积，催化活性、选择性和稳定性均优良，ZSM-5 分子筛催化苯和甲醇甲基化反应的适宜硅铝比为 180。通过 Mo、Mg、Ni 等活性组分的负载，并结合物化表征结果，付朋发现：影响分子筛活性和选择性的主要因素为比表面积、总酸量以及 B 酸、L 酸分布。MgO 的负载可以提高分子筛的酸强度并增加 L 酸量，同时还可以调节孔道结构；9%MgO/ZSM-5 分子筛可使苯的转化率达到 44.4%，甲苯、二甲苯(TX)总选择性达到 90.6%。NiO、MoO_3 和 MgO 改性的 MCM-56 分子筛研究表明：金属氧化物的负载减少了 B 酸量，增加了 L 酸量；随着负载量的增加，苯的转化率下降，而 TX 总选择性增加；15%NiO/MCM-56 催化剂可使苯的转化率达 54.5%，TX 总选择性达 90.9%。付朋的研究确定了以 ZSM-5 和 MCM-56 分子筛为研究方向，通过调节硅铝比及负载金属氧化物可提高催化剂催化性能。

李燕燕[27]对比研究了 MgO/ZSM-5 和 NiO/MCM-56 在苯和甲醇以及甲苯和甲醇甲基化反应中的应用，发现这两个反应需要的酸性中心、酸强度不同。以 P_2O_5、La_2O_3、NiO 和杂多酸对 ZSM-5 分子筛进行改性，虽然改性后催化剂选择性提升，但催化剂稳定性变差；以 MgO 改性后催化剂稳定性良好。MCM-56 分子筛在改性后，苯的转化率能够达到 50% 以上，TX 选择性达到 90% 以上，但催化剂稳定性差。李燕燕[27]确立的苯和甲醇甲基化催化剂重点开发方向为 MgO 改性的 ZSM-5 分子筛。

陆璐[28]研究了复合氧化物改性 ZSM-5 分子筛在苯和甲醇甲基化反应的应用，发现复合改性对催化剂催化性能影响不大，并且氧化物的负载容易造成孔道拥堵，催化剂稳定性变差。多级孔分子筛因其适宜的酸性、孔道结构和良好的稳定性，近年来逐渐成为分子筛催化领域研究的重点。张会贞[4,5]以十六烷基三甲氧基硅烷为模板剂直接合成了多级孔 ZSM-5 分子筛，与南开催化剂厂购买的微孔 ZSM-5 分子筛(呈长方形，晶体表面光滑，棱角分明，晶粒尺寸约为 $5\mu m$)相比，合成的多级孔 ZSM-5 分子筛表面粗糙，呈毛球状，晶粒尺寸约为 $0.5\mu m$；N_2 吸脱附实验表明合成的多级孔 ZSM-5 分子筛的 BET 比表面、孔体积和介孔体积显著增加，这利于反应物和产物的扩散，为反应物提供更多活性位。多级孔 ZSM-5 分子筛催化苯和甲醇甲基化性能显著提高，负载 6%MgO 后，苯的转化率达到 50% 以上，TX 总选择性达到 90% 以上，催化稳定性优良。

胡慧敏[29]的研究表明，不同硅铝比 HZSM-5 分子筛在苯和甲醇甲基化反应均有很好的初始活性。但是高硅铝比 HZSM-5 分子筛酸量较低，催化稳定性较高，更适合用于苯和甲醇甲基化反应，这与付朋[26]的研究结果相一致。

刘全昌[30]研究了 MCM-49 分子筛在苯和甲醇甲基化的应用，结果表明：MCM-49 分子筛催化性能优于 ZSM-5，但是产物中三甲苯选择性较高，HMCM-49 用 HCl 处理 5h 可使苯的转化率由 26% 提高到 33%。此外，用 Ga 和 Pt 对 HZSM-5 分子筛改性的结果表明：Pt/ZSM-5 催化剂能使 TX 选择性达到 94%，并降低乙苯选择性，而 Ga/ZSM-5 催化剂能显著提高苯转化率。

赵博[31]对比研究了 HZSM-5、HZSM-11 和 HMCM-22 在苯和甲醇甲基化反应中的催化性能，结果表明：HMCM-22 有较高的苯和甲醇甲基化性能，但其结构存在的超笼容易导致催化剂失活；HZSM-11 有良好的稳定性，但其合成模板剂单一，不利于工业化应用；HZSM-5 表现出最适宜的活性和稳定性。对纳米 HZSM-5 分子筛先进行水热处理，然后盐酸酸洗，可显著改善催化剂稳定性，催化剂寿命达 310h，苯转化率维持 31% 左右。这是因为水热处理可以脱除分子筛部分骨架铝，降低分子筛酸性和酸量，从而减缓了积炭的生成，提高催化剂稳定性；酸洗则可以清洗掉非骨架铝，疏通了分子筛孔道，提高了反应物和产物的扩散能力，进而提高反应活性和稳定性。

2. 甲苯和甲醇甲基化技术

20 世纪 70 年代，Yashima 等[32]用 Y 型沸石催化甲苯和甲醇甲基化反应，得到的二甲苯中 PX 质量分数约为 50%，远远超过二甲苯中热力学平衡数值，甲苯和甲醇催化甲基化制

PX 这一新工艺路线引起人们的关注。

2003 年，Mobile 公司开发了硅改性 ZSM-5 催化剂及高产率制 PX 的工艺。用硅氧化物改性的 ZSM-5 沸石分子筛再经蒸汽处理，可明显提高二甲苯中 PX 的选择性。硅铝比为 450 的 ZSM-5 沸石在磷酸铵存在下，在 975℃蒸汽处理 45min，可得到具有特殊扩散特性的多孔晶状分子筛，使用该分子筛作催化剂，在 600℃、0.28MPa，甲苯∶甲醇∶氢∶水（物质的量比）= 2∶1∶6∶6 时，甲苯的转化率为 28.4%，甲醇转化率为 98%，PX 选择性约为 96.8%，副产物较少，未反应的甲苯循环使用，但该报道未见稳定性方面的数据[33]。

国内中国石化上海石油化工研究院于 2009 年正式立项开展甲苯和甲醇甲基化技术研究工作，以稀土、钙和镁等氧化物改性的 ZSM-5 分子筛（硅铝比为 40~80）为催化剂，反应温度 420℃，反应压力 0.1~0.5MPa，甲苯和甲醇物质的量比为 2∶1，质量空速为 4h^{-1}，甲苯与甲醇在载气做保护气下进行择形烷基化反应，生成对二甲苯，甲苯转化率可达 27.3%，混合二甲苯选择性达到 65.9%，混合二甲苯中 PX 选择性达到 94.1%[34]。2012 年依托扬子石化原有的甲苯择形歧化装置并进行改造，进行了 $20×10^4$t/a 甲苯和甲醇甲基化制二甲苯（MTX）工业示范装置试验，但反应过程存在酸性水的腐蚀问题，工业示范装置未能长周期运行。

二、工艺原理

苯和甲醇甲基化反应，一直是国内外学者研究的热点，而且它已经被作为各种 Friedel-Grafts（F-C）催化剂的模型反应。根据近年来的研究成果，现在普遍认为苯和甲醇甲基化的反应遵循碳正离子机理，从而进行苯环上的亲电取代反应，首先甲醇在催化剂上的 B 酸中心进行活化，被活化后的甲氧基正离子进攻甲苯，其反应机理如下：

CH₃OR + HZeol（氢型沸石分子筛） ⇌ CH₃ȮHR + Z̄eol（沸石分子筛）

甲苯和甲醇甲基化反应是典型的苯环亲电取代反应，甲醇通过催化剂 B 酸活化，得到甲氧基负离子进攻甲苯。由于甲苯上甲基的邻、对位诱导效应，主要生成邻二甲苯、对二甲苯以及少量的间二甲苯，生成的二甲苯混合物在催化剂表面及孔道内部进行异构化，最终达到平衡状态。通过理论计算发现，对二甲苯活化能（20kJ/mol）低于邻二甲苯和间二甲苯，从动力学方面考虑更容易得到对二甲苯[9,12]。催化剂中 B 酸位点是反应活性中心，烷基化主要发生在分子筛孔道内部，二甲苯异构化在分子筛表面进行[35]。

三、中国石油苯和甲醇甲基化技术

1. 催化剂

1）催化剂规格

外形尺寸：$\phi 2mm \times (3 \sim 10) mm$；

堆积密度：$0.7 g/cm^3$；

化学组分：MO/多级孔 ZSM-5 分子筛/Al_2O_3。

2）催化剂耐压实验

工业粒度的催化剂采用测压和正压的方法进行耐压实验，实验结果见表3-27。由表3-27可见，催化剂颗粒的平均侧压力为50.2N，达到了工业应用的要求。

表 3-27 催化剂颗粒耐压实验结果

序号	1	2	3	4	5	6	平均
侧压力，N	55	51	31	50	61	54	50.2
正压力，N	55	28	53	48	36	60	46.7

3）多级孔道 ZSM-5 分子筛的 XRD 表征

图 3-18 为按上述方法合成的介孔分子筛和普通 ZSM-5 分子筛（南开大学购得）的 XRD 谱图。

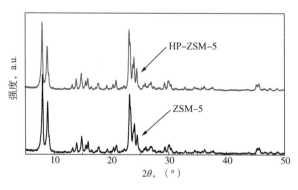

图 3-18 合成的分子筛和普通 ZSM-5 分子筛的 XRD 谱图

由图 3-18 可以看出，合成的分子筛在 $2\theta = 7.95°$、$8.86°$、$23.18°$、$23.90°$、$24.40°$处有较强的衍射峰，分别归属于 ZSM-5 分子筛（011）、（020）、（051）、（511）、（313）晶面的特征衍射，说明合成的分子筛具有典型的 MFI 骨架结构，并且 XRD 分析中没有发现其他晶体结构的产品的特征衍射峰，也没有无定形的硅铝物质存在，表明合成的分子筛是 ZSM-5 分子筛且结晶度较高。与普通 ZSM-5 分子筛相比，多级孔道 ZSM-5 分子筛在 $2\theta = 22° \sim 25°$ 处特征衍射峰的宽度有所增加，这表明样品具有纳米尺寸。

4）多级孔道 ZSM-5 分子筛的 FT-IR 表征

对于沸石分子筛体系，红外光谱中振动峰小于 1250cm^{-1} 的振动区为骨架基频振动区，位于 1630cm^{-1}、1890cm^{-1}、2000cm^{-1} 附近的振动峰为骨架振动峰的合频、泛频谱带，大于 3000cm^{-1} 的振动区出现的振动峰属于表面羟基及吸附水的振动。ZSM-5 分子筛的特征骨架振动峰位于 1225cm^{-1}、1093cm^{-1}、790cm^{-1}、550cm^{-1} 和 450cm^{-1} 附近。为进一步证明合成的分子筛是 ZSM-5 分子筛，采用傅里叶变换红外光谱对分子筛样品进行分析，其 FT-IR 谱图如图 3-19 所示。由图 3-19 可以看出，样品在 450cm^{-1}、552cm^{-1}、802cm^{-1}、1099cm^{-1}、1227cm^{-1} 处有较强的吸收峰，说明合成的分子筛确实是 ZSM-5 分子筛。其中，波数 1227cm^{-1} 处的吸收峰为 ZSM-5 分子筛骨架结构中 SiO$_4$ 四面体的 T—O—T（T 为 Si 或 Al）键的外部反对称伸缩振动峰，1099cm^{-1} 和 802cm^{-1} 处的吸收峰分别对应于 ZSM-5 分子筛骨架结构中 SiO$_4$ 四面体的 T—O—T 键的内部反对称伸缩振动和内部对称伸缩振动峰，552cm^{-1} 处的吸收峰被认为是 MFI 骨架结构中双五元环的典型特征峰，450cm^{-1} 处的吸收峰是 ZSM-5 分子筛骨架结构中 SiO$_4$ 和 AlO$_4$ 内部四面体的 T—O 键的弯曲振动峰，根据 552cm^{-1} 和 450cm^{-1} 两处谱峰的光密度比可确定分子筛的结晶度，3440cm^{-1} 处的峰为 ZSM-5 分子筛骨架中—OH 的伸缩振动峰。

XRD 和 FT-IR 分析结果表明，合成的多级孔道 ZSM-5 分子筛仍具有普通 ZSM-5 分子筛的骨架结构，多级孔道 ZSM-5 分子筛只是在普通 ZSM-5 分子筛上引入介孔孔道，并没有改变普通 ZSM-5 分子筛的晶体结构。

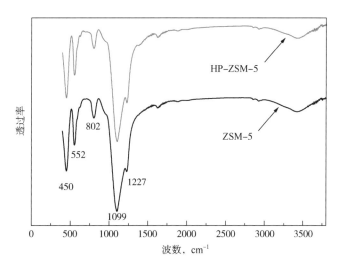

图 3-19　合成的分子筛和普通 ZSM-5 分子筛的 FT-IR 谱图

5）多级孔道 ZSM-5 分子筛的 BET 表征

采用 N$_2$ 物理吸附对合成的多级孔道 ZSM-5 分子筛进行表征，得到了分子筛的孔体积、孔径分布以及比表面积等性能，从而判断合成分子筛的孔道结构。图 3-20 是合成的多级孔道 ZSM-5 分子筛和普通 ZSM-5 分子筛的 N$_2$ 吸附—脱附等温线。由图 3-20 可知，根据国际纯粹化学与应用化学联合会（IUPAC）的分类，普通 ZSM-5 分子筛的吸附等温线属于 Ⅰ

型，在低相对压力(3~10)下，微孔已经充满，吸附曲线和脱附曲线基本一致，不存在迟滞环；合成的多级孔 ZSM-5 分子筛的吸附等温线为 I 和 IV 混合型，在相对压力 $p/p_0 = 0.6 \sim 1.0$ 之间有一个非常明显的迟滞环(属于 H2 型滞回环)，这一迟滞环是由于在介孔结构中发生毛细凝聚现象形成的，说明合成的多级孔 ZSM-5 分子筛存在一定量的介孔。在液氮温度(77K)下，合成的多级孔 ZSM-5 分子筛的吸附量随 N_2 相对压力(p/p_0)的变化大致分三个阶段：在较低的相对压力下，N_2 吸附量急剧增加，曲线出现突跃，继续增大相对压力，N_2 吸附量平缓增加，此时 N_2 分子以单分子层吸附在微孔及介孔内表面；当相对压力 p/p_0 增大到 0.6 时，N_2 吸附量随 p/p_0 的增大而迅速增加，曲线再次出现突跃，这是由于 N_2 分子在介孔孔道内发生毛细凝聚引起的；最后，随 p/p_0 的进一步增加，N_2 分子以单层到多层吸附在孔道外表面。

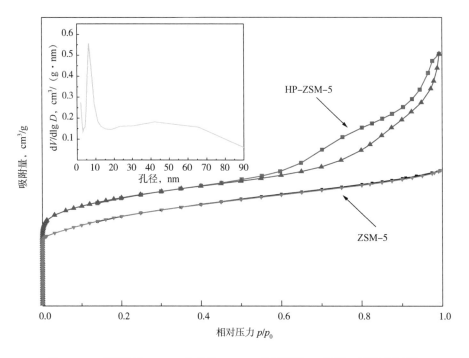

图 3-20　多级孔道 ZSM-5 和普通 ZSM-5 分子筛的 N_2 吸附—脱附等温线
（内插图为多级孔道 ZSM-5 分子筛的孔径分布图）

表 3-28 列出了合成的多级孔道 ZSM-5 和普通 ZSM-5 分子筛的 BET 表面积、孔容和孔径数据。由表 3-20 可知，合成的多级孔道 ZSM-5 分子筛的 BET 表面积和总体积分别为 454m²/g、0.45mL/g，比普通 ZSM-5 分子筛都有明显的增大，t-plot 法计算结果显示，合成的多级孔道 ZSM-5 分子筛与普通 ZSM-5 分子筛的微孔体积基本一致，介孔体积明显增大。从合成的多级孔道 ZSM-5 分子筛的 BJH 孔径分布图(图 3-20 中内插图)中可以看出，分子筛的介孔均匀分布，孔径约 10nm。以上结果证明，合成的多级孔道 ZSM-5 分子筛是一种同时具有介孔和微孔孔道的多级孔道沸石分子筛。

表 3-28　多级孔道 ZSM-5 和普通 ZSM-5 分子筛的结构分析

样品	比表面积 m²/g	总孔体积① mL/g	微孔体积② mL/g	介孔体积③ mL/g	介孔孔径 nm
ZSM-5	381	0.25	0.07	0.18	—
HP-ZSM-5④	454	0.45	0.11	0.34	10

① 吸附相对压力 $p/p_0 = 0.99$。
② t-plot 法。
③ BJH 法。
④ 多级孔道 ZSM-5。

6) 多级孔道 ZSM-5 分子筛的 NH_3-TPD 表征

氨程序升温脱附(NH_3-TPD)是最常用的测量酸浓度和酸强度的方法。图 3-21 是合成的多级孔道 ZSM-5 与普通 ZSM-5 分子筛的 NH_3-TPD 谱图。由图可知，两种结构的分子筛均在 220℃ 和 350℃ 附近出现脱附峰，分别代表弱酸位、强酸位，但两者的酸量及酸强度都有较大的差别。与普通 ZSM-5 分子筛相比，多级孔道 ZSM-5 分子筛的弱酸脱附峰向高温方向移动，而且酸量明显增多；强酸脱附峰位置、酸量基本不变。

2. 技术特点

（1）采用后处理方法改性分子筛载体形成多级孔，负载金属氧化物，以调变 ZSM-5 的表面酸性及其分布，揭示苯和甲醇在分子筛催化剂上甲基化的作用机理、扩散作用及其构效关系，并以此为参照标准进行普通分子筛的孔道改性和表面酸性改性，获得指导设计具有高活性和高选择性的苯甲醇烷基化催化剂的依据，解决催化剂的高活性、高选择性和稳定性，催化剂的制备方法是本项目最大的研究特色与创新之处。

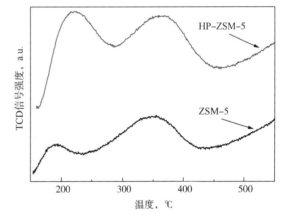

图 3-21　多级孔道 ZSM-5 和普通 ZSM-5 分子筛的 NH_3-TPD 图

（2）苯与甲醇甲基化反应，甲醇作为甲基化试剂，反应后产品的液收率高（98% 左右），甲醇碳的有效利用率高。

（3）苯与甲醇直接甲基化为强放热反应，开发了一种中间多段甲醇冷激进料的取热方式，有效调控了床层温升。

（4）苯与甲醇甲基化反应中有少量含氧物质生成，本项目研究了如何抑制反应过程的酸性物质的生成，采用烷基化催化剂和脱酸催化剂级配技术，产物生产的副产物水的 pH 在 6~7，满足外排水的环保标准。

3. 工艺技术简介

苯/甲醇甲基化流程示意图如图 3-22 所示。

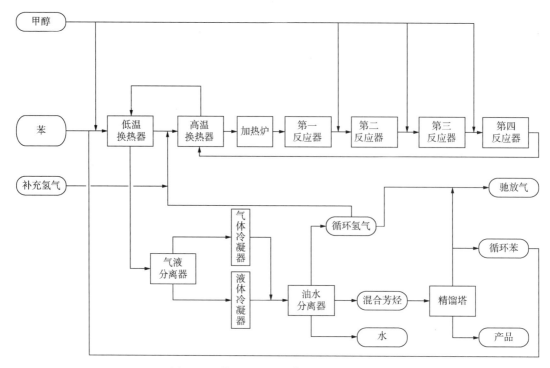

图 3-22　苯和甲醇甲基化工艺流程示意图

　　反应体系中苯过量,将反应负荷分为四段,用液体冷甲醇段间冷激来调节下一段入口床层温度,实现临氢反应,反应器入口氢烃比为1:1,反应后的氢经过冷却、分离后用压缩机在进入反应器的入口,生成物混合烃用精馏塔分离出没有转化的苯返回反应器入口,实现苯的循环利用,混合烃去大芳烃系统,生成的水去废水处理系统。

　　第一反应器入口原料甲醇和苯的物质的量比约为1:4,总物质的量比约为1:1。原料苯先跟1/4甲醇混合,通过低温换热器,苯和甲醇被加热到130℃,物系全部成为气相,然后和压缩机来的100℃左右的循环氢混合,再经过高温换热器反应物被加热到420℃左右,进入加热炉,如果物流经过高温换热器之后,温度仍然达不到420℃,调节进加热炉的瓦斯气量,使物流经过加热炉后的温度上升至420℃,如果物流经过高温换热器之后达到420℃,那么加热炉仅仅维持点火状态,不给物流提供热量,这样保证了物流以420℃进入第一反应器,在0.5MPa(绝压)下反应,反应物甲醇全部烷基化,放热使物系在第一反应器出口升至477℃,在进入第二反应器之前的管道上设有静态混合器,通入1/4常温甲醇对上一级反应气进行冷激,将反应气体从477℃降到430℃左右进入第二反应器反应,以此类推,最后一级479℃左右的反应气,依次通过高温预热器、低温预热器冷却。反应产物经进一步水冷后分离,气相氢类、水和混合烃自然分离,气相氢类排放一少部分惰性气体后进入氢气压缩机压缩,升温到100℃左右,继续循环使用,产生的混合芳烃(包括没有反应的苯)进入设置的精馏塔,塔底产生的混合烃(苯的质量分数小于0.5%)出界区,塔顶的苯约45℃,占整个苯循环量的60%左右,通过回流泵打回苯中间槽,循环使用,塔顶少量不凝气作为弛放气进入火炬系统,水及少量有机物进入污水处理系统。

4. 工业应用

乌鲁木齐石化公司建成 $3\times10^4t/a$ 苯与甲醇甲基化工业试验装置，于 2018 年 9 月开展了苯与甲醇甲基化生产混合芳烃工业试验，工业试验采用自主研发的工艺技术和催化剂，一次开车成功，并完成了 72h 标定。在反应温度 $440\sim490℃$，压力 0.5MPa，质量空速 $3.27h^{-1}$，标定结果显示，物料平衡达到 100%，反应过程中液收率为 98.85%，苯的转化率最高达到 57.19%，对应的甲苯和二甲苯选择性达 98.44%，甲醇转化率达 100%。分析显示，水中甲醇含量为 0，生成的水的 pH 值为 6.5，COD 在 16.6mg/L，达到外排的标准要求。

在工业试验的基础上，完成了 $50\times10^4t/a$ 苯与甲醇甲基化生产混合芳烃成套技术的开发。

四、中国石油甲苯和甲醇甲基化技术

1. 催化剂

对甲苯和甲醇甲基化催化剂进行了 ZSM-5 分子筛合成方法及条件研究，获得了适用于甲苯选择性甲基化反应的催化材料，并对分子筛合成进行了放大试验和重复性试验，结果表明采用的合成方法可靠性高。发明了硅加金属的复合改性方法，可获得具有高甲苯转化率、高对二甲苯选择性的改性分子筛催化剂；对甲苯选择性甲基化反应的温度、空速、压力等条件进行了优化，进一步提升了催化剂性能，甲苯转化率达 35%，对二甲苯选择性达 85%，B/X 低于 1.5；进行了 1000h 的催化剂寿命试验，甲苯转化率略有下降，对二甲苯选择性比较稳定，催化剂稳定性有待进一步提高(表 3-29)。

表 3-29 甲苯和甲醇烷基化催化剂评价条件

项 目	评价条件	项 目	评价条件
投料温度,℃	$380\sim440$	甲苯转化率,%	≥35
反应压力,MPa	$0.2\sim1.5$	二甲苯选择性,%	≥85
甲苯质量空速, h^{-1}	$2.0\sim4.0$	甲醇利用率,%	≥55
甲苯/甲醇(物质的量比)	$4.0\sim1.3$	二甲苯/苯(物质的量比)	≥10
水/甲醇(物质的量比)	$0\sim2$	稳定性, h	1000
氢气/甲苯(物质的量比)	$0\sim3$		

2. 技术特点

(1) 采用固定床反应器，甲苯和甲醇烷基化技术直接由甲苯高效率生产二甲苯，甲苯的转化率大于 30%，对二甲苯的选择性大于 85%，苯与二甲苯的比值小于 1.5，满足快速增长的 PX 需求，调整中国石油芳烃产品结构。

(2) 甲苯和甲醇烷基化技术，流程简单，甲苯利用率高，原料甲醇成本低。

(3) 甲苯和甲醇烷基化技术促成煤化工与石油化工的结合，实现煤化工产品的高附加值应用。

3. 工艺技术简介

甲苯和甲醇烷基化流程示意图如图 3-23 所示。

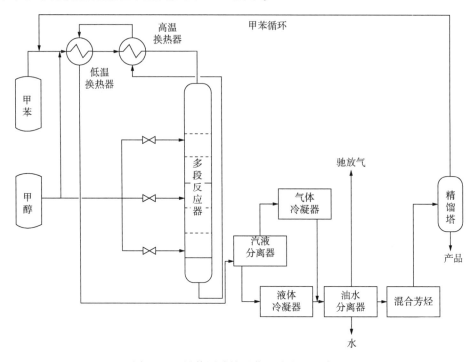

图 3-23　甲苯甲醇烷基化工艺流程示意图

第五节　重芳烃轻质化技术

重芳烃轻质化技术的目的在于将廉价的重质芳烃油品资源转化为高附加值轻芳烃产品，实现油品的高值化利用。重芳烃轻质化的原料来源包括：直馏柴油、催化裂解柴油、重整重芳烃等。催化裂解柴油的主要组成为沸点较高的 C₉ 及以上的重芳烃，该油品具有芳烃含量高、硫含量高、十六烷值低等特点，属于典型的劣质柴油馏分。但由于其富含重芳烃的特性使得这种柴油非常适合作为轻质化反应原料以增产芳烃。国外催化柴油大多作为燃料油使用，而我国当前普遍采用高压加氢后作为调和组分，与加氢直馏柴油或焦化柴油调和后作为车用柴油出售。该过程不仅十六烷值提高有限，不能满足清洁柴油标准，且副产的石脑油组分辛烷值较低，仍需进入重整装置加工。如果将催化裂化柴油完全改质至车用柴油质量标准，势必要将大部分芳烃加氢饱和、开环，将其转化为高十六烷值的链烷烃，这需要十分苛刻的条件，工艺能耗高。因此，常规加氢技术加工催化裂化柴油代价较大，油品升级成本高，经济效益较差。随着催化裂化装置规模不断增加，重芳烃产物将相应增多，如何提高重芳烃利用率，转化为更有竞争力的产品，例如生产高辛烷值汽油或者轻质芳烃，进一步提升重芳烃的经济价值，已经成为国内外重芳烃轻质化技术领域的重要研究内容之一。

近年来 UOP 公司、NOVA 公司、中国石化抚顺石油化工研究院（FRIPP）、中国石化石油化工科学研究院（RIPP）等对重芳烃轻质化催化剂及工艺进行了研究开发，其中具有代表性的轻质化技术有 UOP 公司的 Unicraking 技术、NOVA 公司的 ARO 技术、FRIPP 的 FD2G 技术、RIPP 的 RLG 技术。但由于轻质化反应过程中容易发生芳烃的过度饱和，导致产物中含有大量的环烷烃和链烷烃，因此上述技术可得到富含芳烃的汽油组分，如要获取高纯度的 BTX，还需要进行芳烃抽提。

中国石油也开发了自己的重芳烃轻质化技术，其技术与以上轻质化技术相比，最具吸引力的优势是可将组分繁杂、分离与深度加工均很困难的催化裂解柴油经精制脱硫、吸附分离预处理后的重芳烃通过轻质化反应转化为苯、甲苯、二甲苯（BTX）等重要的基础有机原料。

一、国内外技术进展

芳烃含量高是造成催化柴油性质差的主要原因，因此实现催化裂化柴油高值化的关键是如何利用好催化柴油中的芳烃组分。对于芳烃含量较高的催化裂化柴油也不宜加氢改质生产柴油，而加氢后生产高辛烷值汽油或者轻质芳烃的路线显得比较有竞争力，主要代表性技术如下：

（1）美国 UOP 公司的 LCO Unicracking 技术。[36-37]

UOP 公司的 LCO Unicracking 工艺，采用单程一次通过、部分转化的加氢裂化流程，生产超低硫汽油和超低硫柴油。该工艺的优势在于反应压力、温度较低，操作条件缓和。文献报道的装置运行结果显示：汽油收率为 35%~37%，研究法辛烷值为 90~95，柴油组分十六烷值仅提高 6~8 个单位，仍需进一步加工。

（2）加拿大 NOVA 化学品公司的 ARO 技术。[1]

ARO 技术将低附加值的循环油转换成高附加值的轻烃和 BTX，该工艺包含催化加氢过程和加氢产生环烷基的开环反应两步。第一步以 $NiMo/Al_2O_3$ 和 NiW/Al_2O_3 为基础催化剂，加氢处理后产物硫含量约 $50\mu g/g$，氮含量 $14\mu g/g$，并使多环芳烃选择性加氢饱和而单环芳烃不被加氢饱和。多环芳烃的选择性饱和主要是受机理因子（单环芳烃的加氢反应速率远低于多环芳烃）和吸附因子控制（多环芳烃的吸附强度要大于单环芳烃）。第二步环烷烃开环反应采用贵金属改性的沸石分子筛，主反应为原料中环烷烃和烷烃的裂化反应，生成 32.48% 的轻烃和 19.27% 的 $C_6—C_9$ 芳烃，其余为液态饱和烃。第二步开环反应可以通过改变空速来调整产物组成，使 ARO 工艺具有更强的操作弹性，应变市场波动。

（3）中国石化抚顺石油化工研究院 FRIPP 的 FD2G 技术。[3]

FD2G 技术旨在充分利用催化裂化柴油中富含的芳烃，将其部分转化并富集在石脑油馏分中，从而可以生产高附加值的汽油调和组分和清洁柴油调和组分。采用 FD2G 技术，产品汽油组分可以达到 53% 以上，其中芳烃含量大于 50%，研究法辛烷值为 93 左右，硫含量较低，是优质的汽油调和组分；柴油产率为 35% 左右，十六烷值相较原料油可以提高 20 个单位。FD2G 技术适用于催化裂化柴油芳烃含量较高，在柴油质量升级中十六烷值矛盾突出，且对增产汽油及芳烃有需求的企业，FD2G 技术 2013 年完成了工业试验，目前已应用多例。

（4）中国石化石油化工科学研究院的 RLG 技术。[38-39]

RLG 技术采用加氢精制与加氢裂化的组合工艺，流程与 FD2G 技术类似。汽油收率大于 45%，研究法辛烷值大于 90，副产柴油十六烷值提高 8～10 个单位，氢耗为 3.1%～3.3%。2014 年在燕山石化进行了工业实验。2017 年安庆石化采用 RLG 技术建设了 $100 \times 10^4 t/a$ 催化柴油加氢装置，加工催化柴油、DCC 柴油混合原料。汽油产品收率 41.80%，研究法辛烷值约 92，柴油产品收率 47.91%，十六烷值仅为 37。

二、工艺原理

重芳烃轻质化反应过程是一个较为复杂的反应网络体系，反应物富含重芳烃的原料油与氢气在催化剂表面反应后得到反应产物，包括液相产物（BTX、三甲苯、四甲苯等）、干气（甲烷、乙烷）、液化气（丙烷、正丁烷、异丁烷）。

重芳烃轻质化实际上是将稠环芳烃在双功能催化剂作用下发生选择性加氢开环及单环芳烃的侧链断链反应，即稠环芳烃首先在金属活性中心上经过加氢生成带有一个饱和环的单环芳烃，该单环芳烃的饱和环加氢开环后，进而发生芳烃侧链的断裂反应。该过程除生成单环芳烃外，还会生成直链烃、环烷烃或乙烷、丙烷等小分子。

（1）选择性加氢反应：以烷基萘为例，催化剂加氢活性和裂解活性强弱不同，烷基萘的选择加氢裂化反应向两个不同方向进行，加氢活性过强会生成饱和烷烃，降低芳烃收率，而酸度过强使开环产物二次裂解，如图 3-24 所示，选择性加氢反应，应该尽可能保留烷基苯类产物，避免饱和环烷烃的产生。

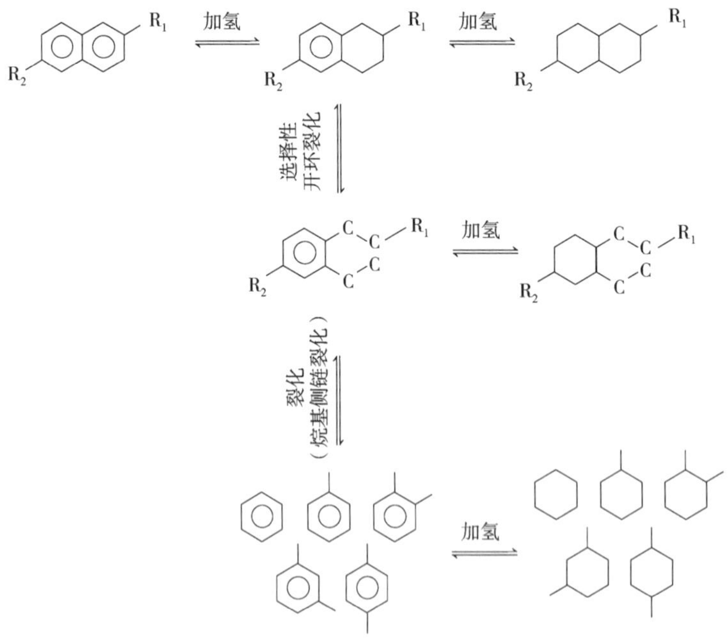

图 3-24　双环芳烃加氢裂化反应路径

（2）加氢脱烷基反应：该反应主要是脱去 C_2 以上的烷基，其反应通式为：

$$C_nH_{2n+1}-A-C_mH_{2m+1}\xrightarrow{H_2}A-C_mH_{2m+1}+C_nH_{2n+2}\ (n\geqslant2,\ m\leqslant2)$$

重芳烃中含有乙基的单环芳烃会脱去乙基，含有丙基的单环芳烃会脱去丙基，生成带有短侧链的单环芳烃并副产乙烷和丙烷。双环芳烃以萘系及甲基萘系为例，会先发生其中一个芳环加氢饱和反应，然后饱和的芳环再进行开环和侧断裂反应，最终生成单环芳烃并副产乙烷、丙烷等。对于烷基苯类单环芳烃，如图 3-25 所示，烷基苯转化为 BTX，仅需要通过裂化反应（断去侧链）即可实现，在轻质化反应环境中，需避免反应物生成烷基苯后进一步加氢饱和成环烷烃。

在脱烷基反应中，芳环侧链烷基所含碳原子数越多，越容易脱除，即丁基>丙基>乙基>甲基。对于多甲基芳烃，甲基是逐个脱除的，随着甲基脱除增多，脱甲基难度也随之增加。

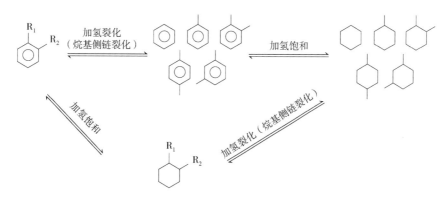

图 3-25 烷基苯类单环芳烃加氢裂化反应路径

轻质化反应的关键就是要控制芳环饱和的程度，这需要开发合适的催化剂和选择适宜的反应条件，使反应朝着期望的反应路径进行。研究发现，低温有利于选择性加氢的进行，高温有利于裂化的进行。轻质化反应兼有选择性加氢和裂化反应，但是温度过低不利于反应转化的进行，而温度过高又会发生较多的裂化反应和脱氢反应，损失较多的芳烃。为保证轻质化反应有效进行，可以让选择性加氢和裂化分两步进行。考虑流程升温顺序，低温下先进行预加氢反应，使原料先选择性加氢，饱和稠环芳烃及杂质烯烃，形成带有饱和环的单环芳烃及烷烃，然后产物再升温进行裂化反应和部分选择性加氢饱和反应，将剩下的稠环芳烃饱和，带有饱和环的单环芳烃再裂化转化为甲基单环芳烃实现重芳烃轻质化。因此，轻质化分两步进行有如下优势：

（1）对于含有 3 环及 3 环以上的芳烃，如果采用一步法轻质化，在高温下会剧烈反应，影响催化剂 B 酸强度，造成结焦，大幅缩减轻质化催化剂寿命；

（2）对于溴指数较高的原料，由于烯烃含量过高，如果采用一步法轻质化，在高温下会发生聚合，阻塞催化剂孔道，影响反应的进行。

相比一步法来说，采用两步法轻质化反应把重芳烃原料转化为轻质芳烃，更为合理也更为可控，对原料的适应性更强。反应放热也可以依次用于两个反应器入口原料的升温，使流程整体热利用更加合理。

三、中国石油柴油分子管理技术

对于轻质化反应最核心问题的是，芳烃组分是否得到充分利用，以及价值较高的轻质芳烃(如BTX)如何分离，这需要一个功能完备的计算模型指导设计。传统加氢计算模型中，只按照馏点区间来计算各产品产量的虚拟组成及集总反应模型显然不能满足轻质化反应的流程模拟需求，因为从反应器模拟结果中无法判断各个组成在原料产物中含量的变化，特别是芳烃在原料产品中含量的变化。

中国石油中国昆仑工程有限公司与中国石油大学(北京)共同开发的分子级重芳烃轻质化反应模型很好地解决了这个问题，该模型可以用来计算操作条件下产物产量、组成及相应的物性，这种方法可称之为柴油轻质化过程分子管理技术[40-42]。利用分子管理方法结合流程模拟建立柴油轻质化反应模型，即对柴油组成进行组分表征，再用表征后的组成去参与化学反应，同时建立化学反应网络模型，真正从分子层面生成具体的产物组成，保证产物组成性质、反应放热等结果与实验数据一致，再结合流程模拟手段最终打通全流程。该方法使轻质化反应前后芳烃等组成含量变得可视化，反应后的精馏单元可以根据工艺要求来分离，某些重要的芳烃组分也会针对具体组成进行分离而不是传统的馏点切割。

柴油轻质化过程分子管理技术具有以下特点：

(1)建立了柴油组分表征方法。该技术实现了油品表征技术从过去的只实现汽油表征扩展到柴油表征水平。

轻质化反应表征的第一步是建立原料产物组成库，原料产品根据其实验室得到的馏程分布及族组成分析结果，选取柴油中常见的分子结构，包括烷烃、芳烃、环烷烃及含硫含氮杂原子化合物，可以确定柴油单分子沸点范围为 $300 \sim 720K$，柴油碳数范围限定为 C_5—C_{27}，各个组成分子量为 $100 \sim 400$，主要分布在 $150 \sim 250$ 之间，如图 3-26 所示，最大芳环个数和最大环烷烃个数为3。拓展侧链后，柴油分子结构库共包含352个分子。

原料和产物表征，是用有限个常见结构单元做成矩阵信息，然后通过调用并组合结构单元的方法描述数量庞大的柴油分子组成，如图 3-26 所示，如果需要表征某烷基双环芳烃，可以通过结合芳烃和烷烃来实现。对于重要芳烃产品组成，特别是二甲苯同分异构体需要分开表征，而不重要的某一系列同分异构体组成可简化处理，即采用含量相对较高的某一种组成进行表征，这个组成可以通过权重因子和遗传算法在满足实验数据的条件下明确找到，这样既可以满足下游按具体产品组成分离的要求，又可以在满足实验结果的条件下尽可能简化组成个数。

(2)实现了柴油类加氢反应的模型化，从分子层面建立了轻质化反应网络模型，实现了各个组成从原料到产品的可视化，对研究轻质化反应芳烃利用最大化提供精确数据支撑。

对于轻质化反应而言，最主要的反应是多环芳烃的加氢饱和以及饱和环的开环断裂反

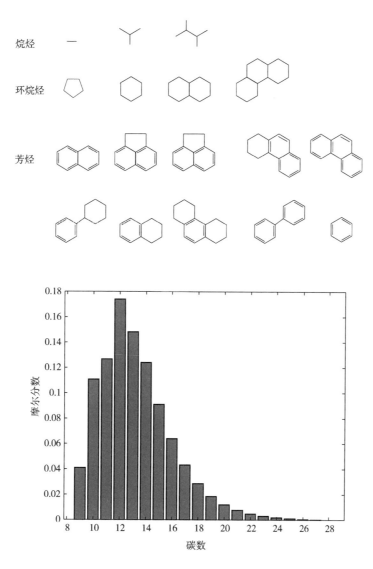

图 3-26　原料及产品基础结构单元及组成表征

应，其次是带侧链的芳烃通过断侧链反应生成芳烃和链烃，然后是生成的烷烃发生异构化反应，生成的异构烷烃再发生加氢裂化生成小分子烷烃。其中，规定烷烃异构化、环烷环异构化和芳烃加氢饱和为可逆反应。

　　表 3-30 展示了柴油轻质化过程中的所有反应规则以及每个规则的代表性反应。完成反应规则的制定后，以组成模型和反应规则作为输入，构建了重芳烃轻质化的反应网络，轻质化反应按两步法原理分为两部分：预加氢以及轻质化。预加氢反应网络中包含了 846 个反应，轻质化反应网络中包含了 1452 个反应。

表 3-30 柴油轻质化基于机理的典型反应规则

反应类型	代表反应	反应规则
2 个氢原子芳环加氢饱和	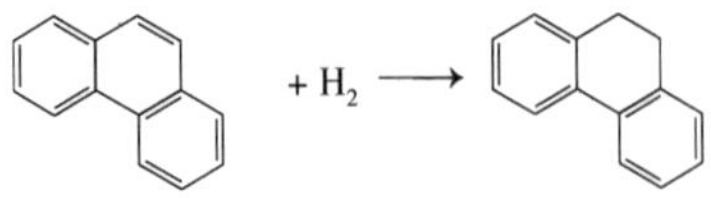	芳环逐环加氢且无环烯烃生成
4 个氢原子芳环加氢饱和	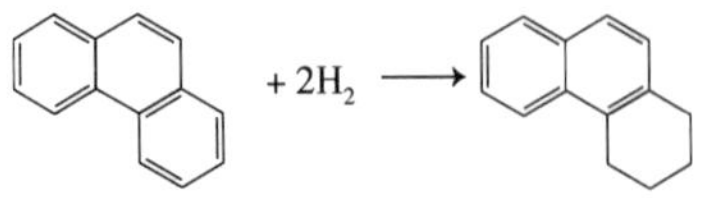	
6 个氢原子芳环加氢饱和	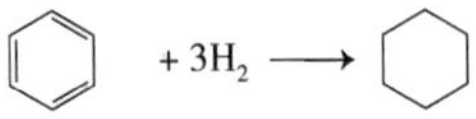	
烯烃加氢	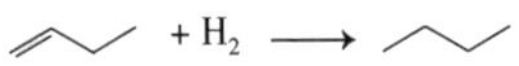	侧链双键逐步加氢
链烷烃异构化	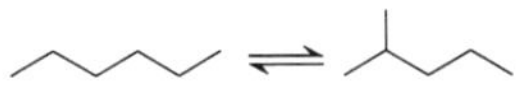	仅生成甲基支链且支链数目不超过 3
环烷环异构化	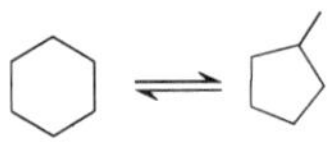	六元环烷环异构为五元环烷环
链烷烃裂化	type A / type B	仅发生 type A 和 type B
侧链断裂	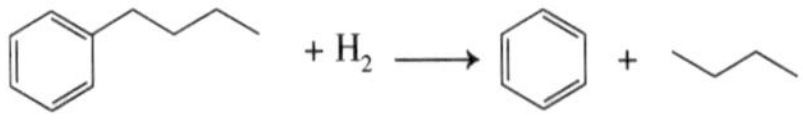	侧链长度大于 2 可直接脱除烷基侧链
桥键断裂	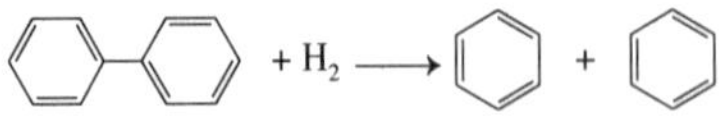	断裂环间的桥键
环烷环开环	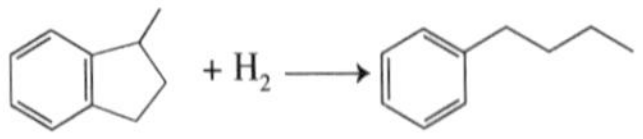	五元环烷环发生开环反应

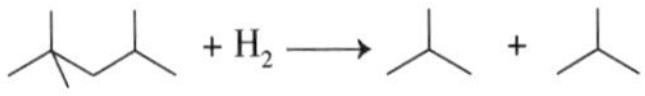

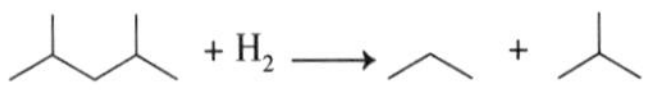

考虑反应方程的反应动力学、质量平衡和热量平衡，反应途径发生概率采用特定的参数进行计算，以产品实验数据作为约束条件，求解最优反应途径，最终会消减所有可能发生的反应方程个数，以有限反应方程来表征整个轻质化反应过程。预加氢和轻质化反应的部分反应网络如图 3-27 所示，主要反应的表征如图 3-28 所示。

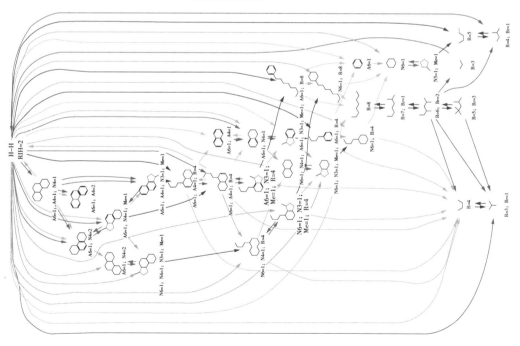

图3-27 轻质化反应网络

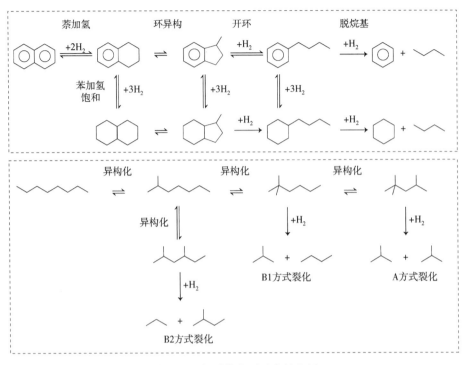

图 3-28 轻质化主要反应的表征

最终经过模型计算出的结果与模拟结果对比见表 3-31，由于实际组成数过多，此处只以不同族组成含量和主要芳烃产物含量作为代表。

表 3-31 采用分子管理构建轻质化反应模型原料产品组成与实验值对比

组　　成		实验值	模拟值	组　　成		实验值	模拟值
原料	链烷烃,%	1.5	1.5	产品	干气,%	4.04	1.5
	单环环烷烃,%	1.2	1.2		液化气,%	12.01	14.38
	双环环烷烃,%	0.6	0.6		高芳汽油,%	58.85	58.5
	三环环烷烃,%	0.5	0.3		>205℃馏分,%	25.1	25.59
	单环芳烃,%	52	56.5		正构烷烃,%	4.48	4.32
					异构烷烃,%	11.24	11.95
	双环芳烃,%	36.9	32.8		烯烃,%	0	0.04
					环烷烃,%	10.32	10.63
					芳烃,%	73.96	73.06
	三环芳烃,%	7.3	7.1		苯,%	1.31	1.29
					甲苯,%	6.89	6.95
					二甲苯,%	10.91	10.85

由表 3-23 可以看出，原料、产品各个族组成含量及部分芳烃产物含量，其计算值与模拟结果吻合较好，证明采用分子管理方法对原料及轻质化反应的表征是合理的。然后再将

这些组成及反应方程式代入到 Aspen Hysys 中进行模拟，最终流程模拟可以依据原料特性得出产物中芳烃的含量，特别是 BTX 等轻质芳烃组成。最后，为了便捷化轻质化分子管理技术的使用，中国石油中国昆仑工程有限公司与中国石油大学（北京）还开发了该技术的计算软件。如图 3-29 示，该软件具有用户友好型的界面设计，并与 Aspen 内组成形成映射，可实现联合模拟计算。

轻质化分子管理技术的研发成功，标志着中国石油"分子炼油"水平正向着深层次迈进。

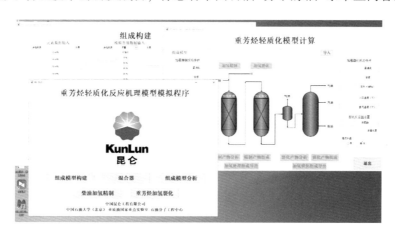

图 3-29　软件界面

四、中国石油重芳烃轻质化技术

中国石油中国昆仑工程有限公司与中海油天津化工研究设计院有限公司联合开发的重芳烃轻质化技术，是以催化裂化柴油为原料，经过上游加氢精制后降低硫含量，再经过吸附分离得到高纯度重芳烃组分和非芳烃组分，其中重芳烃组分进入轻质化工艺，根据下游需求，针对性地生产高辛烷值汽油或芳烃原料。若下游需要烯烃原料或增产芳烃原料，可采用非贵金属催化剂进行轻质化反应；若下游需要增产高辛烷值汽油，可采用贵金属催化剂进行轻质化反应。该技术研发成功为化解柴油产能过剩、实现提质增效提供了强有力的技术支撑，为芳烃资源多元化及开发利用奠定了基础。

1. 催化剂

加氢催化剂活性中心的活性高低直接决定了选择性加氢性能的优劣。目前，中国石油中国昆仑工程有限公司与中海油天津化工研究设计院有限公司联合开发的新重芳烃轻质化催化剂的活性组分主要包括以 Ni/Mo 为代表的非贵金属型活性组分和以 Pt/Pd 为代表的贵金属型活性组分。

1）反应动力学研究

轻质化反应包含了选择性加氢饱和稠环芳烃的预加氢反应，以及选择性加氢饱和稠环芳烃和裂化反应的轻质化反应。该过程是一个非常复杂的过程。

轻质化各反应方程的反应速率采用 Langmuir-Hinshelwood-Hougen-Watson（LHHW）形式进行计算。为使模型适用于复杂反应体系，做出如下假设：

（1）所有反应速率控制步骤为表面反应；

（2）所有分子都会被吸附在催化剂活性位上；

（3）所有可逆反应都被拆分为两个不可逆反应。

反应速率常数采用阿伦尼乌斯方程进行计算，模型参数可适当进行简化。考虑放热反应和吸热反应的热量计算。基于上述假设，得出典型轻质化反应过程的动力学参数见表3-32。

表3-32 典型轻质化反应过程的动力学参数

预加氢反应类型	预加氢反应方程式	反应速率常数 kmol/(m³ 催化剂·s)	反应热，kJ/kmol
$C_{14}H_{10}$（三环芳烃）加氢饱和	$C_{14}H_{10}$（三环芳烃）$+2H_2 \longrightarrow C_{14}H_{14}$（双环芳烃）	9.95×10^{-4}	-115798
$C_{12}H_{12}$（双环芳烃）加氢裂化	$C_{12}H_{12}$（双环芳烃）$+4H_2 \longrightarrow C_9H_{12}+C_3H_8$	8.8×10^{-4}	-73316
$C_{12}H_{12}$（双环芳烃）加氢裂化	$C_{12}H_{12}$（双环芳烃）$+4H_2 \longrightarrow C_{10}H_{14}+C_2H_6$	4.62×10^{-4}	68686
$C_{10}H_8$（双环芳烃）加氢饱和	$C_{10}H_8$（双环芳烃）$+2H_2 \longrightarrow C_{10}H_{12}$（单环芳烃）	4.97×10^{-4}	-63124
$C_{10}H_{14}$（单环芳烃）加氢裂化	$C_{10}H_{14}$（单环芳烃）$+H_2 \longrightarrow C_7H_8$（单环芳烃）$+C_3H_8$（丙烷）	8.1×10^{-5}	-312190
$C_{10}H_{14}$（单环芳烃）加氢裂化	$C_{10}H_{14}$（单环芳烃）$+H_2 \longrightarrow C_8H_{10}$（单环芳烃）$+C_2H_6$（乙烷）	2.81×10^{-4}	33950
C_9H_{12}（单环芳烃）加氢裂化	C_9H_{12}（单环芳烃）$+H_2 \longrightarrow C_6H_6$（单环芳烃）$+C_3H_8$（丙烷）	1.0×10^{-4}	-168530
C_9H_{12}（单环芳烃）加氢裂化	C_9H_{12}（单环芳烃）$+H_2 \longrightarrow C_7H_8$（单环芳烃）$+C_2H_6$（乙烷）	1.47×10^{-4}	-180380
$C_{12}H_{12}$（双环芳烃）加氢裂化	$C_{12}H_{12}$（双环芳烃）$+4H_2 \longrightarrow C_{10}H_{14}$（单环芳烃）$+C_2H_6$（乙烷）	1.98×10^{-4}	68686
$C_{12}H_{12}$（双环芳烃）加氢裂化	$C_{12}H_{12}$（双环芳烃）$+4H_2 \longrightarrow C_9H_{12}$（单环芳烃）$+C_3H_8$（丙烷）	1.75×10^{-4}	-63124
C_6H_6（单环芳烃）加氢饱和	C_6H_6（单环芳烃）$+3H_2 \longrightarrow C_6H_{12}$（$C_6$ 饱和烷烃）	1.57×10^{-4}	-132000
C_7H_8（单环芳烃）加氢饱和	C_7H_8（单环芳烃）$+3H_2 \longrightarrow C_7H_{14}$（$C_7$ 饱和烷烃）	2.7×10^{-5}	-124770
C_8H_{10}（单环芳烃）加氢饱和	C_8H_{10}（单环芳烃）$+3H_2 \longrightarrow C_8H_{16}$（$C_8$ 饱和烷烃）	1.21×10^{-5}	-465650

从反应速率常数上看，加氢饱和反应的反应速率常数值有如下规律：三环芳烃>双环芳烃>单环芳烃，这说明芳烃加氢饱和顺序为：三环芳烃最先加氢饱和，其次是双环芳烃，最后是单环芳烃。

2）非贵金属型催化剂

非贵金属型活性组分（Co、Mo、Ni 等）稳定性好，虽然液相产物收率较低，但液相产物中芳烃含量较高，BTX 含量相对较高。此外，非贵金属型催化剂副产大量液化气，且丙烷含量较高。

中国石油中国昆仑工程有限公司与中海油天津化工研究设计院有限公司最新研制的一种非贵金属分子筛轻质化催化剂，以成型后的三叶草型 β 分子筛为载体，采用等体积浸渍法分步浸渍 Ni 和 Mo 制备得到 Ni/（Ni+Mo）为基准的催化剂。通过改变 Ni/（Ni+Mo）原子比例，发现其增加原子比例会一定程度减少催化剂比表面积，催化剂酸性质相近，但氢吸附量会在特定原子比例条件下呈现出峰值，以此原子比例来制备非贵金属分子筛轻质化催化剂可以使其具有较强的氢气吸附能力，提升催化活性[43-45]。

该催化剂组成（质量分数）为：氧化镍为 2%~6%，氧化钼为 4%~12%，余量为 HY 分子筛—氧化铝，以载体为基准，HY 分子筛含量为 50%~80%，氧化铝含量为 20%~50%。

该催化剂典型反应条件见表 3-33，可以看出非贵金属催化剂液相产物收率虽低，但芳烃纯度较高；液化气收率高，且丙烷含量较高。适合生产烯烃原料或增产芳烃原料。

表 3-33　非贵金属催化剂典型反应条件

项　　目	数　　值	项　　目	数　　值
反应温度,℃	380~420	液化气收率,%	≥30
反应压力，MPa	4.0~6.0	丙烷在液化气中含量,%	50~60
质量空速，h^{-1}	0.5~1.5	液相产物收率,%	≥55
氢油体积比	800~1200	芳烃产品在液相中含量,%	≥85
重芳烃转化率,%	≥97		

3）贵金属型催化剂

贵金属作为活性中心具有高活性、低温低压反应性、负载量低等优点，虽然液相产物收率较高，但芳烃含量略低于非贵金属催化剂。

中国石油中国昆仑工程有限公司与中海油天津化工研究设计院有限公司合作研制的一种贵金属分子筛轻质化催化剂，采用 HY 或 USY 与 HZSM-5 的混合物为改性载体。其中 HY、USY 分子筛孔道较大，适合处理 C_{10+} 重芳烃原料，但容易发生芳烃饱和反应，而 HZSM-5 分子筛具有较强的酸性，HZSM-5 可以对加氢饱和的环烷烃发生脱氢芳构化反应，合理调变催化剂载体酸性和加氢活性中心协调，可以提高产物中汽油组分收率，提高汽油组分辛烷值。引入稀土金属对载体改性提高催化剂稳定性，而过渡金属具有电子缺陷，与贵金属中心产生电子作用，两种金属相互协作，与不同强度的酸性中心配合，实现对重芳烃适度加氢裂解反应。因此，这种催化剂可以在临氢条件下处理 C_{10+} 重芳烃原料，将 C_{10+} 重芳烃转化为高辛烷值清洁汽油组分，既具有较高的 C_{10+} 重芳烃转化率，又具有较高的汽油组分收率和选择性；此外，还引入过渡金属，使得过渡金属分散于催化剂表面，在催化剂上贵金属含量较低时，也能保证催化剂具有较高的选择性加氢活性；在贵金属和非贵金属协同作用下，可以在较低的温度下提供加氢活性，进一步降低烷基损失，提高汽油组分收率。

中国石油中国昆仑工程有限公司与中海油天津化工研究设计院有限公司以离子交换法对β分子筛进行金属改性，并制得不同金属改性的Pt/β分子筛催化剂。采用XRD、XRF、NH_3-TPD、Py-IR、H_2-O_2、TEM、H_2-TPR、H_2-TPD及XPS等手段表征了改性前后样品的物化性质，并考察了改性前后样品的多环芳烃选择性开环性能。结果表明，改性金属对B酸中心的取代效应和对L酸中心的补偿效应，可显著调控分子筛酸性位的类型与强度。改性金属可增强金属—载体强相互作用，一方面促进贵金属铂的分散，提高铂纳米颗粒的热稳定性；另一方面产生铂纳米颗粒向载体的电子偏移或离域，影响H_2在铂纳米颗粒上的活化与脱附。此外，金属Ga可以选择性毒化铂纳米颗粒的活性位。改性金属显著影响Pt/β分子筛催化剂转化甲基萘的活性、稳定性及轻芳烃选择性，金属Ga、Ce改性可显著提高催化剂的稳定性，Ga改性催化剂的轻芳烃选择性最优。

该催化剂组成（质量分数）为：

（1）铂金属的含量为基于所述载体质量的0.05%~0.5%。

（2）稀土金属氧化物含量1%~5%，至少含有La_2O_3、Ce_2O_3、Y_2O_3中的一种。

（3）过渡金属氧化物含量0.02%~0.5%，至少含有CuO、NiO、Co_2O_3、MnO_2中的一种。

（4）其他元素含量为五氧化二磷0.1%~2%，氧化镁0.1%~0.5%；

（5）其余为氧化铝[44,46]。

该催化剂典型反应条件见表3-34，可以看出，贵金属催化剂操作条件缓和，液相产物收率高，适合生产高辛烷值汽油或增产芳烃原料。

表3-34 贵金属催化剂典型反应条件

项　目	数　值	项　目	数　值
反应温度，℃	300~385	液化气收率，%	≥15
反应压力，MPa	3~5	丙烷在液化气中含量，%	20~30
质量空速，h^{-1}	0.8~1.5	液相产物收率收率，%	67~72
氢油体积比	600~1000	芳烃产品在液相中含量，%	≥70
重芳烃转化率，%	≥92		

2. 技术特点

中国石油中国昆仑工程有限公司与中海油天津化工研究设计院有限公司合作开发的重芳烃轻质化技术采用固定床（滴流床）加氢技术，开发针对重芳烃的加氢催化剂：贵金属催化剂和非贵金属催化剂，将重芳烃有效转化为高辛烷值汽油或轻质芳烃原料，还可以副产优质轻质烯烃原料。该技术的特点如下：

（1）研发出了能将劣质催化裂化柴油转化为优质轻芳烃产品的重芳烃轻质化工艺。

工艺流程简单，采用中压固定床工艺，操作条件缓和，可以在低压下实现较高转化率。可实现高选择性低压加氢：多环芳烃转化率≥90%，液相芳含量较高，操作条件较缓和；综合氢耗低；可控制芳烃加氢深度；可选择两种催化剂体系，依据上下游市场灵活调控产品收率和品质。

（2）研发出了具有高单程转化率的选择性加氢饱和稠环芳烃的催化剂，拥有较高的芳烃利用效率。

贵金属催化剂体系液相产物收率相对较高，但液相产物芳烃纯度略低，操作压力、温度、氢耗要略低于非贵金属催化剂体系，既可生产高辛烷值汽油又可生产轻质芳烃。

和贵金属催化剂体系相比，非贵金属体催化剂体系具有产物芳烃纯度高的优点，其液化气产物更加适合作为烯烃装置原料配套下游装置，液相产物虽然收率相对贵金属催化剂低，但其芳烃纯度较高，可直接生产 BTX 及芳烃原料。两种催化剂性能指标对比见表 3-35。

表 3-35　两种催化剂性能指标对比

项　目	贵金属催化剂	非贵金属催化剂
单程转化率,%	94	99.8
干气收率,%	2.6	4.8
液化气收率,%	16.8	35.95
丙烷在液化气中含量,%	29.34	51
液相产物收率,%	80.6	59.25
芳烃产品在液相中含量,%	71.59	88.70
BTX 在芳烃中含量,%	51.84	79.15

（3）开发出了适用于重芳烃轻质化反应器的新型卷吸型分布器，可以在较小的压力损失下获得较高的分配性能，可使轻质化反应在催化剂表面充分进行。

按照轻质化反应器的进料温度压力、物料特性和进料流型，判断轻质化反应器为滴流床反应器。而气液分配器是滴流床加氢反应器中的重要内构件，确保了液体能够均匀分布到整个反应器截面当中，从而保障填装的催化剂颗粒能够均匀地接触到反应物并达到设计要求的反应性能，避免由于进料偏流导致的催化剂局部过热、局部孔道结焦堵塞情况发生。

按照气液接触机理不同，目前的气液分配器可分为卷吸型、溢流型和混合型。三种类型的分配器适用于不同的工况和体系，各自的气液分配能力、操作弹性、压降等性能指标都有所不同。

中国石油中国昆仑工程有限公司联合中科院过程所针对轻质化反应，通过考察结构(降液管直径、扩张段、扩张角度、碎液板)、操作条件(气液比、气液负荷)及不同集液间距对进料分布的影响，提出了一种新型卷吸型气液分配器。新型卷吸型气液分配器是一种耦合了新型文丘里溢流型分配器和常规卷吸式气液分配器(UO 型)结构特征的新型卷吸型泡罩分配器，降液管和扩张段改用具有扩—缩结构的文丘里管。

根据图 3-30 不同条件下出口液体液位分布对比和图 3-31 压降和不均匀度(CV)对比，可以总结出如下规律：

影响新型卷吸型气液分配器的液体分配均匀度的因素按照重要度排序为：降液管直径 ϕ>扩张段>气液负荷>集液间距(空腔高)>扩张段角度>碎液板>气液比。影响压降因素按照重要度排序为：主体直径 ϕ≈气液负荷>气液比>扩张段>碎液板≈扩张角度。

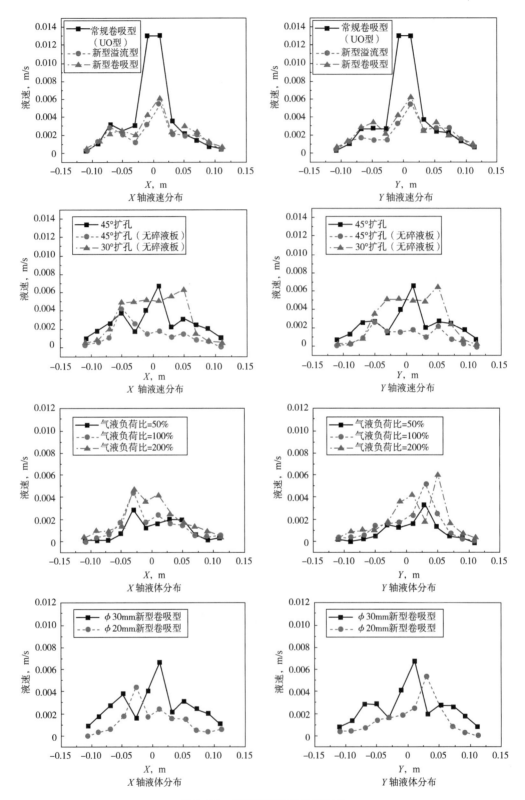

图 3-30　出口液体液位分布对比

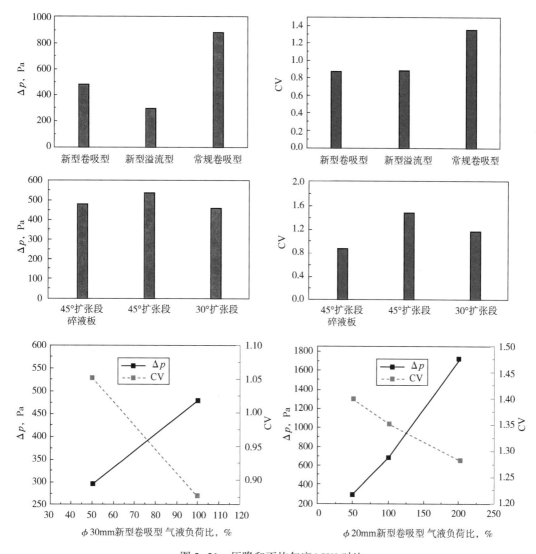

图 3-31 压降和不均匀度(CV)对比

气液比和气液负荷的增大都会增大气液分配均匀度(CV)和液体喷淋面积，且都会显著提升压降。当选用降液管直径在 30~43mm 设计范围内的分配器时，气液负荷对 CV 的影响显著；当选用降液管主体不在设计范围内的分配器时，气液负荷对 CV 的影响较弱。

降液管直径 ϕ：当偏离 30~43mm 的设计范围时，新型卷吸型分配器的气液分配规律会发生显著变化。具体影响为液体喷淋面积显著缩小，液体分布区域由中心圆形分布转为外围的 4 个周期性圆形分布，气液分配均匀度下降，压降上升。

结果表明，轻质化反应器采用新型卷吸型分配器可以在更小的压力损失下提供更佳的分配性能，形成较广泛的喷淋面积，并一定程度上缓解了 UO 型分配器的中心汇聚问题。

3. 工艺技术简介

1) 工艺流程

重芳烃轻质化工艺是将重芳烃原料通过加氢轻质化反应获得高含量芳烃汽油产品或轻

质芳烃产品。轻质化过程副产干气、液化气。该装置分为轻质化反应单元和产物分馏单元。其工艺流程示意图如图3-32所示。

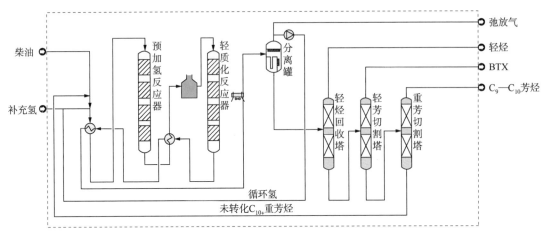

图3-32 重芳烃轻质化流程示意图

依据产品需求，若需要较高的液化产物收率，需要增产芳烃原料或高辛烷值汽油时，可采用贵金属催化剂作为轻质化主反应器填装催化剂；若需要补充烯烃原料及增产芳烃原料，则副产高丙烷含量液化气的非贵金属催化剂作为轻质化主反应器填装催化剂较为合适。根据不同产品要求采用不同催化剂，工艺流程上会有所不同，特别是产物分馏单元的流程。

重芳烃原料与来自脱重塔塔底的循环油混合后进入反应进料缓冲罐，油相经反应进料泵加压后与循环氢汇合，汇合后的气液混合物经过原料/反应产物换热器升温后，在满足主反应器反应温压条件下进入预反应器预加氢。预反应出料进入反应中间换热器升温后，再经过反应进料加热器升温后进入反应器，在满足反应温度、压力条件下进入轻质化反应器发生轻质化反应，反应器出口的轻质化产物作为反应中间换热器、原料/反应产物换热器热源分别加热两个反应器进料，而冷却后的反应产物再经过反应产物冷却器冷却后进入分离罐进行分离，气相经过循环氢压缩机加压后与补充氢混合返回原料汇合点循环使用。分离罐中油相送去下游产物分馏单元，气体排火炬。

采用不同催化剂，轻质化反应单元流程基本不变，但反应条件不同，不同催化剂对应的操作条件见表3-36。

表3-36 反应器操作条件

项 目	预反应器	主反应器	
		非贵金属催化剂	贵金属催化剂
压力，MPa	5	5	4
反应温度，℃	110~175	380~420	300~385
质量空速，h^{-1}	2.5	1.5	0.8~1.5
氢油体积比	800~1200	800~1200	800~1200
化学氢耗，%	1.58~1.62	2.6	3

来自轻质化反应单元的油相产物进入产物分馏单元，产物分流单元需要根据产品需求来设置产品分馏所需的塔器。

如采用贵金属催化剂，以增产芳烃原料或高辛烷值汽油为目的，则产物分馏单元需要设置轻烃回收塔和重芳烃切割塔，即来自轻质化反应单元的油相产物先送入轻烃回收塔脱轻烃，轻烃回收塔塔釜液送入重芳烃切割塔，塔顶产出高辛烷值汽油，塔釜重芳烃送去反应进料缓冲罐作为反应循环油循环使用。如果需要进一步分离 BTX，则需要在轻烃回收塔与重芳烃切割塔间增加轻芳烃切割塔，塔顶分离出产品 BTX。

如采用非贵金属催化剂，以增产芳烃原料或补充烯烃原料为目的，则产物分馏单元需要设置轻烃回收塔和重芳烃切割塔，即来自轻质化反应单元的油相产物先送入轻烃回收塔脱轻烃，轻烃产物中含有相对较多的干气和液化气可作为烯烃原料，轻烃回收塔塔釜液则送入重芳烃切割塔，塔顶产出 C_9—C_{10} 芳烃，塔釜重芳烃送去反应进料缓冲罐作为反应循环油循环使用。如果需要进一步分离 BTX，则需要在轻烃回收塔与重芳烃切割塔间增加轻芳烃切割塔，塔顶分离出产品 BTX。

2）关键指标及技术水平

重芳烃轻质化催化剂的主要指标见表 3-37。

表 3-37　预加氢催化剂及轻质化催化剂规格

项　目	预反应	主反应贵金属	主反应非贵金属
催化剂尺寸(当量值)，mm×mm	$\phi1.2×0.7$，三叶草	$\phi1.2×0.7$，三叶草	$\phi1.2×0.7$，三叶草
堆密度，g/mL	0.50~0.60	0.60~0.65	0.60~0.65
压碎强度，N/cm	120~150	120~150	120~150
比表面积，m²/g	340~360	400-500	400-500
起活温度，℃	110	300	330
活性金属	Pt-Ni	Pt-Pd	Ni-Mo

重芳烃轻质化原料以催化裂化柴油经过上游精制脱硫、吸附分离预处理后的典型重芳烃为例：重芳烃原料规格见表 3-38，原料送入轻质化装置，经过两步轻质化反应可以得到干气、液化气和液相产物，依据主反应器催化剂的不同，采用贵金属催化剂和非贵金属催化剂，最终得到的反应产物见表 3-39 和表 3-40。

表 3-38　典型重芳烃常压蒸馏与质谱组成数据

项　目		数　值
重芳烃性质	密度(20℃)，g/cm³	0.976
	S 含量，μg/g	5
	N 含量，μg/g	2

项 目		数 值
色质组成,%	链烷烃	1.2
	单环环烷烃	2.1
	双环环烷烃	1.7
	三环环烷烃	0.1
	总环烷烃	3.9
	总饱和烃	5.1
	单环芳烃	71.5
	双环芳烃	21.8
	三环芳烃	1.9
	总芳烃	95.2
	总计	100
馏程(模拟蒸馏),℃	5%	185.3
	10%	210.5
	20%	230.1
	30%	242.5
	40%	256.5
	50%	263.4
	60%	283.6
	70%	302.4
	80%	322.4
	95%	363.5
	99.5%	381.5

表 3-39 采用贵金属催化剂的轻质化反应产物指标

项 目		数 值
原料组成,%	重芳烃	100
	氢气	2.6
产物组成,%	干气	6.1
	液化气	9.5
	轻石脑油	14.9
	富芳馏分	68
	外甩重芳烃	4.1
轻质化产品密度(20℃), g/cm³		0.829
轻质化产品研究法辛烷值		>103
轻质化产品液相组成,%	正构烷烃	3.64
	异构烷烃	13.41
	环烷烃	6.52
	芳烃	76.43

表 3-40　采用非贵金属催化剂的轻质化反应产物指标

项　目		数　值	纯度,%
原料组成,%	重芳烃	100	
	氢气	3	
产物组成,%	干气	9	—
	液化气	30.2	—
	轻石脑油	8.6	—
	苯	2.5	90
	甲苯	13	98.2
	C_8 芳烃	20.9	99.4
	C_9 芳烃	13.7	99.9
	C_{10} 芳烃	3.3	100
	C_{11+} 芳烃	1.8	—
轻质化产品密度(20℃), g/cm³		0.841	
干气组成,%	甲烷	2	
	乙烷	6.9	
液化气组成,%	丙烷	16.3	
	正丁烷	4.6	
	异丁烷	7.9	
液相组成,%	正构烷烃	2.2	
	异构烷烃	4.3	
	环烷烃	2.3	
	芳烃	53.5	

从表 3-39 和表 3-40 可以看出,若需要较高的液化产物收率,增产芳烃原料或高辛烷值汽油时,可采用贵金属催化剂作为轻质化主反应器填装催化剂;若需要补充烯烃原料及增产芳烃原料,则以能够副产高丙烷含量液化气的非贵金属催化剂作为轻质化主反应器填装催化剂较为合适。两种催化剂可适应不同的下游装置和产品需求,这使得轻质化装置更具灵活性和适应性。

4. 工业应用

中国石油中国昆仑工程有限公司与中海油天津化工研究设计院有限公司联合开发的重芳烃轻质化千吨级中试装置建于中海油舟山石化有限公司(以下简称舟山石化),包括反应系统和气液分离系统(包括新氢压缩机、循环氢压缩机部分)。原料为舟山石化 C_{10+} 重芳烃,主要产品为高附加值的轻质芳烃等,产品均送至舟山石化相应系统处理。

该装置于 2020 年 9 月 16 日顺利通过舟山石化专家组完工验收,实现高标准中间交接。2020 年 9 月 21 日开工投料成功,次日产出合格产品,装置进入正常生产阶段。2020 年 12 月 23 日完成标定,标定期间,各产品质量控制稳定,催化剂整体性能达到验收指标要求。气相产品以液化气为主,可直接外售或用于乙烯装置进料;液相产品以 C_5—C_9 烃类为主,

其中 C_8—C_9 芳烃约占液相产物的 45%，可用于汽油调和组分或经芳烃抽提生产低碳芳烃。标定结果见表 3-41。

表 3-41　舟山装置标定结果

项　　目	预反应器	主反应器
压力，MPa	5	4
反应温度(进口/出口)，℃	145(进口)/175(出口)	347(进口)/391(出口)
质量空速，h^{-1}	1.9	1.2
氢油体积比	1150	1150
氢耗，%	2.8	
干气，%	4.44	
液化气，%	13.28	
C_5—C_9，%	61.84	
C_{10}，%	11.59	
C_{10+}，%	12.78	
烯烃脱除率，%	94	—
稠环芳烃脱除率，%	53.1	—
C_{10+}芳烃转化率，%	—	87.3
C_{9+}芳烃转化率，%	—	75.1
液收率，%	—	86.09
液相中芳烃含量，%	—	85.17

反应器采用的催化剂，要求氢油比在 800~1200、质量空速在 0.8~1.5h^{-1}、轻质化反应器入口温度在 340~400℃、床层温升在 35~55℃前提下，将预加氢重芳烃原料选择性加氢开环，生产低碳芳烃或高辛烷值汽油。装置最终标定结果表明，催化剂装填及装置开工过程中控制较好，催化剂强度能满足工艺要求。

第六节　四甲苯异构化技术

均四甲苯，又名 1,2,4,5-四甲苯或杜烯，是一种重要的精细化工原料，主要用于生产均苯四甲酸二酐(1,2,4,5-苯四甲酸二酐或均酐，PMDA)。均苯四甲酸二酐是合成聚酰亚胺(PI)的重要原料，聚酰亚胺被认为是综合性能最佳的有机高分子材料之一，耐温达400℃以上，长期使用温度范围-200~300℃，无明显熔点，具有高绝缘性能。聚酰亚胺作为一种特种工程材料，已广泛应用在航空、航天、微电子、纳米、液晶、分离膜、激光等领域。聚酰亚胺的卓越性能使其市场用量逐渐扩大，均四甲苯作为其主要生产的主要原料，需求量也与日俱增。

一、国内外技术进展

国内外的研究人员对均四甲苯的制备技术进行了探索研究，开发出诸多不同的工艺路线，针对异构化技术的应用，本章主要介绍异构化增产均四甲苯的技术现状，由于 C_{10} 重芳烃中均四甲苯含量较低，而偏四甲苯的含量为 7.9%~12.9%。为了提高均四甲苯产量，对富集四甲苯馏分冷冻结晶后分离出来的含有大量偏四甲苯的母液，可经蒸馏提浓后进行异构化，生产均四甲苯。

四甲苯异构化催化剂主要有镍、铬、铝交联蒙脱土催化剂、弗利德—克拉夫茨（Friedel—Crafts）催化剂、丝光沸石型催化剂、氢氟酸和三氟化硼催化剂、Hβ 分子筛-γ-Al_2O_3 催化剂。该方法分为液相异构和气相异构两种，其中液相异构中试数据产物含量约为19.6%。德国的瓦尔特—乌布希利化工厂开发了气相法技术，该技术以偏四甲苯为原料（含量≥89%），采用丝光沸石（Mordenite）型催化剂，反应温度 200℃，反应压力 2.45MPa，单程转化率在 29%~26% 之间[47-48]。

美国某专利采用富集四甲苯馏分，冷却结晶，过滤脱除母液后得到均四甲苯晶体，再气化经过装有硅酸铝催化剂的反应器进行异构化反应。异构化产物分馏脱除高沸点组分后冷却结晶。二段母液汽化进入异构化反应器，异构化产物继续进行分馏和结晶。最终母液循环 4 次，均四甲苯增产 71%[49]。

李慧民等研制出一种双组分固体酸催化剂，为了抑制副反应，使异构化反应充分地进行，向该反应中加入 20% 的偏三甲苯，可以得到较高收率的均四甲苯。实验结果显示：偏连四甲苯单程转化率为 67.20%，均四甲苯的选择性和收率分别为 44.00% 和 30.94%[50]。

中国石化天津分公司研究院采用 Hβ 分子筛为活性组分制备的非临氢异构化催化剂，在反应温度 200~350℃，压力 0.5~3.0MPa，质量空速 0.8~10.0h^{-1} 条件下，均四甲苯在四甲苯产物中含量达 40%~45%[51]。

二、工艺原理

烷基芳烃异构化反应有三种类型[52]：第一类为位置迁移异构化，即烷基侧链在苯环上位置的迁移，碳八异构化为即属于此类型。第二类为分子内歧化异构化，它因苯环周围烷基侧链的歧化而使烷基侧链数目发生变化，如乙苯异构化生成二甲苯。第三类是芳烃侧链骨架异构化，它是指烷基侧链本身进行异构化，从分子总体来说属于烷基碳骨架重新排列，如正丙苯异构化为异丙苯，这类反应一般均需在较高温度下才能进行。

偏四甲苯和连四甲苯异构化为均四甲苯属于位置迁移异构化，即烷基侧链在苯环位置上的迁移，四甲苯异构化反应属于酸催化机理，借鉴经典的碳八异构化原理，可认为是经过烷基转移的中间阶段而进行的，四甲苯异构化在反应过程中有可能形成了二苯基甲烷类的中间产物，当以偏四甲苯为原料时，可生成各种三甲苯异构体中间产物，如图 3-33 所示。

而当以连四甲苯为原料时，则仅可生成 1,2,3-三甲苯和 1,2,4-三甲苯中间产物，如图 3-34 所示。

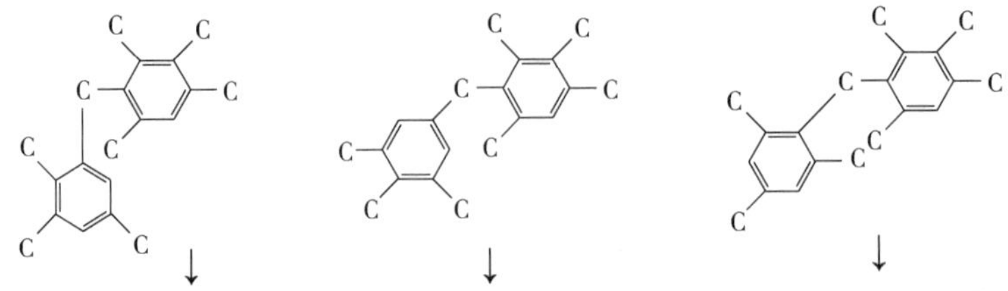

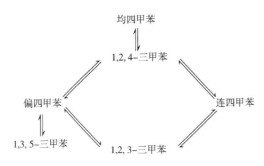

1,2,4-三甲苯十五甲苯　　　1,2,3-三甲苯十五甲苯　　　1,3,5-三甲苯十五甲苯

图 3-33　以偏四甲苯为原料异构化生产的中间产物

1,2,4-三甲苯十五甲苯　　　　1,2,3-三甲苯十五甲苯

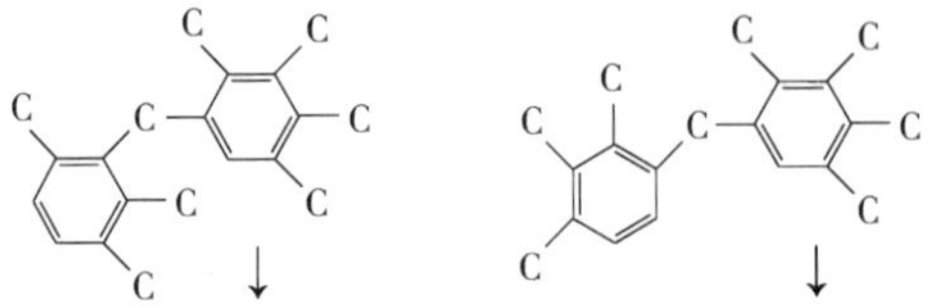

图 3-34　以连四甲苯为原料异构化生产的中间产物

均四甲苯只能生成 1,2,4-三甲苯。考虑到上述约束条件，异构化反应机理如图 3-35 所示。

图 3-35　四甲苯异构化机理

在固体酸催化剂作用下，四甲苯与固体酸催化剂释放出的质子相互作用形成 σ-络合物。由于 σ-络合物各异构体之间的稳定性不同，在一定的反应条件下就会发生相互转化，进而得到平衡态的四甲苯热力学组成[52]。四甲苯热力学平衡组成见表 3-42。

表 3-42　四甲苯异构化热力学平衡组成

组　　分	300℃	350℃	400℃
均四甲苯，%	34.5	33.3	32.3
偏四甲苯，%	50.8	50.9	51
连四甲苯，%	14.7	15.8	16.7

三、中国石油四甲苯异构化催化剂

四甲苯异构化催化剂应开发适合重芳烃转化的分子筛材料，兼顾高转化率和高收率，提高催化剂的稳定性，作为重芳烃的高附加值利用方式，具有较好的市场前景。

1. 催化剂

中国石油依托开发碳八芳烃异构化催化剂的经验，通过分子筛酸性修饰技术、金属负载改性技术、双功能活性中心匹配技术等深入研究，开发了四甲苯异构化催化剂，完成催化剂的模试阶段工艺条件考察及寿命评价研究，开发具有工业可行性的反应工艺，具备工业应用基础条件。中国石油开发的四甲苯异构化技术的核心是异构化催化剂，其特点是反应温度低（240~260℃）、四甲苯收率高（大于99.0%）、均四甲苯含量高（产物中均四甲苯含量大于20%）。

四甲苯异构化催化剂的性能受反应温度、压力、空速等条件影响，通过研究催化剂性能与工艺条件变化的规律关系（图3-36），有利于优化生产操作，降低能耗物耗。

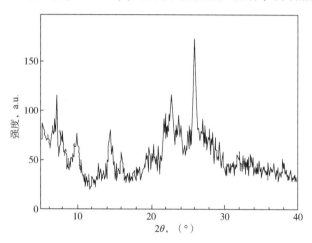

图3-36　X射线衍射仪测试催化剂材料

1）工艺条件对催化剂的影响

（1）质量空速的影响。

质量空速是影响四甲苯异构化催化剂的重要指标，从表3-43可以看出，随着质量空速的提高，均四甲苯含量和异构化率小幅降低，四甲苯收率升高，总收率基本不变。可以看出，催化剂对质量空速适应性较强，可以在2~3h⁻¹的范围内灵活调整。

表3-43　不同质量空速下的反应性能

温度，℃	质量空速，h^{-1}	四甲苯收率，%	均四甲苯含量，%	总收率，%	异构化率，%
252.00	2.00	96.12	23.11	98.94	38.97
252.00	2.50	97.95	22.94	99.62	37.96
257.00	2.50	97.32	23.04	98.89	38.37
257.00	3.00	97.87	22.82	99.61	37.79

（2）压力的影响。

随着压力的降低，四甲苯收率小幅度提高，均四甲苯含量则变化不大，异构化率变化不大（表3-44）。但较低的压力会造成催化剂的积炭增加，影响催化剂的寿命。从前期小试条件实验来看，压力不宜低于1.6MPa。

表3-44　不同压力条件下的反应性能

压力，MPa	温度，℃	质量空速，h^{-1}	四甲苯收率，%	均四甲苯含量，%	总收率，%	异构化率，%
2.5	262.00	3.00	97.35	22.83	99.90	38.01
2.0	262.00	3.00	97.54	23.13	99.83	38.43
1.6	262.00	3.00	98.16	23.11	99.9	38.16

（3）温度的影响。

四甲苯异构化反应过程相当复杂，并伴随歧化等副反应。温度对偏四甲苯、连四甲苯的转化率影响较为明显，当空速、反应压力一定时，反应温度决定了产物中偏四甲苯、均四甲苯的平衡浓度。随温度的升高，可以提高均四甲苯的含量和异构化率，总收率变化不大，四甲苯收率略有降低（表3-45）。总体来看，提高温度有助于增加均四甲苯含量，但较高的温度会增加副反应，降低产物收率。

表3-45　不同温度条件下的反应性能

温度，℃	质量空速，h^{-1}	四甲苯收率，%	产物中均四甲苯含量，%	总收率，%	异构化率，%
242.00	2.00	97.08	22.54	98.65	37.64
252.00	2.00	96.12	23.11	98.94	38.97
252.00	2.50	97.95	22.94	99.62	37.96
257.00	2.50	97.32	23.04	98.89	38.37
257.00	3.00	97.87	22.82	99.61	37.79
262.00	3.00	97.35	22.83	99.90	38.01

2）原料对催化剂的影响

原料中均四甲苯、偏四甲苯、连四甲苯含量对反应影响较大，理论上原料中均四甲苯含量越低，偏四甲苯、连四甲苯含量越高，越有利于均四甲苯的生成，在温度242℃、质量空速$2h^{-1}$、压力2.5MPa条件下对比了不同原料的反应后产物组成（表3-46），可以看出，偏四甲苯含量较低时，对四甲苯收率影响不大，但明显影响产物中均四甲苯含量，也不利于异构化反应的进行，因此在原料的指标上应加以控制。

表3-46　不同原料条件下的反应性能

原料			四甲苯收率，%	产物中均四甲苯含量，%	总收率，%	异构化率，%
均四甲苯，%	偏四甲苯，%	连四甲苯，%				
12.13	27.234	12.139	97.57	17.59	97.87	36.05
14.35	34.743	12.609	97.08	22.54	98.65	37.64

四甲苯异构化流程设计如图3-37所示，主要包括"四甲苯分离液邻氢异构化""产物脱色""氢气回收"三个主体单元，首先以四甲苯结晶分离液为原料进行异构化，异构化产物经过常压蒸馏脱色后进入现有装置结晶分离均四甲苯，分离液回到异构化单元重新进行循环异构化，加氢尾气排放气体至回收单元，压缩循环利用。

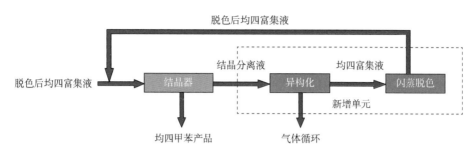

图 3-37 四甲苯异构化流程示意图

2. 技术特点

（1）优化形成催化剂合成技术方案，催化剂活性和产物收率高，寿命稳定性好，具有更广泛的原料适应性，可满足装置长周期运行要求，具备工业应用条件。

（2）形成低温临氢异构化增产均四甲苯技术，具有加氢压力温和、氢气消耗少、反应温度低等特点，与现有流程契合度高。

采用分离—异构化生产均四甲苯工艺流程简单，技术成熟，适合有稳定原料来源的企业进行生产。同时，随着国内重整装置处理能力不断扩大，重芳烃产能也随之不断增加，而大量重芳烃用来调和油品或作为燃料油烧掉，缺乏高附加值利用。低温临氢异构化增产均四甲苯的新技术，具有加氢压力温和、氢气消耗少、反应温度低等特点，与现有流程契合度高；催化剂稳定性好，历经长周期寿命评价仍保持较高的催化剂活性和产物收率，可满足装置长周期运行要求。

第七节 技术展望

芳烃转化技术多样化的发展为芳烃生产开辟了一条原料多元化、工艺适应性强、芳烃资源的柔性化利用、低成本芳烃增产技术途径，芳烃转化技术的未来发展方向主要有：

一是通过催化剂技术的升级，进一步提高原料转化率、目的产品的选择性、降低原料损失，满足市场对芳烃产品产量及品种的需求，进一步降低生产成本，达到提升装置效益的目的。

二是利用芳烃转化技术，开发组合技术，满足企业个性化的需求，提高企业资源利用率，增强市场竞争力。例如：利用苯及重芳烃烷基转移、甲苯择形歧化的两种转化技术，进一步开发歧化反应的组合生产专有技术，通过增加甲基的转化利用、提高吸附进料的 PX 浓度，在不改变原有芳烃装置总体加工流程的情况下，为增产 PX 提供技术解决方案。

三是通过反应工程的优化，实现新老技术的耦合，达到生产成本的降低和原料多样化、产品结构灵活的目的。例如：通过苯甲醇甲基化、甲苯甲醇甲基化技术，利用煤化工丰富的下游产品甲醇资源，促成煤化工和石油化工的结合，提高了煤化工甲醇的高附加值利用；通过重芳烃轻质化技术，高效利用重芳烃资源，为芳烃生产提供低成本的原料供应；与芳烃分离技术耦合优化，发挥芳烃转化技术的产品分布优势，进一步形成具有成本、技术优势的新型芳烃生产技术，在实现提升经济效益的同时，推动企业产业结构调整与转型升级。

参 考 文 献

[1] Dias, J A, Rangel M C, Dias S C L, et al. Benzenetransalkylation with C9+aromatics over supported 12-tungstophosphoric acid on silica catalysts[J]. Applied Catalysis A：General, 2007, 2(328)：189-194.

[2] Krawczyk M A. Low space-velocity transalkylation processfor ethvlbenzene：US20060149105A1[P]. 2006-07-06.

[3] 官调生，冷家厂，郭宏利，等. 苯和碳九芳烃烷基转移催化剂的工业侧线试验[J]. 化学反应工程与工艺，2009，25(3)：271-275.

[4] 李克朴，魏劲松，王月梅，等，. BAT-100苯和碳九芳烃烷基转移催化剂的工业应用[J]. 石油化工技术与经济，2012，28(6)：26-29.

[5] 李凤生．鲍永忠 王博，等. 苯与重芳烃烷基转移 BHAT-01 催化剂的工业应用[J]. 石油化工，2015，44(2)：1506-1511.

[6] 黄集钺，鲍永忠，王博，等. 新型苯与重芳烃烷基转移催化剂工艺条件的研究[J]. 石油化工，2015(1)：42-46.

[7] 赵仁殿. 芳烃工学[M]. 北京：化学工业出版社，2001.

[8] 于深波. SD-O1甲苯择形歧化催化剂的工业应用[J] 天津化工，2006，11(3)：832-836.

[9] 董骞，李华英，李为，等. 新型甲苯择形歧化催化剂工艺条件优化[J]化学反应工程与工艺，2010(2)：47-50.

[10] 戴厚良. 芳烃技术[M]. 北京：中国石化出版社，2014.

[11] 于涛，王宗霜，杨德琴. 苯烷基转移与烷基化制二甲苯技术进展[J]. 石油化工技术与经济，2019，35(5)：29-33.

[12] 谢在库. 新结构高性能多孔催化材料[M]. 北京：中国石化出版社，2010.

[13] 朱志荣，谢在库，陈庆龄，等. ZSM-5表面酸性的CLD改性及其对择形催化性能的影响[J]. 分子催化，2007，21(1)：79-81

[14] 赵仁殿. 芳烃工学[M]. 北京：化学工业出版社，2001.

[15] 赵奎，蔡义良，刘宏鑫. I-350型 C_8 芳烃异构化催化剂工业应用[J]. 炼油技术与工程，2014，4(11)：37-39

[16] 吕洁. C_8 芳烃异构化催化剂的应用进展[J]. 炼油与化工，2016，27(6)：1-3.

[17] Mobil Oil Corporation. Dual-Loop Xylene Isomerization Process：US5977420[P]. 1999-11-02

[18] Mobil Oil Corporation. Xylene Isomerization：US6028238[P]. 2000-02-22.

[19] 王建伟，柱寿喜，景振华. 二甲苯异构化催化剂的研究进展[J]. 化工进展，2004，23(3)：244-247.

[20] 刘中勋，顾昊辉，梁战桥，等. 中国石油化工股份有限公司，中国石油化工股份有限公司石油化工科学研究院. 一种烷基芳烃异构化催化剂及使用方法：CN1887423 A[P]. 2007-01-03.

[21] 梁战桥，等. C_8 芳烃异构化催化剂在大型装置上的工业应用[J]. 石油化工，2013，42(1)：73-76.

[22] 桂鹏，等. 二甲苯异构化催化剂及催化技术研究进展[J]. 精细石油化工进展，2009，10(8)：31-35.

[23] 桂鹏，等. 新型 C_8 芳烃异构化催化剂Ⅱ. 工艺条件的研究[J]. 石油化工，2009，38(5)：493-496.

[24] 娄阳，程光剑，王忠启，等. 硅—金属氧化物改性 ZSM-5分子筛对碳八芳烃异构化性能的影响[J]. 石化技术与应用，2020，38(2)：105-107.

[25] 徐承恩. 催化重整工艺与工程[M]. 北京：中国石化出版社，2006.

[26] 付朋. 苯与甲醇烷基化制甲苯、二甲苯催化剂的研究[D]. 上海：华东理工大学，2010.

[27] 李燕燕. 苯、甲醇烷基化催化剂的研究[D]. 上海：华东理工大学，2011.

［28］陆璐 . ZSM-5 分子筛催化苯、甲醇烷基化反应的研究［D］. 上海：华东理工大学，2012.

［29］胡慧敏 . ZSM-5 系列分子筛催化剂上苯与甲醇的烷基化反应研究［D］. 长沙：湖南师范大学，2007.

［30］刘全昌 . 改性 ZSM-5 和 MCM-49 分子筛上苯与甲醇烷基化研究［D］. 北京：北京化工大学，2013.

［31］赵博 . 改性纳米 HZSM-5 催化剂上苯和甲醇的烷基化［D］. 大连：大连理工大学，2013.

［32］Yashima T，Ahmad H，Yamazaki K，et al. Alkylation on synthetic zeolites：alkylation of toluene with metha-nol［J］. Journal of Catalysis，1970，16(3)：273-280.

［33］mingtmingBrown S H，Mathias M F，Ware R A，et al. Selective para-xylene production by toluene methyla-tion：US6504072［P］. 2003-01-07.

［34］孔德金，邹薇，夏建超，等 . 用于生产对位烷基化芳烃的方法：CN102464559［P］. 2012-05-23.

［35］Sugi Y，Kubata K，et al. Shape selective alkylation and related reactions of mononuele aromatic hydrocarbons over H-ZSM-5 zeolites modified with lanthanum and cerium oxides［J］. Applied Catalyssi A：General，2006，299(1)：157-166.

［36］Peng C，Huang X，Liu T，et al. Improve diesel quality through advanced hydroprocessing［J］. Hydrocarbon Processing，2012，91(2)：65-67.

［37］Vasant P T，James F M，Suheil F A，et al. LCO upgrading：a novel approach for greater added value and improved returns［C］. San Francisco：NPRA Annual Meeting，2005.

［38］王德会，许新刚，刘瑞萍，等 . 生产高附加值产品的 LCO 加氢新技术［J］. 炼油技术与工程，2014，44(7)：11-14.

［39］鲁旭，赵秦峰，兰玲 . 催化裂化轻循环油(LCO)加氢处理多产高辛烷值汽油技术研究进展［J］. 化工进展，2017，36(1)：115-116.

［40］史权，张霖宙，赵锁奇，等 . 炼化分子管理技术：概念与理论基础［J］. 石油科学通报，2016，1(2)：270-278.

［41］徐春明，张霖宙，史权 . 石油炼化分子管理基础［M］. 北京：科学出版社，2019.

［42］吴青 . 石油分子工程［M］. 北京：化学工业出版社，2020.

［43］南军，于海斌，臧甲忠，等 . 一种由催化裂化柴油生产轻质芳烃及清洁燃料油品的方法：CN10386557B［P］. 2015-5-27.

［44］于海斌，臧甲忠，范景新，等 . 一种由加氢柴油最大化生产轻质芳烃的组合工艺方法：CN107189816B［P］. 2018-10-2.

［45］刘航，臧甲忠，范景新，等 . 重芳烃轻质化催化剂 $n(Ni)/n(Ni+Mo)$ 的优化与分析［J］. 无机盐工业，2021，53(12)：140-145.

［46］马明超，臧甲忠，于海斌，等 . 金属改性对多环芳烃选择性开环 Pt/Beta 催化剂性能的影响［J］. 化工进展，2021，1(2)：23-29.

［47］殷丽娜 . 沸石分子筛上四甲苯异构化反应的研究［D］. 哈尔滨：黑龙江大学，2010.

［48］Becker，Karl，Jauch，Ruth，Karl-Klaus，Ramhold，Dr. Dipl-Chem. Verfahren mr Isomerisierung von Tet-ramethylbenzolen. DL(east)，137704. 1979-09-19.

［49］Scott J W，Luthy R v. Production of durene from fractions containing polyalkyl benzenes having 9 to 10 Carbon atoms per molecule：US2910514［P］. 1959-10-27.

［50］李慧民，叶照坚，张国华，等 . 偏四甲苯液相异构化制均四甲苯［J］. 化学与粘合，1992(2)：72-76.

［51］齐彦伟，符强，李洁，等 . 四甲苯异构化制均四甲苯催化剂的制备方法：CN01103144.1［P］. 2001-02-27.

［52］徐翠竹 . 均四甲苯生产工艺研究［D］. 天津：天津大学，2003.

第四章 芳烃分离技术

芳烃分离过程是生产芳烃的关键步骤，主要包括芳烃与非芳烃组分的分离、不同芳烃组分的分离及 C_8 芳烃异构体之间的分离，采用的主要技术有精馏、抽提、吸附及结晶等分离技术[1]。芳烃分离主要的作用是富集芳烃生产原料和获得芳烃单体产品，如采用芳烃抽提技术从 C_6—C_7 馏分中分离出芳烃组分和非芳烃组分，采用吸附分离或结晶分离的方法从混合二甲苯中分离出对二甲苯(PX)产品。

我国芳烃和烯烃长期面临着原料来源单一、优质原料不足的问题，中国石油开发独具特色的柴油吸附分离技术，利用"分子管理"理念，将直馏柴油、催化柴油、焦化柴油、DCC 柴油等各种柴油资源，采用模拟移动床吸附分离技术，分质为优质的芳烃组分和非芳组分，芳烃组分可用来作为轻芳烃生产原料，非芳烃组分则是优质的乙烯裂解原料，该分离技术为我国芳烃原料开辟了新的资源库，化解了炼化企业柴油产量过剩与芳烃来源受限的矛盾。

PX 吸附分离及结晶技术是芳烃联合装置获取 PX 的主要方式，吸附分离法具有单程收率高的优点，但工艺、设备相对复杂，需要使用价格较高的分子筛吸附剂；结晶分离法工艺相对简单，容易获得很高纯度的产品，但 PX 单程回收率偏低，需要进行低温制冷结晶，且制冷能耗随着原料中 PX 含量的降低而显著上升。中国石油以 PX 浓度优化管理为目标，开发出 PX 吸附结晶组合分离工艺，充分发挥吸附分离和结晶分离各自特点和优势，具有工艺原料适应范围广、运行成本低的特点。

本章将重点对中国石油柴油吸附分离和 PX 吸附结晶组合分离的技术特点、工艺流程、吸附剂及工业应用效果等方面内容进行阐述。

第一节 柴油馏分芳烃吸附分离技术

目前国内炼油产能总体过剩严重，油品出路不畅。在炼化全行业柴油严重过剩，甚至出现压库、憋库、长期供过于求的状态。面临大量催化柴油、焦化柴油等加工成本高、效益差的劣质柴油需加工处理的现状，炼化一体化总体布局、结构调整和转型升级已成为企业发展的主旋律。柴油的高效加工与高附加值转化，对于结构调整与转型升级的效果至关重要，也已成为制约整个行业可持续健康发展与转型升级的重要因素[2]。

与此同时，芳烃与烯烃作为两大炼化支柱产品，长期以来一直面临着原料来源单一、优质原料不足等固有矛盾。而催化裂化柴油、焦化柴油等富含芳烃资源，直馏柴油(特别是石蜡基)富含饱和链烷烃等优质的烯烃裂解原料，利用柴油吸附分离技术，可实现油品总量大幅消减、油品质量明显提升、产品结构更加优化、柴汽比有效降低、芳烃/烯烃原料供应能力显著增强，油品/化工品比例调节更为灵活的总体目标，助力国内炼化企业从产能过剩产业向优势发展产业的过渡和转型。

柴油吸附分离技术是利用柴油馏分中芳烃与非芳烃在特定吸附剂上极性差异实现不同组分之间的分离，是一个单纯的物理过程，与 PX 吸附分离技术类似，当液固两相接触时，与吸附剂结合力较强的组分从流动相中被吸附转移至吸附相中，实现与其余组分之间分离，然后再选用适当的解吸剂将被吸附组分从吸附剂中解吸出来，获得抽出液和抽余液。精馏抽出液和抽余液，分离出解吸剂和目的产品，解吸剂循环使用[3]。

柴油吸附分离技术可对各类柴油进行"分子层面分类与归集"，针对不同组分特性分别选取高值化利用途径，以最小化投资增产高附加值产品。

一、国内外技术进展

目前吸附分离工艺在炼化、制药、食品等领域已经成熟运用多年，具有连续生产、稳定性高、过程环保、操控灵活等特征。

吸附分离技术有固定床、移动床及模拟移动床三种方式。其中，固定床吸附分离操作简单，易于实施，属间歇操作，因此处理量少、不易实现自动控制；连续移动床降低了吸附剂的寿命，使生产成本增加，同时固体吸附剂很难实现轴向活塞流动，影响了吸附效率；模拟移动床吸附分离操作具有固定床良好的装填性能和移动床可连续操作的优点，并能保持吸附塔在等温等压下操作，产品纯度和回收率可达到较理想的水平，因此得到了广泛应用。世界上已建的模拟移动床吸附分离装置已有 80 多套，占主导地位的是 PX 分离和正构烷烃分离。

1. PX 吸附分离技术

PX 吸附分离技术主要有美国 UOP 公司的 Parex 技术和法国 Axens 公司的 Eluxyl 技术，中国石化自主开发的 SorPX 成套工艺技术也已成功实现工业化[4]。

中国石化与 UOP 公司联合开发的石脑油吸附分离工艺于 2013 年在中国石化扬子石化公司 120×10⁴t/a 石脑油吸附分离装置上实现工业化。该工艺实现了石脑油中的正异构烷烃分离[5]。

2. 柴油吸附分离技术

柴油吸附分离技术为中国石油中国昆仑工程有限公司（以下简称昆仑工程公司）基于"分子管理"理念开发的油品分质利用技术，采用模拟移动床吸附分离工艺，利用芳烃组分与非芳烃组分在吸附剂上吸附能力的差异实现周期性的吸附与解吸，从而实现汽、柴油馏分中芳烃组分与饱和烃组分的高效分离。柴油吸附分离技术开发的背景主要有以下几个方面：

（1）有效增产芳烃，促进芳烃产业链可持续健康发展。

芳烃下游产品体系作为国民经济的重要组成部分，已经深度融入高端工程塑料、合成纤维的各个方面，是不可或缺的基础原料。近年来随着人们生活水平的提高，市场需求日益旺盛。

随着国内浙江石化、大连恒力石化、江苏盛虹石化等大型芳烃装置的建设推进，大规模的 PX 产能对应原料来源是必须予以重视的问题。事实上，芳烃产业长期以来一直面临着芳烃原料来源单一的困局，而富含芳烃资源的催化裂化柴油、焦化柴油按传统工艺加工成优质柴油难度大，成本高，效益差，而其中丰富的芳烃资源未能有效利用，若全部采用柴油吸附分离技术分质利用后，可增产优质芳烃原料约 3000×10^4 t/a，不仅可完全满足下游芳烃产业未来新增产能对原料的需求，而且无须新增上游炼油产能。

（2）炼化企业由燃料型向化工型转变的发展需要。

随着世界新能源的形势发展，以及页岩气、天然气等其他化石能源的大规模商用，新能源汽车关键技术的逐步突破，可燃冰等新型能源的技术发展，世界用能结构正在发生深刻变化。此外，人们对环境质量需求的日益提升也成为促进能源结构调整的重要因素，油品被部分替代已是必然，国内炼化企业将会逐步进入向化工转型的过渡期。炼化企业急需利用新型技术，大力推进产能过剩产业向优势发展产业的过渡和转型，从而保障炼化企业的长期生存和发展。

（3）炼化企业提质增效，降低柴汽比，消减油品总量的需要。

目前国内炼油能力总体严重过剩，油品出路不畅，油品总量逐步消减，油品质量稳步提升已是大势所趋。作为柴油重要组成部分的催化裂化柴油芳烃含量高（多环芳烃含量约50%），十六烷值低（20~35），属于劣质柴油调和组分，一直以来受限于自身特性及产品需求结构调整，面临着提质升级代价较大、下游通路不畅、难以向化工品转化等诸多难题。目前通常采用加氢改质方式适度提升质量后与优质柴油调和使用，传统加工方法成本高，效益差，制约了产品结构优化调整和经济效益持续提升。绝大多数炼厂均存在如何有效地结合现有二次加工装置，达到加快油品升级步伐、提质增效的现实需求。

柴油吸附分离技术是昆仑工程公司开发的全国首创的油品分质利用技术，将原"宜油"的过剩柴油组分进行归集，针对组分特性分别选取高值化利用途径。柴油吸附分离技术采用低温、低压、非临氢、纯物理分离，在不增加原油一次加工能力的前提下，有效地结合现有二次加工装置，通过调整产业结构、利用产能过剩的柴油等油品资源，增产市场紧缺的芳烃产品，提供优质烯烃原料，打通炼油和化工转化新通道，实现油品向高端化工品转化、油—化弹性调节，真正实现"油化结合，宜芳则芳，宜烯则烯，宜油则油"的分子炼油过程。

2020 年，专利授权的山东滨化滨阳燃化有限公司 40×10^4 t/a 首套工业示范装置顺利投产运行并完成考核标定，标志着柴油吸附分离技术成功实现工业化应用。

二、柴油资源情况

目前我国炼油总产能严重过剩，但炼油产能仍在结构性增长。2019 年全国炼油能力达 8.54×10^8 t/a，平均开工负荷 76%，在满足国内消费和汽、煤、柴出口后，能力过剩约 1.2×10^8 t/a。根据在建和规划项目测算，预计 2020—2025 年全国新增炼油能力约 1.61×10^8 t/a，2025 年总炼油能力达到 10.1×10^8 t/a。按照国内成品油需求预测和出口现状，过剩能力将上升到 2.3×10^8 t/a 左右。

我国柴油消费总体缓慢下降，柴油车用油占比不断上升，但增幅放缓；农业用油和农用车用油总体呈下降趋势，其他行业用油占比较小，基本成持平或稳中有降的趋势。国内柴油消费量由 2006 年的 1.16×10^8 t 增长到 2015 年 1.73×10^8 t（年均增幅6.5%）的峰值，然后震荡下行，2019 年降至 1.46×10^8 t，预计 2025 年降至 1.39×10^8 t，2035 年降至 1.13×10^8 t。2016 年，国内柴油过剩 1429×10^4 t，表观消费量同比下降 5.6%，首次出现负增长；消费柴汽比自 2005 年起逐年回落，降至 2016 年的 1.39；2020 年，柴油总需求量仅为 14020×10⁴t，降幅达 3.59%，持续负增长。

我国柴油产品中一次加工柴油主要为直馏柴油，由原油蒸馏生产过程得到；二次加工柴油主要为催化柴油、焦化柴油，由催化裂化、催化裂解、加氢裂化、延迟焦化等生产过程得到。我国炼厂柴油组成为直馏柴油 59%、催化柴油 30%、焦化柴油及其他 11%[2]。直馏柴油以饱和烃为主，芳烃含量通常不高于 35%，饱和烃组分中链烷烃与环烷烃比例根据原油性质不同(石蜡基、环烷基和中间基)有所差异，芳烃组分中以单环芳烃为主；催化柴油芳烃含量高，通常在 55%~80% 之间，部分 DCC 裂解柴油芳烃含量甚至可达 90%；焦化柴油根据原油性质不同，芳烃含量为 20%~40%。二次加工柴油芳烃含量、氮含量明显高于直馏柴油，催化柴油中双环及以上多环质量分数占芳烃总数的 50% 以上。柴油吸附分离技术可以加工直馏柴油、催化柴油、焦化柴油、DCC 柴油等各种柴油，当柴油中碱氮含量大于 20μg/g 时，需对柴油进行加氢处理。

1. 直馏柴油

直馏柴油为从原油常压蒸馏馏分切割直接得到的柴油馏分，按原油产地、来源及常压蒸馏采出位置，直馏柴油的典型族组成见表 4-1。

表 4-1　典型直馏柴油族组成

项　　目	大庆常二线直馏柴油	大庆常三线直馏柴油	俄油常二线直馏柴油	沙轻/沙中直馏柴油
BMCI	14.9	17.0	26.1	23.34
总硫，μg/g	305.0	631.0	1256.0	1651.2
总氮，μg/g	28.0	100.0	20.0	82.1
碱氮，μg/g	8.0	40.0	5.0	未测定
链烷烃，%	62.0	52.8	49.3	46.5
单环烷烃，%	13.2	13.8	22.8	12.6
双环烷烃，%	10.3	10.6	8.6	7.6
三环烷烃，%	2.4	3.6	2.4	1.8
总环烷烃，%	25.9	28.0	33.8	22.0
总饱和烃，%	87.9	80.84	83.1	68.5
苯及烷基苯，%	8.72	11.92	9.1	12.7
茚满或四氢萘，%	1.08	1.98	3.7	5.1
茚类，%	0.6	1.46	1.2	2.7
总单环芳烃，%	10.4	15.36	14	20.5
萘，%	0.2	0.3	0.2	0.3
萘类，%	0.7	1.2	2.2	6.1
苊类，%	0.4	0.7	0.3	1.9
苊烯类，%	0.3	0.6	0.1	1.6
总双环芳烃，%	1.6	2.8	2.8	9.9
三环芳烃，%	0.1	1.0	0.1	1.1
总芳烃，%	12.1	19.16	16.9	31.5

表4-1表明，大庆原油为典型的石蜡基原油，大庆常二线、大庆常三线直馏柴油中链烷烃含量超过50%；俄罗斯原油、沙轻/沙中原油直馏柴油中环烷烃比重增加，为偏环烷基的中间基原油。大庆常二线、俄罗斯常二线直柴中碱氮含量小于20μg/g，可不加氢直接作为吸附分离装置原料。直馏柴油经柴油吸附分离后，其芳烃组分以单环芳烃居多，适用于作为加氢裂化的补充原料，增产重石脑油；或作为催化裂化的补充原料，增产丙烯及催化汽油。其非芳烃组分将链烷烃有效富集，成为优质的乙烯裂解/催化裂解原料。

2. 催化柴油

催化柴油是催化裂化工艺制得的柴油组分，具有密度大、硫和氮含量高、十六烷值低、芳烃含量高的特点，属于典型的劣质柴油馏分[3]，典型族组成见表4-2。

表4-2 典型催化柴油族组成

项　　目	沙轻/沙中催化柴油	长庆催化柴油
总硫，μg/g	7769	1690
总氮，μg/g	730	1500
链烷烃，%	14	22.6
总环烷烃，%	13.0	11.9
总饱和烃，%	27.0	34.5
总单环芳烃，%	26.6	25.8
总双环芳烃，%	39.7	34.5
三环芳烃，%	6.7	5.2
总芳烃，%	73.0	65.5

表4-2表明，催化柴油芳烃含量很高，且双环居多，是宝贵的芳烃资源库。催化柴油硫和氮含量高，经加氢处理后方可作为吸附分离装置原料。经吸附分离后富集的芳烃组分可用于增产芳烃原料。

3. 焦化柴油

焦化柴油是延迟焦化过程生产得到的180~350℃的馏分，典型族组成见表4-3。

表4-3 典型焦化柴油族组成

项　目	数　值	项　目	数　值
溴价，g Br/100g	30.81	十六烷值	51.7
总硫，μg/g	1060.0	总饱和烃，%	56.2
总氮，μg/g	1409.4	总芳烃，%	21.1
碱氮，μg/g	765.3	烯烃，%	22.7

从表4-3可以看出，焦化柴油的硫、碱氮杂质含量偏高，不饱和烃含量较高，不稳定，易变色，焦化柴油需加氢后可作为柴油吸附分离装置的原料。经吸附分离后可得到优质的柴油产品和芳烃原料。

4. 加氢精制柴油

加氢精制柴油是以催化柴油、焦化柴油及部分含硫较高的直馏柴油为原料，经加氢精制等加工过程得到的柴油。典型的直馏柴油加氢精制柴油族组成见表4-4。

表4-4　典型直柴加氢精制柴油族组成

项　目	俄罗斯常三线直馏柴油加氢后	沙轻/沙中直馏柴油加氢后
BMCI	34.1	21.87
总硫，μg/g	35.0	10.5
总氮，μg/g	20.0	2.2
碱氮，μg/g	4.0	未测定
链烷烃，%	46.3	49.3
单环烷烃，%	19.8	14.6
双环烷烃，%	9.2	9.6
三环烷烃，%	2.8	2.4
总环烷烃，%	31.8	26.6
总饱和烃，%	78.1	75.9
苯及烷基苯，%	7.5	12.9
茚满或四氢萘，%	3.7	5.4
茚类，%	2.7	3
总单环芳烃，%	13.9	21.3
萘，%	0.3	0.1
萘类，%	3.1	1.3
苊类，%	2.1	0.7
苊烯类，%	1.7	0.5
总双环芳烃，%	7.2	2.6
三环芳烃，%	0.8	0.2
总芳烃，%	21.9	24.1

直馏柴油加氢后总硫、总氮含量明显降低，双环、三环芳烃含量降低，单环芳烃略有增加，链烷烃和环烷烃含量增加，加氢对于吸附分离产品的应用具有正向作用。

典型的催化加氢精制柴油族组成见表4-5。

表4-5　典型催化加氢精制柴油族组成

项　目	数　值	项　目	数　值
总硫，μg/g	20.3	总环烷烃，%	18
总氮，μg/g	1.16	总饱和烃，%	33.7
链烷烃，%	15.7	总单环芳烃，%	49.6
单环烷烃，%	17.1	总双环芳烃，%	15.3
双环烷烃，%	0.7	总三环芳烃，%	1.4
三环烷烃，%	0.2	总芳烃，%	66.3

表4-5表明，催化柴油加氢后总硫、总氮含量明显降低，芳烃含量很高，且单环、双环居多，是宝贵的芳烃资源库。经吸附分离后富集的芳烃组分可通过轻质化工艺加工转化为C_6—C_{10}轻质芳烃组分，增产芳烃原料。

5. 加氢改质柴油

加氢改质柴油是以催化柴油、焦化柴油、DCC裂解柴油等为原料，经过加氢改善油品质量以达到更高产品质量要求的工艺过程得到的柴油。典型的DCC加氢改质柴油族组成见表4-6。

表4-6 典型DCC加氢改质柴油族组成

项　　目	数　　值	项　　目	数　　值
总硫，$\mu g/g$	<5	总环烷烃，%	12
总氮，$\mu g/g$	<5	总饱和烃，%	28.23
碱氮，$\mu g/g$	<1	总芳烃，%	71.77
链烷烃，%	16.23		

表4-6表明，DCC加氢改质柴油总硫、总氮含量很低，芳烃含量很高，可作为吸附分离装置的原料，经吸附分离后富集的轻质芳烃组分可作为增产芳烃原料。

三、工艺原理

1. 吸附分离理论

当吸附剂表面与吸附质分子之间的相互作用使得流动相中吸附质分子的势能降低时，吸附质分子将附着在吸附剂表面，吸附作用就发生了。吸附剂表面与吸附质分子之间的相互作用包括以下几种：化学键合、分子间作用力——范德华力和静电作用力。不同类型吸附过程由不同的相互作用主导[4]。

化学键合是在吸附剂表面与吸附质分子之间有电子的转移或共用，这种吸附一般出现在化学反应过程中，称为化学吸附，其吸附热很大。

在活性炭和高硅沸石等吸附剂表面基本无极性，吸附过程中范德华力占主导地位，吸附剂与不同吸附质之间相对亲和性的强弱主要取决于吸附质分子的尺寸、极性以及吸附剂微孔的孔道尺寸。非极性吸附剂对水的亲和性低而对大部分有机物的亲和性高。

硅胶、氧化铝和低硅铝比沸石是极性吸附剂，尤其是低硅铝比的沸石具有很强的晶内电场，在吸附过程中静电作用力非常重要，对极性分子的吸附非常强，柴油吸附分离过程Y型沸石对重芳烃的吸附就属于这种情况。根据Lewis酸碱理论，酸碱反应的实质是碱提供电子对与酸形成配位键。芳烃化合物属于典型的Lewis碱，是π电子供体，可以与吸附剂表面Lewis酸性位点相互作用形成配位键而发生吸附[6]。

柴油馏分组分按照"集总"模型可划分为芳烃、非芳烃两个集总，其中极性大小为芳烃≫非芳烃。在同一种具有吸附能力的介质上，芳烃与吸附剂作用力强，脱附速率慢；非芳烃与吸附剂作用力弱，脱附速率快。利用组分吸附、脱附速率不同，选用合适的吸附剂与解吸剂，可以实现芳烃与非芳烃组分的分离。柴油典型组分的吸附脱附曲线如图4-1所示。

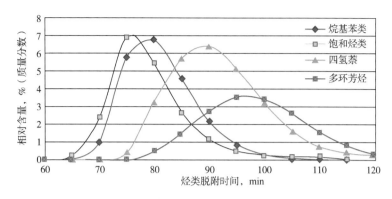

图 4-1　单柱脉冲吸附脱附试验曲线

2. 模拟移动床工艺原理

柴油吸附分离采用模拟移动床(SMB)工艺，利用芳烃组分与饱和烃组分在吸附剂上吸附能力的差异实现周期性的吸附与解吸，从而实现芳烃组分与饱和烃组分的高效分离。模拟移动床(SMB)[1,7-10]利用进出吸附床层液相物料在程序控制下的顺序切换，来模拟固相吸附剂的连续移动。吸附分离装置一般包含多个吸附床层，采用 4 区操作，分别为吸附区、精制区、解吸区和隔离区，各区分别占用数目不等的床层。吸附原料在吸附区顶部位置处注入，在物料向下流动过程中，吸附剂优先吸附进料中的芳烃组分及微量其余组分，吸附能力弱的饱和烃组分被液相带走；在精制区，吸附剂内杂质组分被回流的芳烃组分和解吸剂置换、提纯；在解吸区内，解吸剂将吸附剂内的芳烃组分解吸出来，得到高纯度芳烃组分产品；隔离区的作用在于防止吸附区的杂质进入解吸区从而污染抽出液。富芳烃组分的抽出液从解吸区底部抽出，贫芳烃组分的抽余液从吸附区底部抽出。

这一模拟操作的实现是由沿塔分布的床层注入和抽出液流的位置切换来完成的，吸附塔通过吸附塔循环泵首尾相连，使床层形成一个闭合回路，维持液流在床层循环。

柴油中芳烃、非芳烃组分在吸附塔内各床层的含量变化如图 4-2 所示，抽出液、抽余液中芳烃含量变化如图 4-3 所示。

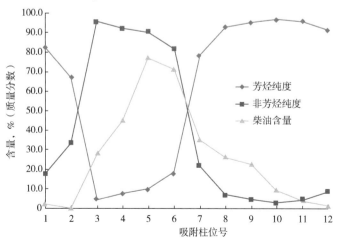

图 4-2　柴油族组成选择性吸附浓度变化

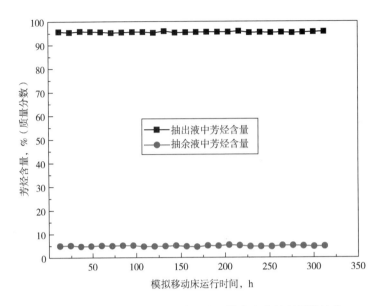

图4-3 加氢改质混合柴油抽出液和抽余液产品长周期性能

四、中国石油柴油吸附分离技术

昆仑工程公司与中海油天津化工研究设计院有限公司合作开发的柴油吸附分离技术利用柴油馏分中芳烃与非芳烃极性差异,结合模拟移动床吸附分离的物理方法选择性吸附分离柴油富含的多环芳烃和四氢萘等低十六烷值芳烃组分,完成芳烃和非芳烃组分的分离,抽余物为高十六烷值的清洁柴油,实现分质利用,避免了优质组分损失。重质芳烃可作为重芳烃轻质化原料,生产轻质芳烃。清洁柴油十六烷值可提高15~25个点,作为乙烯裂解原料,可实现"三烯"(乙烯、丙烯和丁二烯)收率提升20%以上、焦油产量降低60%、结焦率降低50%的优化目标,裂解性能总体优于全馏分石脑油,装置运行周期可大幅延长。

该技术还可以根据原料组分特征,对各类柴油、轻石脑油、费托重油等各类原料进行"分子层面分类与归集",将其中高附加值组分进行归类提取,进而作为下游短缺、高附加值产品的优质原料,为下游产品的深加工开辟了分子层面的空间。该工艺为炼油向化工转型升级提供了一条新型、优良、灵活、高效的技术路线。

1. 技术特点

该技术在柴油领域已实现了工业应用,形成了"专有柴油馏分吸附分离工艺、专有高吸附容量吸附剂、吸附分离专利格栅装备、吸附分离专用控制系统"4项重大技术创新[11-14]。

1)专有柴油馏分吸附分离工艺

柴油吸附分离工艺是昆仑工程公司开发的模拟移动床吸附分离成套工艺技术。该工艺采用昆仑工程公司自主研究开发的吸附分离专用控制系统和吸附分离专利格栅装备。

由于柴油原料中含有碱氮、水及其他杂质,柴油原料进吸附塔前设有预吸附塔,对原料中的碱氮、水及其他杂质进行脱除。同时,吸附进料及解吸剂进吸附塔流量计前分别设有粗过滤器和精密过滤器，以延长吸附剂的使用寿命。

柴油吸附分离系统采用单台吸附塔，设有吸附进料、解吸剂、抽出液、抽余液、反洗液5股物流，通过自主研发的吸附分离专用控制系统控制各床层程控阀以实现各股物料进出吸附塔位置周期性的变化。吸附塔顶底设有封头冲洗物流，以保证吸附塔压力稳定及抽出液、抽余液产品纯度。吸附塔设有吸附塔循环泵，以实现吸附塔物流的首尾相连。吸附塔的柴油进料、解吸剂、反洗液、抽出液物流为流量控制，抽余液为压力控制，目的在于平衡吸附塔压力波动，维持流量稳定。

吸附分离专用控制系统预设了操作程序，具有启动、正常运行、容错、联锁停车以及故障预估等功能，保证吸附分离工艺运行的稳定性。吸附分离专用控制系统可根据物料变化，可灵活调整床层切换时间、精制系数 LⅡ/A、解吸系数 LⅢ/A、缓冲系数 LⅣ/A 等操作参数，改变进出吸附塔各物流流量、区域流量及吸附塔循环泵流量。

分馏系统目的在于回收抽出液、抽余液中的解吸剂，同时分馏出目的产品。

2）预吸附剂与吸附剂

柴油吸附分离技术中预吸附剂的作用是对柴油原料预处理，吸附柴油原料中的碱氮、胶质、水及其他杂质，延长吸附剂的使用寿命；吸附剂是柴油吸附分离技术的核心，芳烃组分与饱和烃组分在吸附剂上吸附能力的差异实现周期性的吸附与解吸，从而实现芳烃组分与饱和烃组分的高效分离。

（1）预吸附剂。

预吸附剂通过酸碱凝胶法制备，喷雾干燥工艺造粒，得到球形预吸附剂。预吸附剂主要组成为 SiO_2 和 Al_2O_3，主要指标见表4-7。

表4-7　SAA-1预吸附剂技术指标

序号	新鲜剂技术指标		分析方法
	项目	指标值	
1	形状和外观	颗粒	目测
2	尺寸	$\phi 0.5 \sim 1.5mm$ 范围吸附剂占总预处理吸附剂的90%以上	GB/T 6288—1986 筛分法
3	比表面积，m^2/g	≥500	静态氮吸附容量法
4	堆积密度，g/mL	0.65～0.75	GB/T 6286—1986

（2）吸附剂。

吸附剂由 Y 型分子筛载体以及按特定顺序交换在 Y 型分子筛载体上的金属离子组成，其中金属离子含量为 0.1%～30%（质量分数）。吸附剂的制备过程分为三步：首先，将焙烧后的高岭土与氢氧化钠、水按比例配成溶胶，搅拌均匀，补加适量水玻璃作为活性硅源，最终混合液的组成（物质的量比）为：$Na_2O：Al_2O_3：SiO_2：H_2O＝（1.5\sim3）：1：（5\sim10）：（60\sim120）$，其中水玻璃中的二氧化硅占混合液中总二氧化硅的比例为 2%～30%（摩尔分数），补加水玻璃后再加入导向剂形成溶胶。然后，将配制好的溶胶在加热条件下老化晶化，然后洗涤焙烧，得到 Y 型分子筛载体。第三步，将得到的 Y 型分子筛载体先与 K^+、

Mg^{2+}、Ca^{2+}、Ba^{2+}中的一种金属离子溶液进行一次离子交换，过滤、洗涤、焙烧后再与Cu^{2+}、Ni^{2+}、Mn^{2+}、Zn^{2+}、Fe^{3+}、Co^{3+}、Cr^{3+}、Ag^+中的一种金属离子溶液进行二次交换或多次离子交换，交换后过滤、洗涤、焙烧，得到含有至少两种金属离子的Y型分子筛的吸附剂[11]。

吸附剂的主要指标见表4-8。

表4-8　SAA-2吸附剂技术指标

序号	新鲜剂技术指标		分析方法
	项目	指标值	
1	形状和外观	球形颗粒	目测
2	尺寸	$\phi0.4\sim0.9$mm	GB/T 6288—1986 筛分法
3	比表面积，m^2/g	400~600	静态氮吸附容量法
4	堆积密度，g/mL	0.55~0.8	GB/T 6286—1986
5	130N抗压碎率，%	≤5	HB/T 2783—1996

3) 核心关键装备

吸附塔是柴油吸附技术的核心关键设备，柴油吸附分离装置吸附塔与对二甲苯吸附分离装置吸附塔的操作参数对比见表4-9。

表4-9　吸附塔操作参数

项　　目	柴油吸附分离装置	对二甲苯吸附分离装置		
		重解吸剂工艺		轻解吸剂工艺
		Axens	中国石化	UOP
温度，℃	60~80	177	177	135
压力，MPa	0.6~0.8	0.88	0.88	0.88
切换时间，min	6~12	1~2	1~2	1~2
床层压降，kPa	140	200	200	200
产品纯度，%（质量分数）	95~98	99.8	99.8	99.8
吸附室数量，台	1	1	1	2
单吸附塔床层数，层	8~16	15	16	12
程控阀数量，个	40~80	90	112	24通道旋转阀
解吸剂	甲苯、甲基环己烷	对二乙基苯	对二乙基苯	甲苯

柴油吸附分离装置吸附塔操作更为缓和，产品纯度控制更为宽松，且采用单吸附室流程，只有1台循环泵运行，吸附室压力控制更加稳定。

吸附塔是本装置中的关键设备，操作温度为60~80℃，操作压力为0.6~0.8MPa。吸附塔通常包含8~16个固体颗粒床层，相邻的两层固体颗粒床层间设有一层金属格栅，共计9~17层，上一固体颗粒床层物料与自吸附塔床层线进入的物料通过格栅后进入下一固体颗料床层，上一固体颗料床层物料也可通过吸附塔格栅的床层线送出吸附塔，如图4-4所示。

模拟移动床吸附塔格栅主要作用为：支撑上一床层固体颗粒吸附剂；防止固体颗粒吸附剂随物料流出吸附塔；使自吸附塔床层线进入的物料与自上一固体颗粒床层的物料充分混合，并均匀分配至下一固体颗粒床层。目前已工业应用的模拟移动床吸附塔格栅均设置了上部、下部两层金属约翰逊网，以支撑上一床层固体颗粒吸附剂，并防止吸附剂随流体带出吸附塔。在实现物料的混合与再分配上，已工业化的模拟移动床吸附塔格栅往往采用折流、小孔喷射或折流+小孔喷射等方式促进物料混合，通过格栅下部设置挡板、约翰逊网、多孔板等方式促进分配。

作为柴油模拟移动床吸附分离技术的核心设备，中国石油昆仑工程公司开发了相应的吸附塔格栅。如图4-5所示，对于单块格栅，格栅自上而下依次为：床层线内插管、上部丝网、上部丝网筋板、上部喷射孔、中间隔板、下部喷射孔、竖向挡板、收集槽、下部丝网筋板、下部丝网。其中，上部丝网和下部丝网为约翰逊网，可以阻挡吸附剂颗粒，防止吸附剂随物料流出吸附塔；上部丝网筋板起支撑上一床层吸附剂作用；上部喷射孔、下部喷射孔、竖向挡板和收集槽的联合作用可以实现物料的折流+小孔喷射，使自床层线进入的物料与自上一床层的物料在中间隔板上下实现二次混合；充分混合后的物料在收集槽、竖向挡板、下部丝网筋板、下部丝网的共同作用下均匀分配至下一吸附剂床层。为防止由于丝网变形使丝网出现较大缝隙，导致吸附剂随物料流出吸附塔，每块格栅均具备一定的强度。

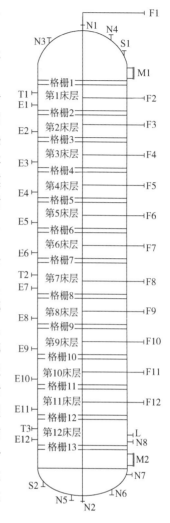

图4-4　吸附塔设备

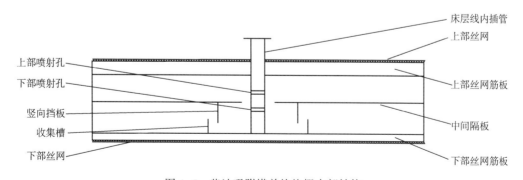

图4-5　柴油吸附塔单块格栅内部结构

图4-6是柴油吸附分离模拟移动床吸附塔单层格栅的组装简图。从图4-6可知，单层格栅共分为面积相等的16块格栅，每块格栅的内部结构均相同，格栅的床层线接管均位于

大型芳烃技术

单块格栅表面的几何中心，自上一吸附剂床层的物料和自床层线物料可以均匀分配至每块格栅，进而有效地消除吸附塔的放大效应。

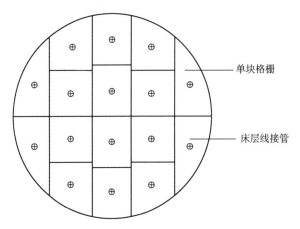

图 4-6　柴油吸附塔单层格栅组装简图

图 4-7 为柴油吸附分离模拟移动床格栅的流体力学计算结果。从图 4-7 中可知，吸附塔格栅能达到很好的流体分布和组分混合效果。

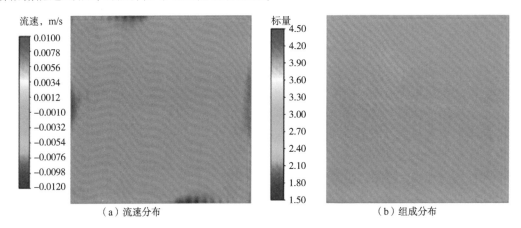

（a）流速分布　　　　　　　　（b）组成分布

图 4-7　柴油吸附塔单块格栅模拟结果

4）吸附分离专用控制系统

吸附分离控制系统是吸附分离系统正常运行的专有控制系统，是确保系统正常运行的大脑、指挥中枢。昆仑工程公司自主开发具有自主知识产权的重芳烃吸附分离控制系统（Simulation Moving Intelligent Logic，SMIL），在柴油吸附分离工业试验装置上实现了成功运行（图 4-8）。

SMIL 应用于吸附分离装置中吸附塔的顺序控制，通过顺序逻辑程序控制吸附塔 5 路进出物流相关的 65 个程控阀的顺序切换，实现了吸附塔 12 个床层的模拟移动，达到对重芳烃的分离。由于固体吸附剂颗粒不能循环，无法实现工业化生产，因此通过连续地改变进料、解吸剂的注入位置和抽出液、抽余液的抽出位置，以及反洗液进入的位置，来实现吸附剂固定床层与工艺物料的相对运动，进而实现模拟移动床。所有的物流在 12 个步进的每一个阶段，通过连续的开关阀门，实现模拟固液相对流动。

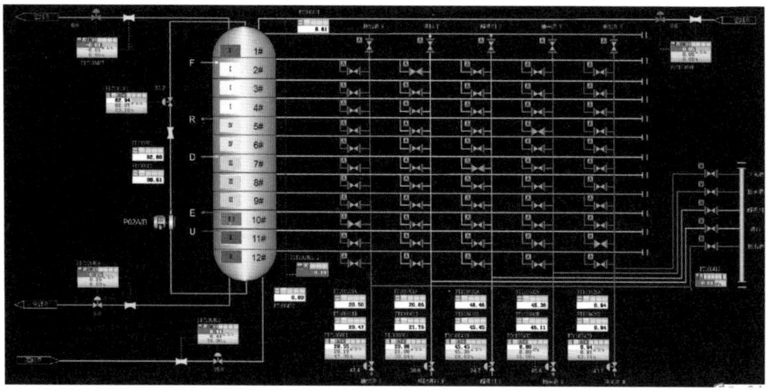

图 4-8 SMIL 系统工业运行图

这 5 股物料的进出料位置的变化是通过程控阀组来实现的。每种物料都有一根事故混合管线，每条管线上有 1 个开关阀，共有 1×5＝5 个开关阀。每种物料都有通向所有 12 个床层的管线，每条管线上有 1 个开关阀，共有 12×5＝60 个开关阀。每个床层的 5 根管线汇聚到 1 条床层集合管线，向床层内注入或从床层中抽出物料。在吸附分离专用控制系统控制下，同一时间(床层切换时除外)进出吸附塔的每种物流在 12 个床层上只有 1 个程控阀处于开的状态(共 5 个)，其他程控阀均是关闭状态。每个步进时间结束后，控制系统顺序打开每个物流下层的开关阀，关闭上个步进打开的开关阀，对于每个阀门所处状态有阀位检测信号送至控制系统内进行确认。重复进行直到每种液流的 12 个阀都已依次打开、关闭一次，这种操作代表了一个完整的周期。

SMIL 系统预设了操作程序，主要包括启动、正常运行、容错、联锁停车以及故障预估等。要求顺序控制切换无主动性故障；流量切换稳定；程控开关阀快速切换<5s；循环流量切换快速回稳<6s。

SMIL 采用有大量工业运行业绩、国际知名的 PLC 硬件系统编程。其硬件采用全冗余设计，如 CPU、总线、电源、IO 卡件等，减少硬件故障引起的非计划停车；支持在线插拔，无扰自动切换，增加因某个硬件故障后系统的可在线维护性，不需要停车维护；具有在线自诊断，故障发生时报警提醒工程师进一步处理，保证系统硬件系统的全天候正常运行(表 4-10)。

表 4-10 专有 SMIL 系统功能

功能设置	作　用
设置了包括吸附剂性能、生产目标和生产控制等吸附塔参数一览表	可根据吸附剂实际性能指标、进料组分变化、生产负荷进行快速调整
设置有一键启动和停车	程序自动运行，无须操作员干预，可实现黑屏操作。非正常运行时，程序发出报警提示，安全联锁触发后会自动停止，使装置现场设备处于安全状态
根据床层分区特点，对不同物料的阀门设计不同的容错方式	阀门开关状态错误时，自动进入容错功能，保证装置连续生产
能实时监测阀门开关状态，记录阀门行程时间	当阀门开关时间出现较大变化时，报警提示对相关阀门进行维护

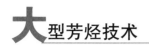

功能设置	作　用
吸附室循环回路设置了流量控制器快速跟踪	实现区域快速切换，降低区域切换时流量波动对生产的影响
吸附室主物料流量测量设置有双流量计，互为备用	当一流量计出现较大测量偏差时，自动切换为备用流量计，以保证吸附室稳定运行
设置有多个床层分区模式	当吸附剂性能变化或装置进料发生较大变化时，可在线切换至不同床层分区模式

SMIL系统在首套工业化装置开车运行及考核标定期间，顺序控制切换无主动性故障，流量切换稳定，控开关阀快速切换<5s，循环流量切换快速回稳<6s，达到了对二甲苯吸附分离装置吸附室专有控制系统的先进水平。

2. 多场景适用能力

柴油吸附分离系列技术物料处理范围较广，工艺配置灵活，产品性质灵活可控，可以分离催化柴油、直馏柴油、焦化柴油、加氢脱硫柴油以及其他高芳烃含量难以处理的柴油组分。

企业可以根据实际情况灵活选择原料，吸附分离装置可以单独使用，也可以与下游装置结合使用，还可以单独处理轻柴油直接生产单环芳烃，进而缩短流程，以最小化投资增产高附加值产品。分离后产物可通过乙烯裂解/催化裂解、重芳烃轻质化、白油精制等技术转化为烯烃、芳烃、溶剂油等高附加值产品，或直接产出高辛烷值汽油、清洁柴油。对炼化企业不同的实际需求和发展方向具有较好的适应性和灵活性。

（1）柴油吸附质量升级技术——提升油品质量。

催化柴油经加氢后，芳烃含量仍然较高，十六烷值小于30。经吸附加工后，非芳烃组分中的芳烃含量可控制在≤5%（质量分数），十六烷值提升20~25个单位，达到55，优于国Ⅵ柴油标准，从劣质调和组分升级为优质清洁柴油组分；重芳烃组分中的芳烃含量可控制在≥95%（质量分数），对芳烃资源进行高效富集，作为发展芳烃原料的"资源库"。

加氢催化柴油吸附原料及吸附分离后芳烃、非芳烃组分组成见表4-11，非芳烃组分的典型性质见表4-12。

表4-11　吸附分离原料、产品组成（加氢催化柴油）

项目		吸附原料	产品中重芳烃组分	产品中非芳烃组分
收率,%			68	32
色质组成,%（质量分数）	总链烷烃	15.7	2.7	43.33
	单环烷烃	17.1	1.8	49.61
	双环烷烃	0.7	0.3	1.55
	三环烷烃	0.2	0.1	0.41
	总环烷烃	18	2.2	51.58
	总饱和烃	33.7	4.9	94.90
	总单环芳烃	49.6	71.4	3.27
	总双环芳烃	15.3	21.9	1.28
	总三环芳烃	1.4	1.8	0.55
	总芳烃	66.3	95.1	5.10

表 4-12　吸附分离产物非芳烃组分典型性质

项　　目	非芳烃组分	国Ⅵ标准（征求意见稿）
密度（20℃），g/cm³	0.848	0.815~0.845
硫含量，μg/g	8.6	≤10
氮含量，μg/g	0.1	—
十六烷值（数值）	>55	≥51
多环芳烃含量	1.8	≤7

（2）柴油裂解原料提质增供技术——吸附非芳裂解。

由于柴油市场的持续过剩，为兼顾炼化一体化企业降低柴汽比的需求，炼化一体化企业不得不适当增加裂解原料中的柴油馏分比例，以缓解企业柴油出厂困难。但相对于轻烃、石脑油，作为烯烃裂解原料，柴油属于组分偏重、馏程宽、结构复杂的"粗粮"。由于芳烃含量高，导致 BMCI 值偏高，裂解过程存在能耗高、目的产品产量少、不利于选择最佳的工艺操作、急冷系统胶粉量增加、裂解炉炉管易结焦、裂解炉运行周期缩短、烧焦频率增加等问题，影响装置长周期经济运行。

而石蜡基、环烷基直馏柴油经吸附分离后，链烷烃、环烷烃与芳烃分离，非芳烃组分中的芳烃含量可灵活控制在 2%~5%，成为优质裂解原料。直馏柴油、加氢直馏柴油及吸附非芳烃组分与吸附重芳烃后的组成见表 4-13。

表 4-13　直馏柴油、加氢直馏柴油及吸附非芳烃组分与吸附重芳烃后的组成

项　　目		直馏柴油	加氢直馏柴油	加氢直馏柴油吸附非芳烃	加氢直馏柴油吸附重芳烃
密度（20℃），g/cm³		0.832	0.823	0.802	0.893
硫含量，μg/g		1651.2	10.5	3.5	29.5
氮含量，μg/g		82.1	2.2	0.8	10.6
BMCI		23.34	21.87	11.99	—
常压馏程，℃	0.5%	180.9	164.2	163.8	164.5
	5%	215.2	208.3	207.9	208.6
	10%	228.6	215.6	215.4	215.6
	15%	236.1	224.7	224.3	224.8
	20%	242.5	230.7	230.7	230.9
	30%	254.2	242.8	242.3	243.4
	40%	265.4	253.5	253.2	253.8
	50%	275.6	263.4	263.6	263.8
	60%	287.4	274.9	274.8	275.5
	70%	300.3	287.2	287.2	287.6
	80%	315.6	301.5	301.4	301.9
	85%	325.3	311.9	311.2	312.3
	90%	337	324.6	324.0	324.8
	95%	353.1	339.7	339.1	340.6
	FBP（96.5%）	368.8	355.4	354.0	356.8

续表

项　目	直馏柴油	加氢直馏柴油	加氢直馏柴油吸附非芳烃	加氢直馏柴油吸附重芳烃
链烷烃, %	46.5	49.3	64.0	0.2
单环烷烃, %	12.6	14.6	18.8	0.6
双环烷烃, %	7.6	9.6	12.3	0.6
三环烷烃, %	1.8	2.4	3.1	0.2
总环烷烃, %	22.0	26.6	34.2	1.4
总饱和烃, %	68.5	75.9	98.2	1.6
烷基苯, %	12.7	12.9	1.8	49.8
茚满或四氢萘, %	5.1	5.4	0.0	23.4
茚类, %	2.7	3	0.0	13.0
总单环芳烃, %	20.5	21.3	1.8	86.2
萘, %	0.3	0.1	0.0	0.4
萘类, %	6.1	1.3	0.0	5.6
苊类, %	1.9	0.7	0.0	3.0
苊烯类, %	1.6	0.5	0.0	2.2
总双环芳烃, %	9.9	2.6	0.0	11.3
三环芳烃, %	1.1	0.2	0.0	0.9
总芳烃, %	31.5	24.1	1.8	98.4
总和, %	100.0	100.0	100.0	100.0

由表4-13可以看出，加氢直馏柴油吸附分离后的非芳烃组分总芳烃含量为1.8%（质量分数），BMCI值为11.99，是优质的乙烯裂解原料。直馏柴油加氢未转化油、吸附非芳烃组分裂解性能对比见表4-14，柴油吸附分离后裂解效果对比表见4-15。

表4-14　直馏柴油加氢未转化油、吸附非芳烃组分裂解性能对比

项　目	直馏柴油加氢未转化油	吸附非芳烃	优化绝对值	优化相对值
氢气	0.78	1.03	0.25	32.05
一氧化碳	0	0	0	0.00
二氧化碳	0	0	0	0.00
甲烷	9.89	11.1	1.21	12.23
乙烷	3.34	3.86	0.52	15.57
乙烯	26.25	29.38	3.13	11.92
乙炔	0.27	0.37	0.1	37.04
丙烷	0.43	0.51	0.08	18.60
丙烯	13.13	15.77	2.64	20.11
丙炔	0.29	0.29	0	0.00
丙二烯	0.21	0.24	0.03	14.29
异丁烷	0.03	0.03	0	0.00
正丁烷	0.07	0.09	0.02	28.57
丁烯-1	1.14	1.4	0.26	22.81

项 目	直馏柴油加氢未转化油	吸附非芳烃	优化绝对值	优化相对值
异丁烯	2.24	2.64	0.4	17.86
反丁烯	0.56	0.65	0.09	16.07
顺丁烯	0.68	0.8	0.12	17.65
丁二烯	5.95	7.43	1.48	24.87
苯	6.38	6.62	0.24	3.76
甲苯	2.01	1.14	-0.87	-43.28
乙苯	0.12	0.07	-0.05	-41.67
二甲苯	0.44	0.25	-0.19	-43.18
苯乙烯	1.06	0.6	-0.46	-43.40
汽油(不含 BTX)	13.03	10.57	-2.46	-18.88
裂解柴油	6.88	2.76	-4.12	-59.88
裂解焦油	4.82	2.4	-2.42	-50.21
合计	100	100		

注：单程评价值，乙烷、丙烷未循环。

由表 4-14 可以看出，吸附非芳烃裂解单程"三烯"(乙烯、丙烯、丁二烯)收率为 52.58%，如考虑乙烷、丙烷等循环，则吸附非芳烃裂解乙烯收率>31%，"三烯"收率>55%。

表 4-15 柴油吸附分离后裂解效果对比

项 目	石蜡基		环烷基	
	吸附非芳烃蒸汽裂解	吸附非芳烃DCC 裂解	吸附非芳烃蒸汽裂解	吸附非芳烃DCC 裂解
吸附后 BMCI 降幅, %	>35		>32	
双烯收率提升, %	>20	>18	>16	>18
三烯收率提升, %	>23	>17	>16	>17
焦油产率降低, %	>-55		>-60	
未转化柴油降低, %		>-50		>-50
生焦率降低, %	>-40	>-30	>-20	>-30

中国石油柴油吸附分离技术可实现柴油裂解原料优化，现有劣质原料升级为适宜原料；兼顾炼化一体化企业降低柴汽比需求，用柴油达到石脑油裂解水平；综合能耗<16kg 标油/t 柴油(第Ⅱ代技术)，预计吨柴油增效大于 150 元；可为现有烯烃装置及炼化一体化项目提供原料优化、增产及保供技术支撑。

(3) 能耗指标。

中国石油柴油吸附第Ⅰ代技术于 2020 年在山东滨化滨阳燃化有限公司 40×10⁴t/a 的工业白油装置成功实现工业化，吸附原料为滨阳燃化自产中质馏分油(6~8MPa 压力下加氢产物)。柴油吸附原料芳烃含量平均值为 19.03%(质量分数)，装置原料加工能力平均值 48.54t/h，剂油比为 1.84，吸附单元标定能耗小于 21kg/t(标油/原料)。公用物料消耗定额和综合能耗见表 4-16。

表 4-16 公用物料消耗定额和综合能耗表

序号	项目	小时消耗量		吨原料消耗量		耗能指标	
		单位	数量	单位	数量	单位	数量
1	除盐水	t/h	0.00	t	0.00	kg/t(标油/原料)	0.00
2	除氧水/锅炉水	t/h	0.00	t	0.00	kg/t(标油/原料)	0.00
3	循环冷却水	t/h	198	t	7.92	kg/t(标油/原料)	0.792
4	生产水	t/h	0	t	0	kg/t(标油/原料)	0
5	生活水	t/h	0	t	0	kg/t(标油/原料)	0
6	0.8MPa 蒸汽	t/h	0	t	0	kg/t(标油/原料)	0
7	加热凝结水	t/h	0	t	0	kg/t(标油/原料)	0
8	仪表用压缩空气	m^3/h	80	m^3	3.2	kg/t(标油/原料)	0.122
9	0.8MPa 氮气	m^3/h	50	m^3	2	kg/t(标油/原料)	0.3
10	电	kW·h/h	400.4	kW·h/h	16.016	kg/t(标油/原料)	4.164
11	燃料	t/h	0.37	t	0.0148	kg/t(标油/原料)	14.8
	合计					kg/t(标油/原料)	20.178

3. 工艺简介

柴油吸附分离工艺包括预处理系统、吸附分离系统和分馏系统三部分。

(1) 预处理系统。

预处理系统主要包括预吸附进料缓冲罐、预吸附进料泵及预吸附塔等。预处理系统的作用为除去柴油原料中的碱氮、水及其他杂质。操作温度一般为 60~80℃，操作压力为 0.5~0.8MPa。

柴油原料经界区进入预吸附进料缓冲罐，然后经预吸附进料泵加压、换热、过滤后进入预吸附塔。预吸附塔满液操作，在流量控制下进入吸附进料缓冲罐。

(2) 吸附分离系统。

吸附分离系统主要包括吸附进料缓冲罐、吸附进料泵、吸附塔、吸附塔循环泵、抽出液混合罐、抽余液混合罐、解吸剂循环缓冲罐、解吸剂循环泵等。

柴油吸附分离系统采用单台吸附塔，操作温度为 60~80℃，操作压力为 0.6~0.8MPa。吸附塔通常包含 8~16 个固体颗粒床层。吸附进料缓冲罐中的柴油原料经吸附进料泵加压后，在流量控制下进入吸附塔相应位置的床层。解吸剂自解吸剂循环缓冲罐，经解吸剂循环泵加压、换热后大部分作为解吸剂在流量控制下进入吸附塔相应位置的床层；一部分作为反洗液在流量控制下进入吸附塔相应位置的床层；另一部分作为顶底封头反洗液，在流量控制下进入吸附塔封头。柴油原料经吸附塔分离后，富芳烃组分的抽出液从解吸区底部抽出，在流量控制下进入抽出液混合罐；贫芳烃组分的抽余液从吸附区底部抽出，在压力控制下进入抽余液混合罐。封头反洗液出物流在流量控制下进入抽余液混合罐。

吸附塔设有吸附塔循环泵，以实现吸附塔物流的首尾相连。吸附塔循环泵出口管线设有流量控制阀，当吸附塔床层切换时实现区域流量的控制和调节。

（3）分馏系统。

分馏系统主要包括抽出液塔系统和抽余液塔系统。

抽出液由抽出液混合罐靠压差进入抽出液塔。抽出液塔顶采出解吸剂，进入解吸剂循环缓冲罐；塔釜采出吸附重芳烃产品，经吸附重芳烃冷却器冷却后，送去界区，或直接作为轻质化原料送去轻质化装置。抽余液塔塔顶采出解吸剂，进入解吸剂循环缓冲罐；塔釜采出吸附非芳烃产品，经冷却后送去界区。

抽出液塔系统和抽余液塔系统工艺设计时充分发挥能量回收和塔器间热集成的优势，对工艺用能进行优化。通常采用的节能方式有：①双效精馏。例如 2 号抽余液塔加压操作，1 号抽余液塔常压操作，抽出液塔和抽出液汽提塔减压操作，以匹配各塔热联合温位，2 号抽余液塔顶气相作为抽出液塔、抽出液汽提塔、1 号抽余液塔塔底再沸器热源，充分利用工艺余热。②优化换热网络，充分回收热源，降低塔釜热负荷和塔顶冷负荷。③塔顶余热通过发生蒸汽进行回收。

柴油吸附工艺流程示意图如图 4-9 所示。

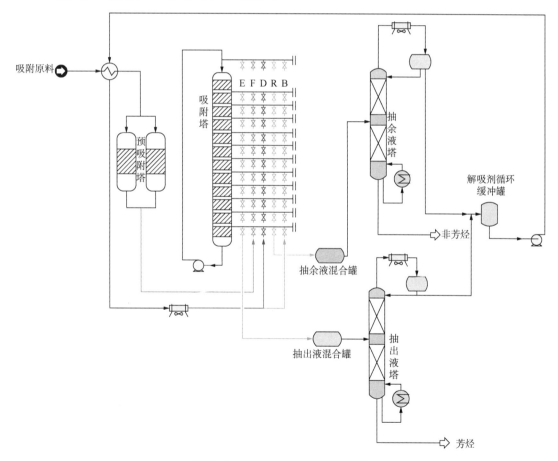

图 4-9　柴油吸附工艺流程示意图

E—抽出液；F—吸附进料；D—解吸剂；R—抽余液；B—反洗液

4. 工程化应用

昆仑工程公司目前已完成宁波科元、山东滨化、榆能化三套柴油吸附分离装置的技术转让许可。

2016 年完成的宁波科元 $30×10^4$ t/a 芳烃吸附分离工艺包以科元柴油加氢精制（6~8MPa 压力加氢产物）160~230℃馏分为吸附原料，产品为芳烃组分和非芳烃组分。目前装置已中交，即将投产使用。

2021 年完成的榆能化 $20×10^4$ t/a 重芳烃吸附分离工艺包以 DCC 加氢改质柴油和轻石脑油加氢油为原料，芳烃产品为 SA-1000 高沸点芳烃溶剂、SA-1500 高沸点芳烃溶剂，非芳产品为 3 号油漆及清洗用溶剂。目前已完成工艺包编制。

2019 年完成山东滨化滨阳燃化 $40×10^4$ t/a 的工业白油装置，以滨阳燃化自产中质馏分油（6~8MPa 压力加氢产物）为吸附原料。主要芳烃产品为 SA-1500 高沸点芳烃溶剂及 SA-2000 高沸点芳烃溶剂，非芳烃产品为轻质白油原料（非芳烃溶剂油）、5 号工业白油（Ⅰ类）、非芳烃重溶剂。该示范装置于 2020 年完成了建设、运行及考核标定。考核标定结果详见表 4-17。轻质白油原料（非芳烃溶剂油）、5 号工业白油（Ⅰ类）、非芳烃重溶剂、SA-1500 高沸点芳烃溶剂及 SA-2000 高沸点芳烃溶剂产品指标及标定结果见表 4-18 至表 4-21。

表 4-17 柴油吸附分离示范装置考核标定结果一览表

	柴油进料量，t/h	48.54
装置加工能力	原料芳烃含量，%（质量分数）	19.03
	剂油比	1.84
产品指标	抽出液（解吸剂除外）中芳烃纯度，%（质量分数）	≥95
	抽余液（解吸剂除外）中芳烃纯度，%（质量分数）	≤5
运行指标	轻白油，%（质量分数）	43.55
	5 号工业白油，%（质量分数）	40.96
	重油采出，%（质量分数）	0.95
	轻芳烃，%（质量分数）	2.35
	SA-1500，%（质量分数）	1.98
	SA-2000，%（质量分数）	8.12
	重芳烃，%（质量分数）	2.10

注：（1）吸附塔分离后非芳烃产品十六烷值高达 65，可直接作为高十六烷值清洁柴油组分。

（2）高附加值产品总收率>96%。

表 4-18 轻质白油原料性质

项　　目	质量指标	标定值	试验方法
运动黏度（40℃），mm^2/s	1.9	—	GB/T 265—1988
闪点（闭口），℃	61~80	61	GB/T 261—2008
倾点，℃	≤0	—	GB/T 3535—2006
铜片腐蚀（50℃，3h），级	≤1	—	GB/T 5096—2017

续表

项　目	质量指标	标定值	试验方法
硫含量，mg/kg	≤10	1.0	SH/T 0689—2017
密度（20℃），kg/m³	实测	811.4	GB/T 1884—2000、GB/T 1885—1998
芳烃含量，%（质量分数）	2~8	4.19	NB/SH/T 0966—2017
机械杂质及水分	无	无	目测
外观	无色、无异味、无荧光、透明的液体	无色、无异味、无荧光、透明的液体	目测

由表4-18可以看出，轻质白油原料指标达到设计要求。

表4-19　5号工业白油（Ⅰ）标准（NB/SH/T 0006—2017）

项　目	质量指标	标定值	试验方法
牌号	5	5	
运动黏度（40℃），mm²/s	4.14~5.06	4.19	GB/T 265—1988
闪点（开口），℃	≥120	132	GB/T 3536—2008
闪点（闭口），℃	≥80	—	GB/T 3536—2008
倾点，℃	≤0	-2	GB/T 3535—2006
颜色，赛波特颜色号	≥+25	—	GB/T 3555—1992
铜片腐蚀（50℃，3h），级	≤1	1a	GB/T 5096—2017
硫含量，mg/kg	≤10	<1.0	SH/T 0689—2017
芳烃含量，%（质量分数）	≤5	3.62	NB/SH/T 0966—2017
水分，%（质量分数）	无	无	GB/T 260—2016
机械杂质，%（质量分数）	无	无	GB/T 511—2010
水溶性酸碱	无	无	GB/T 259—1988
外观	无色、无异味、无荧光、透明的液体	无色、无异味、无荧光、透明的液体	目测

由表4-19可以看出，5号工业白油产品全面合格。

表4-20　非芳烃重溶剂性质

项　目	质量指标	标定值	试验方法
密度（20℃），kg/m³	实测	839.4	GB/T 1884—2000、GB/T 1885—1998
芳烃含量，%（质量分数）	≤5	3.73	NB/SH/T 0966—2017
闪点（闭口），℃	≥100	198	GB/T 3536—2008
铜片腐蚀（50℃，3h），级	≤1	—	GB/T 5096—2017
凝点，℃	实测		GB/T 510—2018
水分，%（质量分数）	无	—	GB/T 260—2016
硫含量，mg/kg	≤10	<1.0	SH/T 0689—2017

由表 4-20 可以看出，非芳重溶剂产品指标达到设计要求。

表 4-21 高沸点芳烃溶剂标准（GB/T 29497—2017）

项 目	质量指标		标定值	
	SA-1500	SA-2000	SA-1500	SA-2000
外观	透明液体、无悬浮物和可见水		透明液体、无悬浮物和可见水	
芳烃含量，%（体积分数）	≥95	≥95	95.8	96.1
初馏点，℃	177	215	187	223
50%回收温度，℃	报告	报告	报告	报告
干点，℃	215	300	215	297
闪点（闭口），℃	≥61	≥90	70	99
密度（20℃），g/cm³	0.877~0.907	>0.950	0.89	0.97
色度（铂—钴色号），号	10	报告	—	—
铜片腐蚀（100℃，0.5h）	通过	通过	—	—
混合苯胺点，℃	18	18	—	—

由表 4-21 可以看出，SA-1500 高沸点芳烃溶剂及 SA-2000 高沸点芳烃溶剂产品达到标准产品指标要求。

山东滨化滨阳燃化有限公司柴油吸附分离示范装置经考核标定表明，自主研发的格栅内件表现优异，吸附塔床层压降稳定、吸附剂无泄漏，产品质量达到了设计要求。专用控制系统顺序控制切换无主动性故障；流量切换稳定；程控开关阀快速切换<4s；循环流量切换快速回稳<6s。吸附单元能耗<21kg/t（标油/原料）。在首套工业化装置运行中，吸附剂、工艺流程、关键装备、控制系统均达到了设计指标。

五、中国石油油品吸附分离平台技术

昆仑工程公司在成功开发柴油吸附分离技术后，进一步延伸研究石脑油、汽油、蜡油、渣油等油品的吸附分离工艺，旨在构建中国石油油品吸附分离平台技术。

中国石油油品吸附分离平台技术的"吸附平台+"示意图如图 4-10 所示。由图 4-10 可以看出，轻石脑油经吸附分离后，正构烷烃可用作乙烯裂解原料，异构烷烃可作为较高辛烷值组分提升汽油池品质；重石脑油经吸附分离后，正构烷烃可用作乙烯裂解原料，非正构烃可作为重整原料，降低重整负荷；催化汽油烷烯分离可有效降低汽油池中的烯烃含量，提升清洁汽油品质；柴油馏分（特别是直馏柴油）经柴油吸附分离后，非芳烃组分可作为乙烯裂解原料，吸附重芳烃组分可作为加氢裂化、催化裂化的原料。蜡油、渣油等重烃的吸附分离技术，经吸附分离后的重质芳烃组分可作为针状焦、高碳材料等特色产品优质原料。

此外，在横向拓展的同时，昆仑工程公司在纵向上结合重芳烃轻质化工艺形成了一种柴油高效转化组合工艺。针对催化裂化柴油的性质特点以及当前加工技术存在的问题，基于"分子管理"炼油理念，昆仑工程公司与中海油天津化工研究设计院有限公司合作开发出催化裂化柴油加氢精制—芳烃吸附分离—重芳烃轻质化组合工艺技术，既可降低柴汽比，增产芳烃；同时又联产超清洁国Ⅵ柴油、增产乙烯原料，达到柴油提质增效的目的，实现企业的差异化发展，从而在实现提升经济效益的同时，推动企业产业结构调整与转型升级。

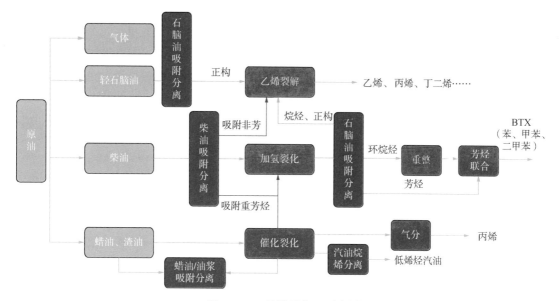

图 4-10　"吸附平台+"示意图

"吸附平台+"确立了分子级立体式定向加工方式，具有以下优势：

（1）让原料更匹配技术。发展石油分子管理理论，深化石油分子管理加工体系认识。利用分子管理平台，从分子组成信息来区分不同原料的特性；配合基团贡献法等性质预测方法，实现对产品性质的精确预测；同时通过基于分子层面的流程模拟，能够实现不同操作单元模型的无缝连接。利用分子管理平台，对油品资源进行全景扫描，深入挖掘原料特性，化劣为优，实现分质化利用，建立原料到产品的分子级立体式转化路径图谱。

（2）让技术更适应原料。利用分子管理平台，统筹研究其宏观物性、特定官能团、空间构型等特性差异，实现分子级定向加工。以总体转化路径优化平衡为指引，将物理和化学、分离和反应深度耦合，实现原料预处理与定向深加工的有机集成。

（3）让资源更物尽其用。化廉为优，让重质馏分成为基础化工品的新兴优质资源；变废为宝，将加工代价过高的过剩传统劣质资源变身战略"宝藏"。不新增原油一次加工能力，一体化解决油品、烯烃和芳烃协调发展问题，实现绿色发展。

第二节　PX 吸附结晶组合技术

PX 是一种重要的化工原料，主要用来生产精对苯二甲酸（PTA），PTA 再和乙二醇反应生产聚对苯二甲酸乙二醇酯（PET），即聚酯。

PX 是从混合 C_8 芳烃中分离出来的，是芳烃联合装置中难度较大的一个环节，混合 C_8 芳烃中主要由对二甲苯(PX)、邻二甲苯(OX)、间二甲苯(MX)和乙苯(EB)组成，各组分沸点非常接近，其中 PX 和 MX 的沸点仅差 0.8℃，很难通过精馏的方式分离。

吸附分离和结晶分离是工业上分离 PX 的主要方法，PX 吸附结晶耦合技术是将吸附分离和结晶分离进行优化组合，其目的是充分发挥吸附分离回收率高和结晶分离产品纯度高的特点，提升 PX 分离过程的技术经济性。

中国石油吸附结晶耦合工艺以 PX 浓度优化管理目标，吸附工艺以程控阀切换实现模拟移动床操作和采用轻解吸剂(甲苯)为核心特征，结晶工艺采用节能型固液分离设备实现固液分离和洗涤纯化，根据概念设计结果，$100×10^4$ t/a 吸附结晶耦合工艺比传统吸附分离工艺能耗降低 7%。

一、国内外技术进展

传统的 PX 分离技术商有美国 UOP 公司、法国 Axens 公司及英国 BP 公司三家，其中 UOP 和 Axens 以吸附分离技术为主，BP 则采用结晶分离技术。近年来，中国石化独立开发出了具有自主知识产权的 PX 吸附分离技术并付诸应用。

1. 吸附分离技术

目前国际上普遍采用的对二甲苯吸附分离工业化技术主要有美国 UOP 公司的 Parex 和法国 Axens 公司的 Eluxyl，两家技术特点及工艺流程基本相同，关键差异在于解吸剂类型和模拟移动床的实现方式上。Parex 技术通过旋转阀方式实现模拟移动床操作，其同时拥用以甲苯为解吸剂和以对二乙基苯为解吸剂的两种 PX 吸附分离工艺。Eluxyl 技术通过多台程控阀切换的方式实现模拟移动床操作，其吸附分离工艺的解吸剂为对二乙基苯。

国内中国石化自主开发的 SorPX 成套工艺技术也已成功实现工业化，其吸附分离工艺的解吸剂为对二乙基苯。SorPX 技术由程序控制开关阀组来控制各股物料进出吸附塔位置的变化，SorPX 技术采用中国石化自主开发的专用模拟移动床控制系统(MCS)和吸附塔内构件[4]。2013 年，建设投产了一套 PX 产量为 $60×10^4$ t/a 的对二甲苯芳烃联合装置，2019 年建设投产了一套 $100×10^4$ t/a 的对二甲苯芳烃联合装置，各项技术和经济指标达到或超过设计值。

2. 结晶分离技术

20 世纪 50 年代，国外多家工程公司开发了各自的深冷结晶分离工艺用于对二甲苯的结晶分离。对二甲苯深冷结晶工艺流程基本相同，均为两段结晶分离的方法，固液分离采用离心机。由于 C_8 混合芳烃中存在二元或三元的低熔混合物，使得 C_8 芳烃的分离复杂化，降低了结晶分离的效率和产品收率，采用深冷结晶工艺的工业装置产品收率一般只能达到 65%，二甲苯损失率和物料循环量都很大。目前深冷结晶分离技术所取得的最大进展为 BP 公司的二次重浆化工艺，取消了重结晶操作，从而大幅度降低了分离能耗。

近年来，随着甲苯择形歧化、甲苯甲基化、甲醇芳构化技术的发展，出现了高对二甲苯含量的 C_8 芳烃原料，各公司也相继开发了适用于高对二甲苯含量的 C_8 芳烃原料结晶分离工艺，主要有 GTC 公司的 GrystPX 工艺、UOP 公司的 PX Plus XP 工艺，中国石化的 SCP 工艺。

3. 吸附结晶耦合技术

与单独的结晶分离工艺或吸附工艺相比，吸附结晶耦合工艺的能耗更低，国内外多家公司开发了相应的吸附结晶分离技术。不同公司提出的结晶分离与吸附分离组合工艺总体路线一致，即利用吸附分离技术提纯低浓度对二甲苯含量的 C_8 芳烃物料，利用结晶技术分离高对二甲苯含量的 C_8 芳烃物料，不同之处是采用各自的吸附分离工艺和结晶分离工艺[15]。目前，吸附结晶耦合技术只是在芳烃装置扩能改造中考虑，未见有吸附结晶充分耦合的新工艺推出。

二、工艺原理

1. PX 吸附原理

已工业化的 PX 吸附分离技术均为利用专用的沸石分子筛吸附剂对 C_8 芳烃不同异构体间作用力差异，实现同分异构体之间的分离，类似于液固萃取过程，是一个单纯的物理分离过程。通常吸附剂与 C_8 芳烃之间的相互作用包括：化学键合、分子间作用力——范德华力和静电作用力，吸附剂、解吸剂的性质以及吸附过程决定了以何种作用力为主导。X 型沸石对 C_8 芳烃中 PX 的吸附就属于以静电作用力为主导的吸附过程，该吸附过程强烈放热，放热量高于普通物理吸附的吸附热。当固液两相接触时，与吸附剂结合力较强的 PX 从流动相中被吸附转移至吸附相中，实现与其余同分异构体之间的分离，然后通过适当的解吸剂将被吸附的 PX 从吸附剂中解吸出来，获得抽出液，从抽出液中精馏出解吸剂以回收目的产品，解吸剂与吸附剂则循环使用。

由于工业吸附剂固体颗粒的机械强度、耐磨性等无法满足移动床操作要求，模拟移动床同时具备了固定床装填性能好和移动床可连续操作的优点，已工业化的对二甲苯吸附分离均采用模拟移动床技术。模拟移动床的原理为：吸附剂床层在吸附塔内固定不动，通过定期、同时移动吸附塔物料进出口位置，以达到吸附剂与物料相对逆流流动的效果，使固定的吸附剂床层各部分先后分别进入吸附段和解吸段。工业上可通过多通道旋转阀定期步进或多台开关阀定期切换的方式实现模拟移动床操作，已工业化的 PX 模拟移动床吸附分离装置吸附塔有 15、24 等不同床层数方案。图 4-11 为通过程控阀实现模拟移动床操作示意图。

2. 结晶原理

结晶分离技术是开发最早的分离对二甲苯的工艺技术，利用对二甲苯的凝固点比其他 C_8 芳烃高得多的特点，采用结晶的方法将对二甲苯分离出来。

混合 C_8 芳烃中对二甲苯结晶过程的固液平衡相图属于典型的低共熔型，如图 4-12 所示。对于分离低对二甲苯含量的 C_8 芳烃原料，为了获得较高的单程回收率，需要在低温下结晶，但由于低共熔点的存在，为得到合格的对二甲苯产品，还需要进行重结晶。因此对于传统的结晶技术，制约其工业应用的因素有：(1)受热力学平衡的限制，采用深冷结晶工艺的工业装置产品收率一般只能达到 65%，物料循环量很大；(2)深冷结晶后需要进一步重结晶才能获得合格产品。

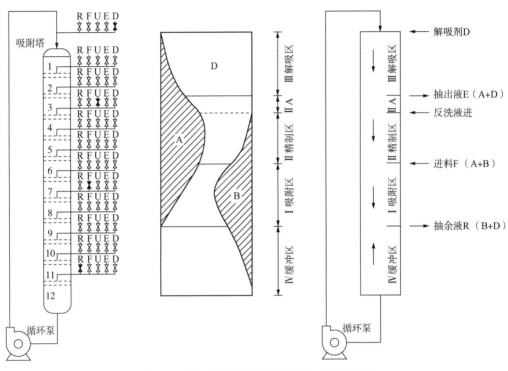

图 4-11　模拟移动床吸附分离装置示意流程图

A—芳烃；B—非芳烃；R—抽余液；E—抽出液；D—解吸剂；F—进料；U—反洗液

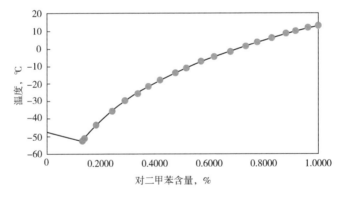

图 4-12　对二甲苯—间二甲苯二元体系固液平衡相图

对二甲苯深冷结晶工艺流程基本相同，均为两段结晶分离的方法，固液分离采用离心机，典型的深冷结晶工艺如图 4-13 所示，原料经过一级结晶器结晶，得到二甲苯的共熔混合物，混合物熔融后送至二级结晶，经过结晶、离心分离洗涤后，得到对二甲苯产品。

分离高对二甲苯浓度的 C_8 芳烃原料时，结晶法可以在较高温度下，通过一次结晶就得到高纯度的对二甲苯，不需要重结晶。典型的高对二甲苯含量的 C_8 芳烃悬浮结晶分离工艺如图 4-14 所示，原料先进入结晶温度较高的第二级结晶过程以获得高纯度的对二甲苯产品，而剩余的结晶母液再通过结晶温度较低的一级结晶过程回收其中的对二甲苯以得到较高的对二甲苯回收率。由此可见，相对于对二甲苯提浓，结晶分离技术更适用于对二甲苯的提纯。

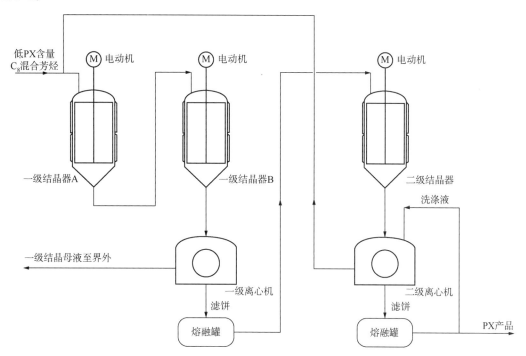

图 4-13 对二甲苯深冷分离工艺流程图

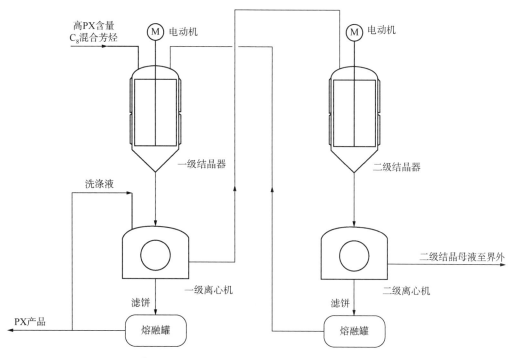

图 4-14 高对二甲苯含量的 C_8 混合芳烃悬浮结晶分离工艺流程图

吸附分离技术是当前对二甲苯分离过程中采用最多的生产工艺，但是吸附分离是一个通过多级吸附—脱附平衡的逐级提浓分离过程，抽出液中对二甲苯含量越高，其提高单位纯度所需要的吸附剂用量就越大，相对于生产高纯度对二甲苯产品，吸附分离更适合于对二甲苯提浓。

吸附—结晶耦合工艺的实质是利用结晶分离技术分离高 PX 含量的 C_8 芳烃物料，利用吸附分离技术提浓低 PX 含量的 C_8 芳烃物料，但耦合工艺不是简单的叠加，而是充分发挥不同工艺的技术特点，通过组合形成一种新的工艺方案，提高对二甲苯分离过程的技术经济优势。

三、中国石油 PX 吸附结晶耦合技术

中国石油开发了以吸附提浓—结晶纯化耦合工艺为核心特征的 PX 分离技术，开发了绿色节能的吸附提浓—结晶纯化工艺流程及相适应的对二甲苯提浓专有吸附剂及配套的解吸剂体系、吸附床层格栅、合适的吸附床层数、吸附控制系统、节能型固液分离设备等。

1. 吸附剂与解吸剂

1）吸附剂

PX 吸附分离装置最重要和最基本的是选择性能优良的吸附剂和相应的解吸剂。优良的吸附剂通常具有吸附容量大、选择分离性能好、机械强度高、操作性能稳定、抗毒性好、价格低廉、来源充足等特点。工业上从 C_8 芳烃中分离对二甲苯的吸附剂主要为采用阳离子 Ba^{2+}、K^+ 交换的 X 或 Y 型沸石分子筛。它们的孔径均在 1nm 左右，使 C_8 芳烃异构体都能进入其微孔道而被吸附，又由于其孔径及静电场分布的差别，使分子筛对 C_8 芳烃异构体的吸附能力有所区别，从而得以分离对二甲苯。

中国石油开发的吸附剂以阳离子交换改性的特种八面沸石作为活性组分，经成型、改性及活化等过程制备而成，具有吸附容量高、对二甲苯吸附选择性好、抗压强度大等优点，吸附分离对二甲苯中间产物浓度≥90%，收率≥99%，主要技术指标见表 4-22。中国石油 PX 吸附剂在保证颗粒强度优势的基础上，进一步提高了吸附剂活性组分含量和吸附选择性，使单位质量吸附剂的生产能力得到较大幅度提升。

表 4-22　中国石油吸附剂的主要技术指标

物理性质	指标	物理性质	指标
外观	球状	堆密度（LOI 600℃），kg/m³	850~890
颗粒直径，mm	0.4~0.8	130N 压碎率，%	≤1.0
活性组分	X 型分子筛	芳烃吸附量，mg/g	≥188

2）解吸剂

PX 被吸附剂吸附后，需要用解吸剂把 PX 解吸出来，而后解吸剂与 PX 分离后再进入下一步吸附过程，因此，解吸剂对吸附分离过程的影响非常重要。PX 吸附分离解吸剂应具有以下特点：(1)解吸剂与 C_8 芳烃混合后不影响吸附剂的选择性和吸附能力；(2)吸附剂对解吸剂和对二甲苯的吸附能力合适，在吸附区和脱附区容易实现对二甲苯与解吸剂的置换；

(3)解吸剂与C_8芳烃各异构体互溶，且沸点差别较大，便于蒸馏回收；(4)热稳定性和化学稳定性好；(5)廉价易得等。

目前工业上应用的PX吸附分离解吸剂主要分为以对二乙基苯为代表的重解吸剂和以甲苯为代表的轻解吸剂两种。中国石油吸附结晶耦合工艺采用甲苯为解吸剂，相对于传统的对二乙基苯解吸剂，对C_8芳烃进料重C_{9+}烃类限制要求宽松，降低了芳烃联合装置投资和能耗(表4-23)。

表4-23 中国石油循环甲苯解吸剂指标

项 目	指 标	项 目	指 标
甲苯,%(质量分数)	≥98	色度(Pt-Co色号)，号	≤20
非芳烃+C_8芳烃,%(质量分数)	≤2	总硫，$\mu g/g$	≤1
苯，$\mu g/g$	≤500	总氮，$\mu g/g$	≤1
酸洗比色	≤2	水，$\mu g/g$	≤40
铜片腐蚀	通过(1A或者1B)	溴指数，mg/100g	≤20
外观	透明液体无沉淀		

2. 技术特点

中国石油吸附结晶耦合分离技术充分发挥吸附分离和结晶分离各自特点和优势，形成一种新的工艺方案，工艺原料适应范围广，不仅可以处理传统芳烃联合装置所得低PX浓度的C_8芳烃，也可处理甲苯择形歧化、甲苯甲醇烷基化等新型芳烃制备工艺所得高PX浓度的C_8芳烃，在高对二甲苯回收率和纯度的条件下，降低了对二甲苯芳烃联合装置的投资和能耗。

中国石油的吸附技术和结晶技术可以根据原料组成及建设单位需求，分别单独提供PX吸附分离工艺或PX吸附结晶耦合工艺，灵活体现吸附与结晶各自与耦合技术优势和市场竞争力。

1) PX吸附提浓吸附剂

吸附剂改性过程与PX提浓要求匹配，优化了吸附剂阳离子交换改性工艺，缩短了吸附剂生产加工流程，降低了吸附剂成本。

2) 吸附提浓—结晶纯化分离工艺

中国石油的PX吸附结晶耦合工艺中，由于吸附单元的作用只是对二甲苯提浓，即降低对二甲苯纯度要求，从而可以优化减少吸附剂装填量、床层数量，降低投资；采用轻解吸剂，降低吸附进料C_8芳烃中C_9芳烃含量要求，降低分馏能耗；优化剂油比，减少解吸剂用量，降低后续分离能耗；抽出液分离解吸剂后，物料直接送至结晶单元，对二甲苯无须进一步分馏提纯，简化流程和减低投资。

结晶C_8芳烃进料中PX浓度高，结晶所需温位显著提高，固液分离采用节能型设备，可以有效减少高速动设备和能量消耗；合理利用热集成技术及分壁塔等节能设备，优化装置用能。

3) 吸附塔及控制系统

中国石油吸附结晶工艺中，吸附提浓单元最主要的关键设备为吸附塔。工业规模的对二甲苯吸附塔直径一般在3～11m，每个吸附床层的高度一般在1m左右，通过特殊的吸附塔格栅实现物流的充分混合和均匀分配。

PX吸附塔格栅与柴油吸附塔格栅结构相同，是模拟移动床吸附分离技术的核心。格栅将吸附塔分割为若干独立而连通的吸附剂床层，除了支撑上游吸附床层的吸附剂，阻挡其进入格栅内部，它的主要功能是收集上游吸附床层流入的流体，将原料和解吸剂等外部流体导入吸附塔，将抽出液和抽余液等流体抽出吸附塔，强化流体在其内部的混合，使流体均匀地分配到下游吸附床层。中国石油格栅结构如图4-5和图4-6所示。

4）关键技术指标

耦合工艺中吸附单元PX的回收率为97%，结晶单元的PX回收率约为90%，PX产品满足SH/T 1486.1—2008优级品要求。

5）核心关键设备

（1）结晶器。

釜式结晶器结构如图4-15所示，结晶器是立式圆柱容器，底部成锥形。圆柱体部分采用夹套设计，结晶过程产生的结晶热通过夹套中的制冷剂移走。结晶器内部设置有刮刀，通过刮刀的低速转动，持续刮除结晶器表面上形成的晶粒。

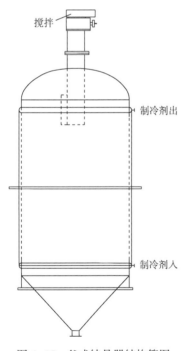

图4-15　釜式结晶器结构简图

釜式结晶器的优点在于，结晶过程所产生的过饱和度能及时被结晶器中的晶体很快消耗掉，结晶器中的过饱和度较低，且分布较均匀，因此晶体的成核速率也较低，能得到粒度较大的对二甲苯晶体，便于后续的固液分离。不足之处在于，单位体积所提供的换热器面积较小，为增大结晶器的换热器面积，通常需增大结晶器的直径和高度。

（2）压力转鼓过滤机。

旋转压力过滤机是集过滤、洗涤和干燥于一体的机组，主体结构由转鼓和壳体组成。转鼓在其圆周上被分隔成一系列同等大小、类似于漏斗的单元室，圆桶形壳体被隔离单元分隔为4～5个相互独立的腔室，转鼓单元室内的滤液通过转鼓内侧滤液管排放到转鼓一端，由控制头收集到外部装置，转鼓上的单元室随转鼓转动进入不同的腔室可执行不同的操作，如过滤、洗涤、出料等操作。机组工作时转鼓以调速方式在一个压力壳体内旋转，转鼓与壳体之间采用特殊设计的填料密封，而壳体被加压隔离单元分成不同的单元室，机组在加压状态下，悬浮液从过滤液入口不断地进入过滤单元室，滤饼在过滤单元室中积攒，并随着转鼓的旋转被输送到后续不同的单元室中，过滤、洗涤可在一个或几个单元室中完成，当单元室被滤饼完全填满后，洗涤液便从不同的清洗液入口输入，置换流体穿过滤饼，洗涤后的滤饼旋转到另一区域进行卸料，结构如图4-16所示。

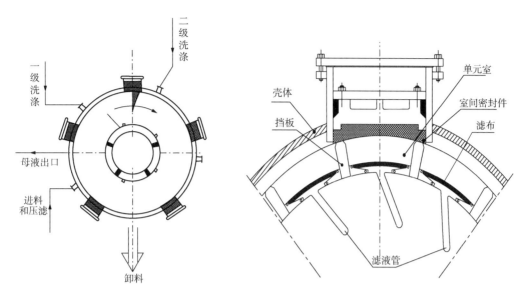

图4-16 压力转过滤机结构简图

压力转鼓过滤机操作辅助设施少，能耗低，生产能力大。相对离心机来说，结构简单，转速低，没有复杂的润滑油系统，占地面积小，省去了复杂的控制系统，设备可靠性强。

3. 工艺简介

中国石油吸附结晶耦合技术的工艺原则流程如图4-17所示。首先利用吸附单元对低对二甲苯含量的 C_8 芳烃原料进行提浓，得到高对二甲苯含量的 C_8 芳烃物料，然后将这部分高对二甲苯含量的 C_8 芳烃送入结晶单元生产对二甲苯产品。结晶单元的结晶母液返回吸附单元提浓，吸附单元抽余液进入异构化单元，经异构化反应后得到接近热力学平衡组成的低对二甲苯含量的 C_8 芳烃原料。如果联合装置中有其他来源的高对二甲苯含量的 C_8 芳烃原料，例如来自甲苯择形歧化、甲苯甲基化等工艺的原料，则这部分原料也可以与吸附提浓后的 C_8 芳烃一起，直接送入结晶单元进行结晶分离。

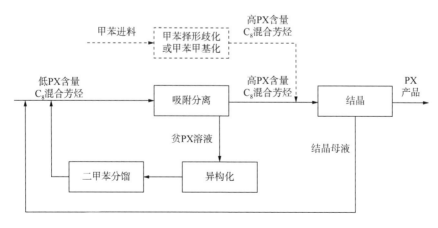

图4-17 吸附结晶技术工艺原则流程图

1）吸附单元

吸附结晶耦合工艺中吸附单元的作用是 PX 的提浓，利用吸附剂对 PX 的选择性吸附从混合 C_8 芳烃进料中将对二甲苯的浓度从 20% 提到 90% 以上，其分离精度要求低于常规的吸附分离工艺，因此模拟移动床的床层数量和吸附剂装填量均少于常规的 PX 吸附工艺。对于相同的处理能力和产品收率，耦合工艺中模拟移动床的床层数量由常规 PX 吸附分离的 24 个床层减少为 12 个床层，吸附剂的装填量约为常规 PX 吸附分离工艺的一半。

中国石油吸附结晶耦合技术吸附单元流程如图 4-18 所示。采用 12 个床层的吸附塔，吸附塔操作压力 0.88MPa，操作温度 135℃，每个吸附床层设一套物料进出分配收集管线，由开关阀控制各进出物料的位置。利用循环泵将吸附塔首尾相接，形成一个闭合回路。吸附塔的进出物料包括吸附原料、解吸剂、抽出液、抽余液以及管线冲洗物料。开关阀在程序控制下周期性地改变各物料进出口位置，实现吸附剂相对于进出物料的模拟移动，各物料间相对位置(间隔的床层数和次序)保持不变，使区域沿着床层周期性循环，达到连续吸附分离的目的。设置床层管线冲洗，采用解吸剂将床层管线中存留的物料冲洗进入特定的床层，以保证产品的纯度。

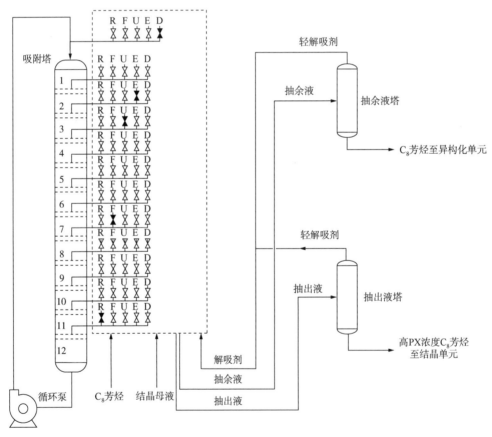

图 4-18 耦合工艺中吸附单元工艺流程图
R—抽余液；E—抽出液；D—解吸剂；F—进料；U—反洗液

C$_8$芳烃经过滤器除去固体微粒后进入吸附塔的吸附区。在吸附区域内，对二甲苯被吸附在吸附剂上，抽余液(未被吸附的 C$_8$芳烃与解吸剂的混合物)从吸附区下部流出，送至抽余液塔。在抽余液塔中经蒸馏将 C$_8$芳烃和解吸剂分离，塔底分出 C$_8$芳烃作为异构化装置的原料送至异构化单元，塔顶产品，即解吸剂与抽出液塔顶的解吸剂混合送入吸附塔的解吸区。

吸附塔提纯区下部的抽出液(被吸附的对二甲苯和解吸剂)从吸附塔引出后进入抽出液塔，经蒸馏将对二甲苯和解吸剂分离。塔底产品为粗对二甲苯，送往后续结晶单元处理。抽出液塔顶物即为解吸剂，与抽余液塔顶的解吸剂混合，返回吸附塔循环使用。

2) 结晶单元

当结晶进料中 PX 含量达到90%时，其饱和结晶温度为9℃，采用单级结晶，在结晶温度为−15℃时便可以获得90%的 PX 收率，但是在高收率的单级结晶过程中，晶浆中固含量高，在晶浆的输送过程中，易造成管路和结晶器堵塞，并且在使用 PX 产品作为洗涤液洗涤滤饼时，洗涤液在洗涤过程中易降温结晶析出，影响洗涤效果，加大了洗涤液的用量和母液循环量。综合考虑，结晶分离工艺采用三级结晶工艺保证收率和产品纯度，其工艺流程图如图4-19所示。

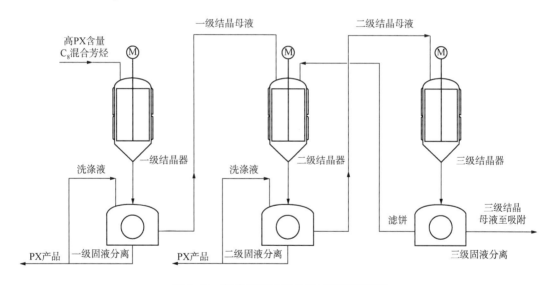

图 4-19　耦合工艺中结晶单元工艺流程图

M—电动机

PX 经吸附单元提浓后送入一级结晶器进行降温结晶，所得晶浆进入一级固液分离设备进行固液分离和洗涤纯化，一部分作为产品采出，其余部分作为洗涤液返回固液分离设备进行洗涤；一级结晶母液和三级结晶滤饼送入二级结晶器中进行重浆结晶，所得晶浆送入二级固液分离设备进行固液分离和洗涤纯化，一部分作为产品采出，其余部分作为洗涤液返回固液分离设备进行洗涤；二级结晶母液送入三级结晶器中进行降温结晶，晶浆经固液分离后，滤饼送至二级结晶器，三级结晶母液返回至吸附单元。

第三节 技术展望

芳烃分离技术经过多年的发展，芳烃抽提技术、精馏技术已经相对成熟，新型吸附剂的开发和吸附分离工艺的优化将是吸附分离技术今后的发展方向，结晶分离技术未来的发展方向将是关键设备的大型化。近年来膜分离技术进步显著，为芳烃分离提供了新路线，发展前景广阔。

（1）吸附剂始终是吸附分离技术进步的核心，对于柴油吸附分离与PX吸附分离，吸附剂材料的选择在传统沸石材料基础上，可进一步探索具有更大选择性容积的新型吸附材料。金属—有机骨架化合物（MOFs）材料吸附性能优异，有望成为下一代吸附剂的主要材料。

（2）在吸附分离工艺方面，可结合新型用能设备和节能设备的开发与应用，推进吸附工艺进一步节能降耗。在工艺控制方面，开发吸附分离动态模拟模型，实现吸附分离仿真过程，同时探索"数字孪生"功能，根据工业数据回归拟合模型参数，预测模拟优化、故障诊断及智能控制。

（3）现代设备生产制造水平和自动化控制水平不断提高，结晶分离技术应持续推进节能型结晶器、固液分离设备的大型化，降低结晶分离技术的投资和生产成本。

（4）膜分离是近年来出现的一种新型分离手段，具有环境友好、操作简单和低能耗等优点。无支撑的碳分子筛中空纤维膜带有狭缝样的运输通道，具有很高的生产效率，该分子筛膜通过反渗透分离原理被应用于二甲苯异构体的分离，渗透通量和机械强度比传统沸石分子筛高出1个数量级[16]，展现了非常好的应用前景。

参 考 文 献

[1] 赵仁殿，金彰礼，陶志华. 芳烃工学[M]. 北京：化学工业出版社，2001.

[2] 柯晓明，王丽敏. 中国第五阶段汽柴油质量升级路线图分析[J]. 国际石油经济，2016，24（5）：21-27.

[3] 郭春垒，范景新，臧甲忠，等. 柴油高值化综合利用技术发展现状及分析[J]. 化工进展，2018，37（11）：4205-4213.

[4] 戴厚良. 芳烃技术[M]. 北京：中国石化出版社，2014.

[5] 徐向荣. 1.2Mt/a石脑油吸附分离装置运行状况分析[J]. 石油炼制与化工，2019，50（5）：33-38.

[6] 王连英，杨国明，辛靖，等. 吸附工艺脱除柴油中芳烃的研究进展[J]. 石化技术与应用，2021，39（1）：66-69.

[7] 叶振华. 化工吸附分离过程[M]. 北京：中国石化出版社，1992.

[8] 李敏，危凤. 新型模拟移动床技术进展[J]. 化工进展：2011，30（8）：1651-1657.

[9] 王德华，王辉国. 模拟移动床技术进展[J]. 化工进展，2004，23（6）：609-614.

[10] Broughton D B, Gerhold C G. Continuous sorption process employing fixed bed of sorbent and moving inlets and outlets：US2985589[P]. 1961-05-23.

［11］臧甲忠，李滨，范景新，等．一种吸附分离多环芳烃的吸附剂及制备方法：CN105536695A［P］．2016-05-04.

［12］许贤文，卢秀荣，刘林洋，等．适于重芳烃高效分离的模拟移动床：CN201620872224.6［P］．2017-02-22.

［13］商硕，孙富伟，劳国瑞，等．一种吸附塔格栅：CN201921993896.2［P］．2020-09-29.

［14］卢秀荣，孙富伟，劳国瑞，等．生态几何自扩展结构模拟移动床：CN202020362825.9［P］．2020-12-25.

［15］卢秀荣，劳国瑞，孙富伟．对二甲苯吸附分离工艺技术进展［J］．能源化工，2015，36(3)：15-18.

［16］Koh D Y，Mccool B A，Deckman H W，et al. Reverse osmosis molec-ular differentiation of organic liquids using carbon molecular sievemembranes［J］. Science，2016，353(6301)：804-807.

第五章　芳烃衍生物

芳烃衍生物指芳烃分子中的氢原子被其他原子或原子团取代而形成的化合物[1]。芳烃衍生物广泛应用于合成纤维、合成树脂、合成橡胶等领域，是一类关系国计民生的重要有机化工品。

芳烃衍生物主要分为苯的衍生物（如苯酚、硝基苯、己二腈、双酚 A 等）、甲苯的衍生物（如硝基甲苯、苯甲酸、异氰酸酯等）及二甲苯的衍生物（如对苯二甲酸、间苯二甲酸、苯酐等）。中国石油对苯二甲酸技术的成功开发及应用，解决了我国纺织和化纤工业可持续发展的瓶颈问题，开启了我国化纤产业发展的新格局，助推了我国由化纤大国向化纤强国的迈进。

对苯二甲酸作为聚酯工业的主要单体原料，根据下游产品差异化需求，可分别采用精制级对苯二甲酸（PTA）和聚合级对苯二甲酸（KPTA）。此外，根据产品改性需求，可采用精间苯二甲酸（PIA）作为第三单体。

第一节　精对苯二甲酸技术

PTA 是聚酯产业链上最重要的化工原料，按其用途划分，75%用于生产聚酯纤维，20%用于生产聚酯瓶片，5%用于生产聚酯薄膜等产品。聚酯广泛应用于纤维、塑料、电子、建筑等工业领域。截至 2020 年底，全球 PTA 产能超过 $1×10^8t/a$，我国产能约占 70%。

PTA 生产装置集技术密集、资金密集于一体，是典型、复杂的大型化工装置。随着国内聚酯产业的蓬勃发展，国内 PTA 行业也集聚了世界上最大规模产能、最先进工艺技术、最高一体化水平的生产能力，成为全球最大的 PTA 生产和消费中心。

一、国内外技术进展

PTA 生产技术起源于阿莫科（Amoco）法[2]，到 20 世纪后期，先后有杜邦（DuPont）、三井油化（Mitsui）、日立（Hitachi）等公司开发出了各自的专利技术。到 21 世纪初，昆仑工程公司开发出了具有自有知识产权的 PTA 生产技术，一举打破了国外 PTA 技术对我国的长期垄断。我国自主 PTA 技术的快速崛起，带动了 PTA 工艺技术跨越式发展，同时也提升了大型装备制造业的水平，PTA 技术朝着流程集约化、规模大型化、控制智能化的方向大步迈进。

代表国际最先进水平的 PTA 技术掌握在英力士（原 BP）、英威达（Invista）、中国石油三家专利商手中。

1. 英力士技术

英力士工艺源自中世纪（MC）公司专利技术[3]，1954 年发明了 PX 空气液相氧化工艺，反应器为带搅拌器的釜式反应器。美国石油公司 Amoco 于 1956 年从 MC 公司购得该技术，并对高温氧化法工艺进行了改进，使氧化反应温度降至 193～200℃。1965 年，该公司成功地开发出加氢精制新工艺，同时又将工艺过程由原来的间断法改成连续法，实现了 PTA 生产工业化，至此逐渐形成了完整的 Amoco 工艺。1999 年，Amoco 公司被 BP 收购，其 PTA 生产工艺相应改称 BP-Amoco 工艺，即 BP 工艺技术。2020 年底，BP 将化工业务出售给英力士。

20 世纪 90 年代后期，BP 在珠海新建的 PTA 装置采用了溶剂置换技术，2015 年，英力士的最新工艺应用于 BP 珠海三期 125×10⁴t/a PTA 装置[4-5]。

2. Invista 技术

Invista 工艺即原 DuPont-ICI 工艺[3]，采用带搅拌器的釜式反应器。帝国化学（ICI）公司于 1958 年独立开发了 PTA 生产技术。1998 年，DuPont 公司收购了 ICI 的 PTA 业务，因此，称为 DuPont-ICI 工艺。2003 年，DuPont 公司将中间体制造等所有业务剥离给其新成立的 Invista 公司。2004 年，美国科氏工业集团（Koch Industries）旗下的子公司 KOSA 购买 DuPont 控股的 Invista 公司。

2015 年 7 月，Invista 公司开发出最新 P8 工艺技术[6]，并授权嘉兴石化使用。

3. 中国石油技术

2002 年开始，昆仑工程公司（前身为中国纺织工业设计院）牵头组织高等院校、生产及制造企业，联合攻关开发出 PTA 成套核心技术和关键装备，并获得了财政部、国家发展和改革委员会专项资金支持；2003 年，依托于济南正昊 10×10⁴t/a PTA 装置进行了工业化试验；2005 年，以济南正昊新材料股份有限公司 60×10⁴t/a PTA 工艺技术为依托，开发出以无搅拌鼓泡塔式 PX 氧化反应器为特点的 PTA 工艺技术包，成为国内唯一拥有 PTA 成套技术的专利商。

2009 年，首套专利授权许可的 90×10⁴t/a PTA 工业示范装置顺利投产运行，成为当时世界上单套产能最大的装置。该项目打破了 PTA 技术长期被国外垄断的格局，结束了关键装备长期依赖进口的历史，促进了大型装备制造业的进步，对我国 PTA 工业的发展有里程碑式的意义。该技术获得 2014 年国家科技进步奖二等奖。

2020 年，采用第三代 PTA 技术的单系列 120×10⁴t/a PTA 装置顺利投产，成为世界上 PTA 装置单线最大的鼓泡塔式氧化反应器，该技术达到国际先进水平，其中主要原料 PX 消耗持续处于国际领先水平。

二、工艺原理

目前工业上 PTA 的生产均采用空气液相氧化法，该方法主要分为氧化和精制两个过程。

1. 氧化

PX 和压缩空气中的氧气在以醋酸（HAc）为溶剂，醋酸钴和醋酸锰为催化剂，氢溴酸为促进剂，在反应温度 170～190℃、压力 0.9～1.3MPa 的条件下生成粗对苯二甲酸（CTA）。PX 氧化反应过程相当复杂，除 PX 氧化成 PTA 的主反应之外，还伴随着副反应的发生。

1）主反应

PX 甲基上的氢原子被取代是一个连串的多步氧化过程。研究表明，PX 的连串反应符合典型的自由基链式反应的特征。PX 苯环上的甲基被氧化为醛基，醛基再继续被氧化为羧基，然后第二个甲基再依次氧化，最终生成 PTA。反应过程中有中间产物对甲基苯甲醛（p-TALD）、对甲基苯甲酸（p-TA）和对羧基苯甲醛（4-CBA）等生成。其中由 p-TA 氧化生成 4-CBA 最为困难，是整个反应的控制步骤。PX 氧化反应历程如下：

由于芳烃氧化的活化能相对较高，没有催化剂时，即使高温也难于反应，醋酸钴的存在能明显提高氧化速率[7]。钴在反应中呈两种价态——Co^{3+} 和 Co^{2+}，Co^{3+} 约占总量的 1%，Co^{3+} 在醋酸溶剂中的氧化还原电势高达 1.9V，是极强的氧化剂，可以使反应顺利引发。

（1）链引发。

$$Co^{2+}+4H^{+}+O_2 \longrightarrow Co^{3+}+2H_2O$$
$$Co^{3+}+RCH_3 \longrightarrow Co^{2+}+RCH_2 \cdot +H^{+}$$

（2）链增长。

$$RCH_2 \cdot +O_2 \longrightarrow RCH_2OO \cdot$$
$$RCH_2OO \cdot +RCH_3 \longrightarrow RCH_2OOH+RCH_2 \cdot$$
$$RCH_2OOH+Co^{2+} \longrightarrow RCH_2O \cdot +Co^{3+}+OH^{-}$$
$$RCH_2O \cdot +RCH_3 \longrightarrow RCH_2OH+RCH_2 \cdot$$

（3）链中止。

$$2RCH_2OO \cdot \longrightarrow RCH_2OH+RCHO+O_2$$
$$H^{+}+OH^{-} \longrightarrow H_2O$$

反应生成的醇再进一步氧化生成醛、酸，得到目的产物 TA。

由于钴有强烈的脱羧副反应效果，钴单独催化 PX 氧化反应时，造成反应的选择性降低。当部分钴用等量的锰来代替时，反应速率成倍增加，表现出很强的协同效应[7-8]。当 Mn^{2+} 加入 Co^{3+} 时，Co^{3+} 将 Mn^{2+} 氧化为 Mn^{3+}，Co^{3+} 的半衰期为 14min，Mn^{3+} 的半衰期为 790min。从而大大降低了 Co^{3+} 的浓度，减弱 Co^{3+} 的脱羧作用，而三价离子的浓度升高，进一步提高催化剂的选择性和活性。

$$Co^{3+}+Mn^{2+} \longrightarrow Co^{2+}+Mn^{3+}$$

在醋酸溶剂中，强氧化剂被醋酸包围，而 Co^{3+} 的脱羧作用使大量醋酸发生反应，造成溶剂损失。引入溴后，Co^{3+} 将 Br^{-} 氧化为自由基，活泼的 Br 自由基与 PX 反应，从而引发反应，大幅降低 Co^{3+} 的脱羧作用。在锰存在的条件下，形成 Co/Mn/Br 三元催化体系，使反应速率和选择性大大提高，而 Co/Mn/Br 的比例根据反应条件进行调节。

$$Co^{3+}+Br^{-} \longrightarrow Co^{2+}+Br \cdot$$

$$Mn^{3+}+Br^{-}\longrightarrow Mn^{2+}+Br\cdot$$

$$Br\cdot+RCH_3\longrightarrow HBr+RCH_2\cdot$$

此三元催化体系在催化过程中形成 Co/Mn/Br 催化循环，以 p-TA 氧化过程为例，如图 5-1 所示。

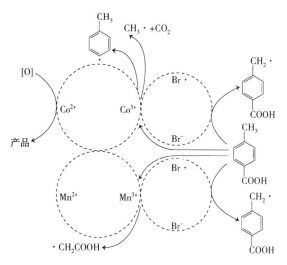

图 5-1　Co/Mn/Br 催化循环图

2）副反应

氧化过程发生的副反应要比主反应复杂得多。PX 的氧化反应是在较高温度及过量氧气条件下进行的。因此，在主反应进行的同时，系统中的 PX 与醋酸溶剂会发生不同程度的氧化，生成一氧化碳、二氧化碳和水，以及苯甲酸、醋酸甲酯和芴酮醌类杂质等。PX 和醋酸的主要氧化副反应如下：

$$2\ \text{(对二甲苯)} +21O_2\longrightarrow 16CO_2+10H_2O$$

$$CH_3COOH+O_2\longrightarrow 2CO+2H_2O$$

$$CH_3COOH+2O_2\longrightarrow 2CO_2+2H_2O$$

$$2\ \text{(对二甲苯)} +2CH_3COOH+3O_2\longrightarrow 2\ \text{(苯甲酸)} +2CH_3COOCH_3+2H_2O$$

影响氧化反应的主要因素有温度、压力、催化剂和促进剂的组成及浓度、水含量、溶剂比(HAc/PX)、氧分压、停留时间等。在实际生产中，需要严格控制各工艺参数的变化，确保工艺过程处于安全、高效、经济的操作范围内。各种可变因素对 PX 氧化反应的影响见

表 5-1。

表 5-1 各种因素与 PX 氧化反应的关系

变 量		主反应速率	4-CBA 含量	燃烧反应程度
催化剂组成	钴浓度 增加（降低）	增加（降低）	降低（增加）	增加（降低）
	锰浓度 增加（降低）	增加（降低）	降低（增加）	增加（降低）
	溴浓度 增加（降低）	增加（降低）	降低（增加）	增加（降低）
溶剂比 增加（降低）		增加（降低）	增加（降低）	增加（降低）
氧分压 增加（降低）		增加（降低）	降低（增加）	增加（降低）
反应物料含水量 增加（降低）		降低（增加）	增加（降低）	降低（增加）
反应温度与压力 增加（降低）		增加（降低）	降低（增加）	增加（降低）
停留时间 增加（降低）		增加（降低）	降低（增加）	增加（降低）
尾气中 CO$_x$ 含量 增加（降低）		增加（降低）	降低（增加）	增加（降低）

PX 氧化生成的杂质中，对产品质量危害最大的是 4-CBA，其含量对后续聚酯产品质量影响极大。上述各因素均能影响 PTA 中 4-CBA 的含量，从而直接影响到产品的质量和原材料的消耗。因此，在生产过程中必须严格控制。

2. 精制

1）加氢反应

加氢精制过程中，以钯炭（Pd/C）为催化剂，在反应温度 280～290℃、压力 7.5～9.0MPa 的条件下，PTA 在水中完全溶解，其中的主要杂质 4-CBA 与氢气在催化剂的作用下发生还原反应，进而实现产品的精制。

影响加氢反应的主要因素有温度、压力、浆料浓度、氢分压以及停留时间等。同时，应严格控制压力平稳和避免引入有害杂质，以免钯炭催化剂破碎或者失活，从而降低催化剂使用寿命，影响加氢反应速率，降低产品质量。

2）结晶

结晶过程的目的主要有两个，即完成产品提纯和得到合适粒度的产品，对产品收率和质量具有重要影响。结晶物系的溶解度、介稳区宽度及结晶动力学规律是结晶系统的技术基础。4-CBA 反应生成的 p-TA 在水中溶解度比 PTA 高，溶解度如图 5-2 所示[9-12]，加氢反应后的浆料经过梯级闪蒸降压结晶后，依据溶解度差对 p-TA 进行分离。介稳区宽度取决于超溶解度曲线的位置，受多种因素的影响，包括有无搅拌及搅拌强度、冷却速率、加入晶种种类及数量、pH 值等，综合各种因素得到的结晶动力学为结晶过程控制提供理论基础。

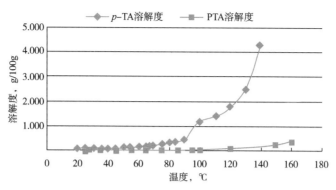

图 5-2 *p*-TA 和 PTA 在水中的溶解度

三、中国石油 PTA 技术

2000 年前后国内建设的 PTA 装置，工艺技术和关键装备全部从国外引进，国内产能不足 $250×10^4 t/a$，严重制约化纤产业的发展。2002 年开始，昆仑工程公司牵头组织产、学、研联合攻关开发 PTA 核心技术和关键装备，形成了 PTA 成套工艺技术包，并于 2007 成功商用。

2009 年工业示范装置一次性开车成功后，在中国石油的支持下，PTA 技术升级到第二代，依托于中国石油芳烃重大科技专项，形成了绿色低碳的单系列百万吨级第三代 PTA 成套工艺技术及装备，跻身于世界领先行列。

1. 研究与试验发展

中国石油对氧化反应动力学、加氢反应动力学、氧化和精制结晶动力学等关键技术进行了研究，奠定了工业生产技术的基础。

1）氧化反应动力学研究

氧化反应动力学研究是进行工艺与工程技术开发的基础，通过实验考察反应过程的化学特性，定量分析温度、压力、浓度、催化剂等条件对反应过程的影响，认识其反应规律和机理。并通过建立氧化反应过程动力学和反应器的数学模型，为氧化反应器设计提供基本工艺参数和设计依据。

搭建氧化反应动力学试验装置，主反应器装置为 0.5L 的钛材高压反应釜，配套搅拌器、冷却系统、加热系统、尾气冷却系统，如图 5-3 所示。考察反应温度、反应压力、氧分压、溶剂比、催化剂配比以及水含量等因素对氧化反应过程的影响。

图 5-3 氧化反应动力学试验

PX 及反应中间产物随时间的变化情况如图 5-5 至图 5-8 所示。在不同溶剂比下，PX 含量随时间逐渐降低至接近反应完全，p-TALD、p-TA、4-CBA 均在短时间内到浓度高峰，然后逐渐降低，与自由基链式反应机理吻合良好，验证了反应动力学过程。

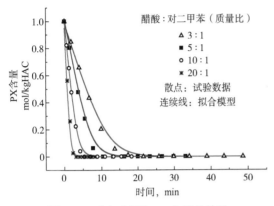

图 5-4 反应时间和 PX 含量的关系

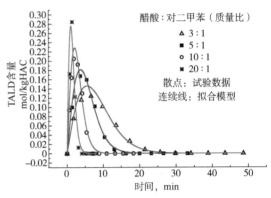

图 5-5 反应时间和 TALD 含量的关系

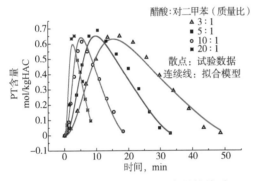

图 5-6 反应时间和 p-TA 含量的关系

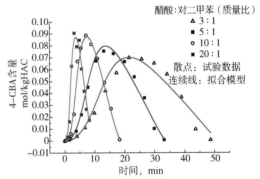

图 5-7 反应时间和 4-CBA 含量的关系

对二甲苯液相氧化是典型的自由基连串反应，涉及多个中间组分。根据不同温度下中间组分浓度和时间的关系，采用双曲型动力学模型拟合实验数据获得各组分的活化能在 54~93kJ/mol 之间，其中 p-TA 氧化为 4-CBA 的活化能最大，4-CBA 反应步骤次之，说明对二甲苯上的第 2 个甲基或醛基的氧化更容易受到温度变化的影响，各反应步骤的活化能及速率常数的比较说明，对现有的 PX 工业氧化过程，p-TA 氧化不仅是温度变化最为敏感的反应步骤，也是氧化过程的速率控制步骤。

通过氧化动力学试验研究得到，在不同钴锰配比下，各步骤反应速率常数比较接近，整体上呈现明显的规律性，在钴锰比为 1:1 时所有反应速率常数最大，而钴锰比为 1:3 和 3:1 时反应速率相近，因此，可认为在钴锰比为 1:1 时，反应体系中形成了具有良好催化活性的钴-锰簇合物，即最佳的钴锰配比。在反应过程中，溴作为催化剂的促进剂主要提供具有反应活性的溴自由基，在反应链的传递中扮演十分重要的角色，对反应速率有显著影响。考虑到溴浓度过高会带来环境污染和设备腐蚀等问题，一般将溴浓度控制在总金属离子浓度的 0.5~1.0 倍。

副反应动力学研究发现，在反应进程中，CO_x（CO 与 CO_2 的混合物）的生成速率按其特征可大致分为三个阶段：反应初期，随着主反应的剧烈进行，CO_x 生成速率也急剧增加，出现第一个峰值；反应中期，CO_x 的生成速率相对恒定；反应后期，CO_x 的生成速率再次上升。分析表明，在液相各组分中，醛类物质的深度氧化和溶剂醋酸的脱羧是生成 CO_x 的主要来源；随着反应温度的升高，钴锰配比的增大，催化剂浓度的增加，燃烧副反应都有加快的趋势，与主反应相比，燃烧副反应速率对各因素变化的敏感性以钴锰比最大，温度次之，溴浓度影响最小。为抑制工业过程的燃烧消耗，宜采用较低的钴锰配比，增加溴浓度，降低反应温度。在强化主反应的同时，采取适当措施优化工艺条件以抑制燃烧反应，使氧化反应向着目标产物最大化方向进行，可降低原料消耗，节省运行成本。

结合实验数据采用最小二乘法求解得到常微分方程组中的动力学常数，建立动力学模型，并预测不同温度下反应物、产物浓度随时间及催化剂浓度等参数的变化，并基于全混釜质量与热量守恒建立反应器数学模型。

2）加氢反应动力学研究

加氢反应动力学试验在体积为 1L 的反应釜内进行，内部设置催化剂转框，配套压力控制系统、加热系统、取样系统等。研究温度、浓度等因素对反应速率的影响。4-CBA 催化加氢反应动力学采用表观动力学方程：

$$-r_A = k_{0a} e^{\frac{E_a}{RT_s}} c_{Ab}^{n_a}$$

$$k_a = k_{0a} e^{-\frac{E_a}{RT_b}}$$

式中　r_A——反应速率，mol/（L·min）；

　　　c_{Ab}——反应物浓度，mol/L；

　　　T_b——非反应相温度，K；

　　　T_s——本征反应温度，K；

　　　k_a——表观速率常数，min^{-1}；

　　　k_{0a}——频率因子，min^{-1}；

　　　E_a——活化能，kJ/mol；

　　　n_a——反应级数。

研究表明，4-CBA 在高温反应过程中发生两个平行反应，即加氢还原为 p-TA 和脱羧反应。在低温反应条件下，脱羧反应较弱，以加氢还原为 p-TA 为主。氢分压影响较小，氢分压高于 0.6MPa 时影响可以忽略。当温度过高时，过度加氢更为明显，影响产品收率。

3）氧化和精制结晶动力学研究

结晶动力学试验在容积为 5L、带有磁力搅拌和热油夹套的钛材釜内进行，通过加热智能控制系统控制程序升温、降温。测定了结晶成核与生长速率的影响因素，得到结晶规律。

结晶过程主要为二次成核，成核表达式为：

$$B_s = K_N N_p^l M_T^j \Delta C^b$$

式中　B_S——二次成核速率，个/（m^3·s）；

　　　K_N——二次成核速率常数；

　　　N_p——搅拌速率，r/min；

　　　M_T——晶浆密度，kg/m^3；

ΔC——过饱和度，g/100g；

l，j，b——成核指数。

晶核形成后，以过饱和度为推动力，溶质分子或离子继续一层层排列到晶核上使晶体长大。晶体成长过程采用扩散理论来描述，生长速率表达式为：

$$G = K_g \exp \frac{-E_g}{RT} \Delta C^g$$

式中　G——晶核生长速率，m/s；

K_g——晶体生长速率常数；

E_g——晶体生长表观活化能，kJ/mol；

ΔC——过饱和度，g/100g；

g——指数。

结合结晶热力学和动力学模型，建立连续多级降压蒸发过程模型，形成 CTA 连续三级结晶、PTA 五级结晶的理论基础。TA 浓度通过迭代求解，首先提供初值，用牛顿—拉森夫法联立求解物料、热量衡算方程组，结合粒数衡算方程、结晶热力学、结晶动力学及悬浮密度公式求出新的 TA 浓度；再以新的浓度赋予初值，重新迭代求解，直至收敛。求解过程如图 5-8 所示。

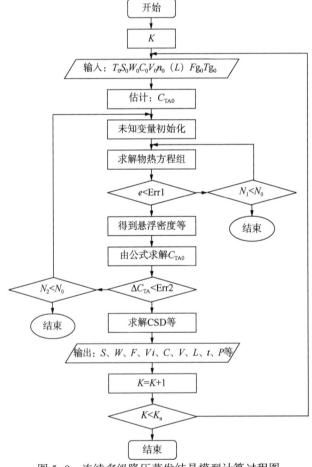

图 5-8　连续多级降压蒸发结晶模型计算过程图

通过模拟连续多级降压蒸发结晶过程，建立了结晶过程数学模型。通过分析计算，获得了精制结晶器结构设计参数，同时也确定了搅拌器放大准则、搅拌器形式、搅拌功率等基础参数，为工程设计提供了理论依据。

在高温、高压逐级降压蒸发结晶精制过程中，利用工业试验数据优化回归结晶动力学参数的模拟计算软件，根据连续降压蒸发结晶的工业实验数据，优化回归获得 CTA、PTA 多级降压蒸发结晶过程的结晶动力学参数，经模型计算和工业试验数据的比较，验证了结晶动力学参数的可靠性，并利用工业试验数据回归修正动力学模型。

4）材料腐蚀试验研究

试验研究微量醋酸环境对 S31603、S30403 的腐蚀作用，装置为哈氏合金高压釜（图 5-9）。将不同材质的试片挂于反应釜内，考察在 1%、2% 微量醋酸介质中，高温、高压条件下的腐蚀情况。

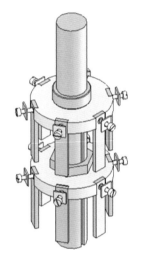

图 5-9　材料腐蚀试验装置

通常不锈钢在高温水环境中表面会形成一层腐蚀产物膜，产物膜的内层以 Cr_2O_3、Fe_3O_4 等为主，与金属的附着性较好，对金属本体有保护作用；外层则以 Fe_3O_4 为主，其为多孔的结晶颗粒，对金属保护性不好。在含醋酸环境中，醋酸在溶液中存在如下电离平衡：

$$CH_3COOH \rightleftharpoons CH_3COO^- + H^+$$

在高温时，醋酸电离度增大，溶液中的 H^+ 浓度升高。H^+ 作为阴极去极化剂，通过下述阴阳反应促进金属的溶解。溶解的金属离子与醋酸根进行络合反应，形成稳定的配位化合物。

阳极反应：$Me \longrightarrow Me^{n+} + ne$

阴极反应：$2H^+ + 2e \longrightarrow H_2$

可见，在醋酸环境中，由于 H^+ 的存在，会促进不锈钢表面金属离子的溶解，溶解的金属离子又会与醋酸根离子结合形成配位化合物，从而在 S30403 不锈钢表面形成复杂的腐蚀产物（包括金属氧化物、氢氧化物与醋酸根络合形成的配位化合物等），试验结果表明，试样表面生成了金属氧化物，对金属的腐蚀有一定的保护作用。

在气相空间中，腐蚀产物膜在试样表面的覆盖并不完全，仍有本体金属裸露，因此腐蚀速率变化小，且腐蚀速率相对较大。试验研究表明，在考虑腐蚀裕量的情况下，工业选用材质能够满足装置使用要求。

5）氧化反应器CFD模拟

对鼓泡塔式氧化反应器内传递现象进行数学建模，通过机理性的数学模型研究，探索其过程传递规律，获取复杂传递过程中的详细信息，发现其存在的缺陷以及不足之处，找到并消除其传递过程的问题。因此，进行氧化反应器CFD模拟，有利于进行反应器的放大和设计，增加工程设计的可行性、可靠性和安全性。

首先，建立PX鼓泡塔式氧化反应器冷态模型并与仿真结果进行对比验证，研究其内在的宏观流体力学并获得相应参数，并将模拟值与实验数据进行比较，使之趋势相符并且误差在工程设计允许的范围之内。然后，建立 $60 \times 10^4 t/a$ PTA 氧化反应器模型，结合专利工厂运行数据进行验证，对模型参数进行回归优化。在此基础上，完成百万吨级氧化反应器模拟放大及工程设计。

（1）冷态模拟。

建立内径 800mm、高 2200mm、壁厚 15mm 有机玻璃冷态模拟试验平台进行分布器、气含率、固含率、气泡直径、表观气速、高径比等研究，如图 5-10 所示。得到气液两相分散特性、气液固三相悬浮特性及氧化反应器高度沿程流动规律，获得了高气速、高固含量下鼓泡塔式反应器的冷模研究数据库。

（2）模型建立。

鼓泡塔式反应器具有大尺寸且复杂内构件，反应和分离相耦合，物理模型的建立和网格划分有一定的困难。根据流场特性采用分区画网格，对于圆柱体采用六面体结构性

图 5-10 氧化反应冷模试验

网格，由于含有复杂结构的气体分布器，采用非结构化的网格来减小网格生成的困难，将网格的分布与流场发展相一致，生成的网格数量要控制，需要在模拟的精度和计算效率之间寻找一个合适的平衡。

根据建立的物理模型进行合理分区，并进行多次结构化网格的生成，其网格分布如图 5-11所示。

（3）CFD 模拟结果。

反应器为鼓泡塔式结构，顶部设置精馏段，底部设置分布式进气和旋流式进气装置，以空气的动力及浮力、反应热产生的醋酸和蒸发的水提供搅拌动力，维持浆态床反应器内的物料悬浮。通过模拟与专利工厂的运行数据拟合，对反应器内压力分布、气含率分布、气速分布、浓度分布、温度流场等进行了系统性研究，研究结果如图 5-12 所示。

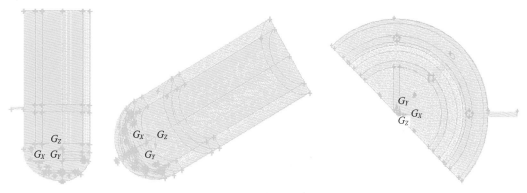

图 5-11　氧化反应器模型

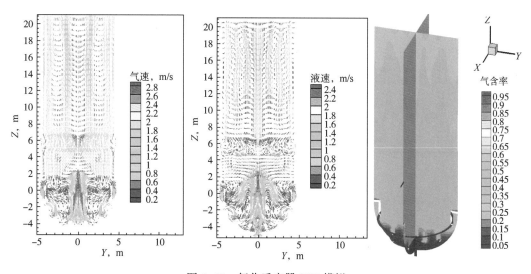

图 5-12　氧化反应器 CFD 模拟

对于工业大规模生产的浆态床反应器来说，在一定高径比范围内，高径比的影响不是决定性因素，而表观气速（气含率影响的决定性因素）和气体分布器是设计的关键。在处理量相同的条件下，从流动和混合的角度出发，增加高径比可增加表观气速和反应器内的气含率，有利于增大气液传质系数。但是过高的高径比由于气液相间传质的推动力减小甚至消失，传质能力不能充分利用。此外，气含率增加会导致反应器内有效反应体积减小，因此需要综合考虑。

氧化反应器的研究解决了多相强放热反应过程中的传质、传热关键技术问题。鼓泡塔式反应器单台生产能力达到 $120×10^4 t/a$，并成功商业化应用。

6）工业试验

开展一系列工业试验，对基础研究的试验结果进一步验证完善，为工业化 PTA 装置的模型优化、工艺流程优化、工业放大提供可靠的技术保证。

（1）氧化反应工业试验。

2003 年，中国石油牵头组织浙江大学、天津大学、济南正昊等高等院校和生产企业，依托济南正昊 7.5×10⁴t/a PTA 装置开展工业试验，试验装置如图 5-13 所示。考察中温、较低溶剂比的鼓泡塔式氧化反应器的稳定运行性能，评价经济技术指标的先进性，回归氧化反应动力学模型参数，优化空气分布器设计(图 5-14 和图 5-15)。

图 5-13　氧化、结晶工业试验装置

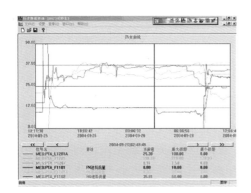

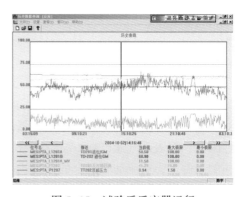

图 5-14　试验前反应器运行　　　　　图 5-15　试验后反应器运行

2004 年，完成全流程 80%、90% 和 100% 负荷下的性能标定，对重点关注的核心技术进行了试验验证，主要包括以下几个方面：

　　① 氧化反应器改造内部结构，研究反应器顶部传质分离效果；

　　② 氧化反应器无搅拌试验，考察反应器浆料挂壁和底部沉积状况；

　　③ 调整操作工况，验证氧化反应器的实际运行效果。

工业试验结果证明，改造为鼓泡塔式氧化反应器比之前运行更加平稳，反应器各项操作指标均符合预期。氧化反应体系中 p-TA 含量明显减少，产品质量显著提升，粒径虽有所减小，但粒度分布明显改善。

（2）结晶工业试验。

在济南正昊 7.5×10⁴t/a PTA 装置四级连续结晶降压蒸发工业试验装置上，调整操作工况，考察结晶温度、浆料浓度、停留时间等对产品粒径以及粒度分布的影响。取得了不同条件下的 PTA 产品粒度分布数据，通过模型计算，回归出 PTA 结晶动力学模型参数，修正了结晶模型，为工业规模结晶器的开发设计和优化提供了数据支撑。

完成 60×10⁴t/a PTA 生产装置 PTA 结晶工艺的模拟计算，提供工艺设计基础条件，进行方案比较，在产品收率相同的条件下，五级结晶工艺较四级更有优势。

（3）干燥机工业试验。

氧化和精制段旋转干燥机将含溶剂 8%～15% 的物料干燥成小于 0.2% 的干物料。旋转干燥机直径大、容积大、重量大，机械传动系统零部件多、结构复杂，动、静密封种类多，精度要求高，整体设备制造难度很大。联合锦西化工（机械）集团有限公司完成干燥机工业试验，制造了中试试验样机（图 5-16）。

图 5-16　干燥机试验

研究分析了含湿物料的干燥规律，建立了不同工况条件下物料干燥的数学模型，研究制定了干燥机的结构形式，通过进行三维模型设计和全工况应力分析，确定了总体设计方案，攻克了设计、制造系列技术难题。

（4）氧化母液处理及催化剂回收。

氧化母液处理及催化剂回收采用处理能力为 1.6×10⁴t/a 的装置进行中试试验，研究了不同温度下薄膜蒸发器回收醋酸的效率，不同氧化残渣温度、不同 pH 值下的催化剂回收效率及过滤性能，装置如图 5-17 所示。

图 5-17　氧化母液处理及催化剂回收试验

试验研究发现，采用碳酸钠沉淀法进行催化剂回收，钴、锰回收率为 88.9%~95%；滤液中钴锰损失率为 5%~10.8%，滤液是过滤过程钴锰损失率的主要来源，洗涤过程中钴锰损失率只有 0.1%~0.3%，洗涤用水量对钴锰回收率影响不大。解决了氧化母液中催化剂回收的问题，为 PTA 工艺的环保、低耗提供了技术支撑。

2. 技术发展历程

中国石油 PTA 技术经过十余年的发展，从第一代发展到第三代，工艺流程更为简洁先进，消耗排放更加低碳环保。

1）第一代 PTA 技术

2009 年，中国石油第一代 PTA 技术首套 $90×10^4$t/a PTA 装置投产运行。显著特征是采用无搅拌及特殊进气结构的鼓泡塔式氧化系统，以醋酸为溶剂，醋酸钴和醋酸锰为催化剂，氢溴酸作为促进剂，反应温度约为 185℃，反应压力约为 1.1MPa。反应条件温和，副反应少，PX 消耗低，产品质量好。生产过程包括空气压缩、氧化反应、氧化结晶、旋转真空过滤（RVF）、氧化干燥、氧化残渣处理、氧化尾气催化氧化（CATOX）、醋酸甲酯水解、精制浆料调配、加氢精制、精制结晶、精制浆料一步法旋转压力过滤（RPF）、精制母液处理（超滤、离子交换及反渗透）、污水处理和粉体输送等，装置布局合理，运行稳定，可操作性强。大型工艺空压机组、氧化反应器、精制反应器、脱水塔、CTA/PTA 结晶器、CTA/PTA 干燥机、旋转真空过滤机（RVF）、高速泵等关键设备均由国内设计、制造，按投资计设备国产化率超过 85%。

（1）新型无搅拌塔式氧化反应系统及装备。

对二甲苯氧化是自由基气、液、固三相反应，涉及反应结晶、气液传质、蒸发传热和气固传动等多个过程，具备化工过程"三传一反"全部特征。以适量的空气推动底部物料使之发生旋转运动，可保证系统气、固分布均匀，独创组合进气旋动装置，替代机械搅拌，既防止 PTA 物料沉积，又可节省投资超过 400 万美元的大型搅拌装置和 2000kW 以上的电力成本。设置顶部脱水段，可有效回收原料和溶剂，还可降低固、液夹带，实现了 PX 的吨产品消耗较国内外主流工艺降低 3kg 以上。反应器实现完全国内设计和制造，形成了 $90×10^4$t/a 的氧化反应工艺系统及装备，最大产能可达 $100×10^4$t/a，如图 5-18 所示。

图 5-18　氧化反应器设备图

（2）一步法无分区旋转压力过滤（RPF）新工艺。

精制浆料固液分离的目的主要是去除水分及其中的杂质 p-TA 和金属离子。为了克服传统的压力高速离心+常压高速离心（或旋转真空过滤）两步法分离技术的不足，通过研究杂质在晶体中的存在状态及包覆特点，开发了集压滤、洗涤、干燥、卸料于一体的一步法分离工艺技术。与传统的两步法工艺相比，具有流程短、效率高、设备故障少、维修成本低、单台处理能力大等特点，如图 5-19 所示。

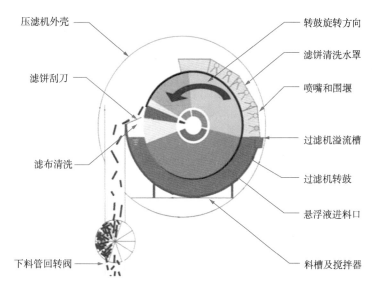

图 5-19　旋转压力过滤机主要工作原理

（3）超滤+离子交换+反渗透深度处理 PTA 母液新工艺。

母液中主要含有 TA、p-TA 和金属离子钴、锰，传统的处理方法是采用袋式过滤回收其中的 TA 和 p-TA 后，直接排入污水处理厂，造成原料消耗增加，并且污水处理负荷非常大。

研究分析母液组成特性，成功开发出深度处理技术。研究不同工况下，过滤材质、精度及形式对有机物过滤效果的影响，筛选涂覆金属氧化物滤材，采用并流过滤方式，最大限度地回收有机物。研究不同材质树脂和解吸剂对金属钴、铁、锰、钠离子等的吸附解吸性能，筛选合适的树脂和解吸剂，采用分级处理工艺，有效回收重金属离子。研究酸性废水和微量杂质对不同膜材的影响，筛选合适的反渗透膜，实现工艺水重复利用。

（4）首次实现了多项大型超限核心装备的自主设计和制造。

攻克了空气压缩机组、氧化反应器、加氢反应器、回转干燥机等大型关键装备设计、制造、检验等多项技术，成功实现国产化，结束进口历史，达到国际先进水平。

采用蒸汽轮机+尾气膨胀机+空气压缩机"三合一"机组，利用副产蒸汽、氧化尾气联合推动空气压缩机做功，产生氧化反应所用的压缩空气，如图 5-20 所示。利用先进的强度计算、长轴系转子动力学分析等技术，攻克了叶轮与齿轮轴的连接方式等难题。制定了与氧化反应及结晶、尾气催化氧化等系统的联锁控制方案，实现空压系统全面国产化，节省投资，大幅提升了大型机械装备自主设计和制造能力。

图5-20 "三合一"空压机组

氧化反应器为气、液、固三相反应器。通过研究解决了大型钛钢复合板设备制造过程中多项难题；应用三维模型模拟技术，控制空气分布器高速气流诱导振动对反应器结构的影响；首次对大型钛钢设备采用整体热气循环和阳极保护处理技术。

精制反应具有高温、高压、洁净度要求高、易发生氢脆等特点。通过应力分析优化结构，研究确定了筒体采用铬钼钢堆焊 E309L 和 E304L 制造工艺。为解决高温工况下的耐磨要求，研究确定了过滤内件采用硬质合金，开发模具并制定了加工方法。

通过建立中试装置，研究分析了含湿物料的干燥规律，建立了不同工况条件下物料干燥的数学模型。确定了干燥机的结构形式，并通过三维模型设计和全工况应力分析，制定了总体设计方案，攻克了设计、制造、检验等系列关键技术。

2）第二代 PTA 技术

2012 年，第二代 PTA 技术首套 PTA 装置投产运行，技术进步主要体现在优化工艺流程、降低物耗能耗，使 PTA 装置达到一个新的技术水平。

（1）工艺流程优化。

在已运行装置的基础上，对工艺进行优化，强化尾气洗涤系统，降低醋酸消耗。通过对装置换热网络进行整合，不仅降低高压蒸汽消耗，还实现装置对外发电。第二代 PTA 技术工艺流程如图5-21 所示。

（2）单套 PTA 装置突破 $150×10^4$t/a。

通过进一步工程放大优化，单台鼓泡塔式氧化反应器产能从 $45×10^4$t/a 突破达到 $75×10^4$t/a，单套 PTA 装置产能达到 $150×10^4$t/a［"两头一尾"：氧化反应器及冷凝系统为两（台）套，连接结晶及后续系统为单台（套）］，充分体现了装置的规模效应，降低了装置的整体投入产出比。

（3）空气压缩"三合一"+发电机机组。

国产空气压缩机组由压缩机+汽轮机+尾气膨胀机"三合一"升级为"三合一"+发电机机

组，空压机由单轴机组（轴流+离心）改为集成度更高的组合式多轴压缩机，不但布置更加紧凑，而且机组效率有所提升，如图 5-22 所示。

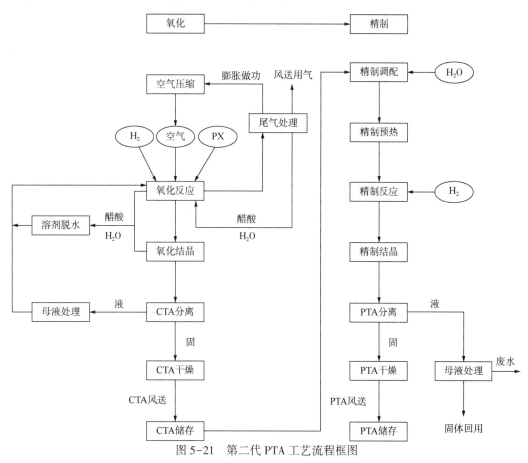

图 5-21　第二代 PTA 工艺流程框图

图 5-22　国产"三合一"+发电机空气压缩机组

回收装置中的低品质蒸汽用于发电。将装置内的低温工艺介质进行热量回收，副产负压蒸汽(-0.03MPa)，将负压蒸汽送至蒸汽轮机进行发电，大幅降低装置能耗。

3）第三代PTA技术

2020年，中国石油第三代PTA技术首套PTA装置投产运行。大型氧化反应器技术、精制母液与氧化尾气耦合利用、氧化浆料溶剂置换式压力过滤技术、高效"四合一"空压机组等创新技术的引入，将工艺流程大幅缩短，物耗能耗大幅降低，装置更加稳定、低碳环保。

（1）绿色低碳工艺流程。

经过不断推陈出新，将PTA工艺技术进行绿色化、节能化、智能化优化升级，满足用户对先进工艺技术的需求。

采用全新的精制母液与氧化尾气耦合利用工艺，实现了精制母液全部循环使用，取消了精制母液闪蒸、冷却、过滤等系统，将主装置污水量从原来的约2.5t/t PTA降至0.5t/t PTA，降幅达80%，同时节省了的宝贵水资源，回收了精制母液的热量。将原来旋转真空过滤系统(RVF)升级为溶剂置换式旋转压力过滤系统(RPF)，取消了CTA干燥机及尾气排放系统、氧化粉体输送系统、CTA料仓及排气系统；对全厂无组织排放气体进行挥发性有机物(VOCs)集中处理等措施，减少了对大气环境的影响。新开发氧化残渣处理系统，回收90%以上价格昂贵的氧化催化剂钴、锰，解决了作为危废外委处理的难题。采用绿色环保措施的同时，变废为宝，不仅大幅减少污染，还创造了巨额效益，工艺流程如图5-23所示。

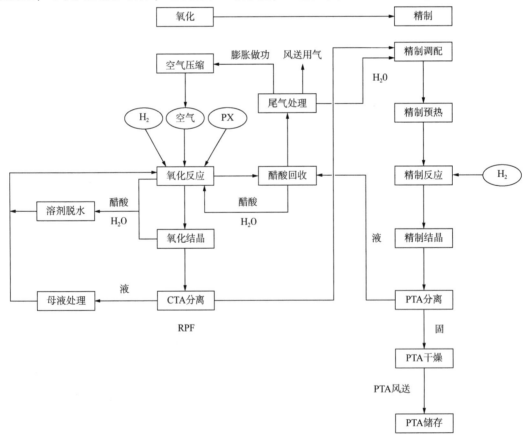

图5-23　第三代PTA工艺流程框图

（2）物耗、能耗持续优化。

通过优化，工艺流程缩短，原辅料消耗降低。节能减排及设备投资降低的多重效益，持续诠释了绿色低碳工艺技术理念。

开发出百万吨级大型鼓泡塔式氧化反应技术，通过优化底部空气悬吹及空气分配系统，优化尾气催化焚烧系统，优化精制闪蒸汽能量利用系统，回收精制母液热量等，大幅降低装置物耗能耗。

3. 技术特点

2016 年，中国石油通过氧化反应动力学与百万吨级反应器流场模拟的耦合研究及全组分多梯度溶剂管理优化、全流程工艺集成及能量优化、氧化浆溶剂置换式压力过滤技术的研发，开发出产能大型化、工艺精简化、节能环保化的第三代单系列百万吨级 PTA 成套工艺技术及装备。

1）单系列百万吨级鼓泡塔氧化反应系统

鼓泡塔式反应器单台生产能力从 $75\times10^4t/a$ 提高至世界最大的 $120\times10^4t/a$，并成功商业化应用，为 PTA 装置不断大型化发展起到重要的推动作用。

该系统反应条件温和，与第二代技术相比，反应温度、钴锰溴浓度有所下降，尾气中 CO_x 含量从 1.56%～1.7% 下降至 1.4%～1.5%，表明反应过程中副反应程度降低，PX 和醋酸消耗降低，反应更为平稳；反应器顶部由脱水段改为洗涤段，提高了氧化反应器顶部温度，大幅增加了相对高压等级的副产蒸汽量，同时低温热尽可能回收利用，大幅提高了对外发电量；钛材内件配置减少，降低了设备投资；反应器无高功率变频进口搅拌设备，设备故障率降低，不但大幅提高了装置的运行稳定性，更能摆脱反应器受制于搅拌器放大的制约，对于大型装置具有更强大的技术优势。

2）动态可调精制母液与氧化尾气耦合利用技术

首次实现氧化反应尾气处理与精制母液耦合，实现醋酸与水分离，醋酸从塔釜循环返回氧化反应系统，塔顶气相经能量回收及净化后返回精制系统。

氧化反应尾气进醋酸回收塔前先进入一台副产蒸汽的换热器，蒸汽的产生等级是可调的，以此来调节进入醋酸回收塔的热负荷，可灵活地根据氧化和精制操作负荷调节塔的运行负荷，起到降低醋酸消耗和稳定生产的关键作用。

精制母液耦合利用技术实现了全部精制母液的循环利用，降低了装置内除盐水消耗；回收了精制母液中的产品 PTA、中间产品 p-TA 及钴锰催化剂等。从根本上解决了 PTA 装置长期以来的水资源消耗高、污水排放量大的技术难题，实现装置工艺流程精简、原辅料降低、节能减排的多重效益。

3）氧化浆料一步法旋转压力过滤（RPF）技术

采用一步法 RPF 技术分离氧化浆料，氧化浆料进入 RPF 系统进行固体和氧化母液的分离，母液返回氧化系统，滤饼直接进入精制浆料调配系统。替代原有氧化 RVF+氧化干燥机+氧化风送+CTA 料仓及粉料下料系统、液环真空系统，缩短工艺流程，减少装置投资及占地，降低运行成本，为第三代 PTA 技术进一步提升起到了支撑作用。

旋转加压转鼓过滤机是一种高效的连续式压滤机，悬浮液中的母液在压力作用下穿透滤布，由连通管汇集到过滤机出口，与静止的"分配头"连通，母液流出过滤机后收集到相应的容器，滤饼附着在滤布表面从而实现过滤分离操作，滤饼随着转鼓转动到下一个区域，进入干燥区，由于转鼓内外压差，滤饼中的水分被压入转鼓内侧，滤饼得以干燥减少含湿量，以提高洗涤效果。然后进入洗涤区，通过清洗将杂质去除，最后纯净的滤饼由转鼓内通入的气体反吹实现卸料，卸下的滤饼进入收集区，一个循环结束，即转鼓旋转一周，又进入下一个循环操作，实现加压过滤的连续化生产作业，如图5-24所示。

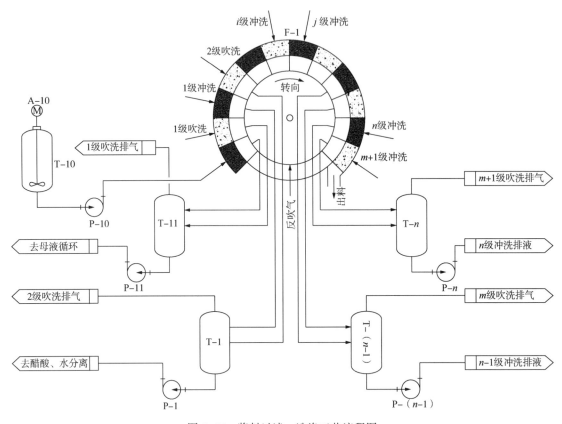

图 5-24　浆料过滤、洗涤工艺流程图

A-1—浆料罐搅拌器；F-1—旋转过滤机；P-1—1 次洗液出料泵；P-(n-1)—n-1 次洗液出料泵；

P-n—n 次洗液出料泵；P-10—过滤机供料泵；P-11—滤液出料泵；T-1—1 次洗液收集罐；

T-(n-1)—n-1 次洗液收集罐；T-n—n 次洗液收集罐；T-10—浆料罐；T-11—滤液收集罐

4. 工艺简介

PTA 装置属于大型化工生产装置，工艺复杂、智能化程度高、产能大、原辅料及产品易燃易爆、占地大、投资高、设备管道众多，工程化过程至关重要，需要在各个环节采用先进、安全的技术进行设计。PTA 工艺流程复杂，集成了化工过程的各个单元操作，设备材质规格高、种类多，是多专业系统的集成。

1）工艺流程

PTA 主要流程由氧化工段、精制工段组成，工艺流程如图5-25所示。

（1）氧化工段。

氧化工段主要由工艺空气压缩机系统、催化剂调配系统、氧化反应及冷凝系统、CTA 结晶、

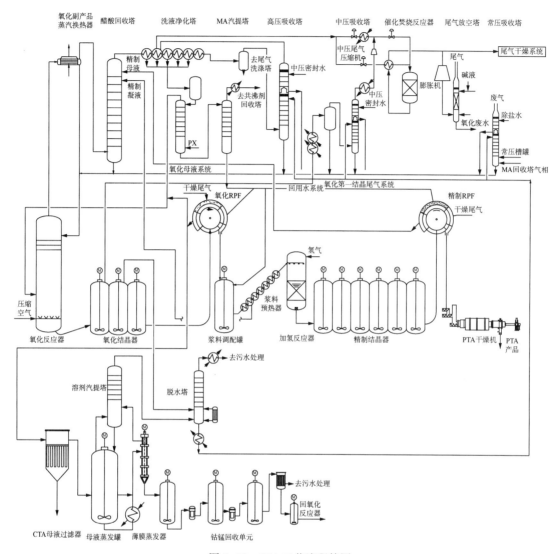

图 5-25　PTA 工艺流程简图

分离系统，溶剂脱水及共沸剂回收，母液处理系统，尾气洗涤、处理及干燥系统等组成。

① 空气压缩机系统。

本工序的主要功能是为氧化反应提供压缩空气。空气压缩机组由空气压缩机、蒸汽轮机、尾气膨胀机、电动机/发电机"四合一"机组组成。在开车阶段电动机通过电力为空气压缩机组提供动力，正常生产时，发电机对外发电供 PTA 装置及其他装置使用。

② 催化剂调配系统。

从界区外来的固体四水合醋酸钴、四水合醋酸锰催化剂以及氢溴酸在催化剂调配罐中进行调配，催化剂加入量分别通过流量控制进行调节。

③ 氧化反应及冷凝系统。

从萃取塔来的 PX、氧化母液，以及来自催化剂调配系统的催化剂，分别经流量控制后混合送入氧化反应器。PX 氧化生成 CTA、水和其他一些副产物。

反应产生的热量通过溶剂和水的蒸发汽化被带走。反应器顶部的氧化尾气与精制母液耦合分离，醋酸返回氧化反应系统；分离出的水蒸气经副产多级蒸汽冷凝并经萃取塔和汽提塔净化后回用，副产蒸汽除满足装置工艺要求外，多余的送至汽轮机做功；反应尾气送入尾气处理系统。

④ CTA 结晶、分离系统。

从氧化反应器中排出的 CTA 浆料进入多级结晶器进行降压、降温。第一结晶器中需要继续通入一定量的空气进行二次氧化反应，以降低产品中的杂质 4-CBA 和 p-TA 的含量。结晶闪蒸汽送入溶剂回收系统，CTA 结晶浆料则进入 CTA 过滤工序。

结晶器浆料采用旋转压力过滤(RPF)，实现过滤、洗涤、溶剂置换的功能。过滤后的母液和洗液返回氧化系统。滤饼直接下料进入精制浆料调配罐系统。

⑤ 溶剂脱水及共沸剂回收。

氧化系统醋酸溶剂脱水采用共沸精馏，塔釜冲洗酸用于高、中、低压氧化尾气的洗涤，塔顶含有水和共沸剂的气相经冷凝分离后，共沸剂循环使用，水经净化送入污水处理装置。

⑥ 母液处理系统。

氧化母液先经过滤器回收固体颗粒后，送入母液蒸发罐及汽提塔，将大部分醋酸和水与非挥发性组分分开，蒸发罐中含重组分的残液通过薄膜蒸发器进一步分离醋酸溶剂和固体残渣。

固体残渣经废水调配后，加入碳酸钠溶液，将有机酸溶解，催化剂沉淀，并经过滤分离后，含有机物的碱性废水送至污水处理系统，含催化剂的沉淀物加酸溶解后循环使用。

⑦ 尾气洗涤、处理及干燥系统。

来自氧化工段的尾气送入催化氧化装置(CATOX)，将尾气中危害环境的有机物通过催化氧化去除，处理后的尾气一部分经干燥，在装置中作为气力输送、吹扫和惰性保护用气。剩余大部分尾气送入尾气膨胀机做功，为空气压缩机提供驱动能量。

（2）精制工段。

精制工段主要由精制调配及预热、精制反应及结晶、PTA 过滤及干燥、精制放空等单元组成。

① 精制调配及预热。

由氧化 RPF 来的 CTA 滤饼直接落入浆料调配槽，与循环溶剂(水)混合形成均一的浆料。浆料经一系列预热器加热到 286~288℃后，CTA 浆料完全溶于水，进入精制反应器。

② 精制反应及结晶。

CTA 溶液与氢气分别从反应器的顶部进入精制反应器。水溶液流过钯—炭催化剂床层时，将 4-CBA 转化为 p-TA。反应产物送至 PTA 结晶工序。

从精制反应器出来的 PTA 溶液，进入多个串联的精制结晶器。在降压过程中，通过闪蒸冷却使 PTA 从溶液中析出。结晶器闪蒸的蒸汽分别送入浆料预热器对浆料进行加热回收热量。

③ PTA 过滤及干燥。

PTA 浆料采用 RPF 实现过滤、洗涤、脱水，滤饼直接进入 PTA 干燥机中进行干燥。

RPF 过滤分离后的母液和洗液送至氧化反应器。

PTA 干燥机出来的产品经 PTA 风送系统送至 PTA 成品料仓储存，不合格品则通过返料系统返回 PTA 精制配料系统。

④ 精制放空。

精制系统的排放气送入放空淋洗系统，通过洗涤去除气相中夹带的 PTA 颗粒。放空淋洗塔底部出料主要为工艺水，送入浆料调配系统。

2) 关键控制策略

(1) 关键控制系统。

PTA 生产装置具有易燃、易堵、易结晶、腐蚀性强等特点，装置操作难度大、危险系数较高，要求具有很高的过程自动化程度，并对生产安全有严格要求。为了确保生产装置安全、平稳、高质量、长周期的运行，需选用高性能、高可靠度、功能完善的控制和联锁系统对整套流程进行监控和保护。

① 分散型控制系统(DCS)。

考虑装置操作管理和工程实施情况，PTA 主装置采用相对独立的分散型控制系统(DCS)及其子系统对生产装置进行监视、控制和管理。控制系统除了完成常规过程控制、管理的功能外，还需完成顺序控制、复杂控制及部分先进控制策略、联锁动作，并支持 OPC 技术。

② 安全仪表系统(SIS)。

PTA 主装置应设置独立的安全仪表系统(SIS)。系统设计采用三重化或四重化结构的故障安全型系统。安全仪表回路的设计应符合工艺包所定义的安全等级(SIL)。该系统需具有毫秒级的顺序事件记录功能(SOE)。

③ 压缩机控制系统(CCS)。

工艺生产装置所使用的工艺空压机为大型离心式压缩机组，需使用专用控制策略进行监控。为其配置专用的压缩机控制系统(CCS)和联锁保护系统，进行控制和保护，该系统包括防喘振控制、负荷分配、控制解耦、振动监测、超速保护等控制保护功能。

④ 可燃/有毒气体检测系统(GDS)。

由于工艺生产装置内存在大量可燃的物料或介质，将设置独立的可燃气体检测系统(GDS)进行监测、报警，并将报警状态通信至相应 DCS 进行指示、报警。

⑤ 成套设备控制系统。

为了更为有效地利用测量数据，将与工艺流程关联度较低，且有独立操作要求的单元，如打包机、槽车系统等，由其各自配带单独的 PLC 系统进行控制和联锁，以满足生产操作的需要。

(2) 关键控制策略。

① 氧化反应控制系统。

PX 氧化反应器是 PTA 氧化装置的核心，主要控制反应温度和压力，但由于整个反应过程受溶剂比、催化剂浓度、空气流量等影响，同时 PX 氧化反应为强放热反应，反应器内为气、液、固三相的复杂传质、传热及反应体系，为了使氧化反应在平稳、安全的条件下进行，需要对反应体系的相关参数进行必要的控制。

a. 进料比例控制。

氧化反应器的液体进料比是在进料混合控制系统中进行控制的。以压缩空气的进料量为主流量，PX、催化剂、溶剂、催化助剂和循环母液为从变量，主流量采用定值控制，其他流量则随主流量变化按一定比例通过比例控制器进行相应的控制。

b. 反应压力控制。

氧化反应需要在恒压下进行，为达到这一目的，系统中压力控制器直接调节反应尾气的排放量。

c. 反应尾气中的氧含量控制。

尾气中的氧含量是安全生产及反应状况的重要参数。通过尾气管路上的在线三取二氧分析仪对尾气中的氧含量进行监测，当尾气中氧含量超标时进行报警，高报时切断空气进料，中止氧化反应。

d. 反应器液位控制。

由于氧化反应液呈悬浮状态，为了防止堵塞，出料管线采用防堵控制程序，液位采用放射性液位计或差压进行测量。通过出料控制维持反应器的正常液位。

② 空气压缩机控制系统。

工艺空气压缩机组是 PTA 装置的核心设备，由空气压缩机、尾气膨胀机、蒸汽轮机及电动机/发电机组成的"四合一"联合机组。机组通过尾气膨胀机和蒸汽轮机联合驱动空气压缩机为氧化反应提供所需压缩空气，剩余能量通过发电机对外发电。工艺空气压缩机组作为高速转动设备，整个系统的测量点多且控制及联锁回路复杂，单就压缩机而言，主要的控制系统有两个。

a. 防喘振控制。

离心式压缩机的转速是恒定的，入口流量的减少是发生喘振的根本原因，只要保证压缩机入口流量大于防喘振安全操作线的流量，压缩机就会工作在稳定区，不会发生喘振。因此，通过出口管线放空流量(防喘振阀)控制，维持压缩机的入口气体流量在给定值范围内，即防止喘振的发生。

b. 出口压力控制。

由于 PTA 装置的空气压缩机为多级离心式压缩机。其出口压力的控制一般有两种方法：一是恒定压力变流量，二是恒定流量变压力。在生产中，要精确控制进入氧化反应器的压缩空气流量，就必须保持压缩空气管道的压力稳定，一般采用压缩机最终出口压力控制入口导叶的方式，即采用恒定压力变流量的方式进行压缩空气负荷的调节，以保证机组各负荷下压力的稳定，同时达到节能的目的。

③ 加氢反应器交叉控制系统。

加氢反应过程的工艺控制主要是对氢分压的控制，控制方法有调节氢气流量和调节反应器出料量两种。保持加氢反应器的压力和液面稳定，对反应效果及生产平稳运行极为重要。交叉控制方案采用液位调节器控制氢气流量、压力调节器控制反应器出料，可减少对系统的扰动，使参数变化平稳，达到预期控制目标。

为避免在正常操作条件下加氢反应中断，需要在氢气的调节阀上增加手动设定器，确保氢气调节阀维持一定的最小开度。

设置独立的 SIS 系统，当加氢反应器温度高高联锁时，关闭氢气管线进气阀门，中止反应进行。

3）关键设备材质选择

PTA 装置设备种类多，除一般装置中的反应器、塔、换热器和容器外，还包括许多关键复杂动设备，如"四合一"空气压缩机组、列管式回转圆筒干燥机、旋转压力过滤机、搅拌设备等，这些设备结构复杂，设计计算、生产制造要求高，难度大，并且设备材料多样且耐腐蚀性能要求高。

① 氧化单元。

氧化反应是放热反应，过程处于高温，再加上氢溴酸、醋酸及重金属催化剂的存在，介质腐蚀性极强，因此对设备接触介质部分的材料要求极高。设备的材料选择应考虑醋酸含量、溴离子含量、温度的影响，通常由高到低依次选择钛材（包括钛—钢复合板、纯钛塔内件、纯钛搅拌器及内件、钛换热管等）、双相不锈钢（S22053、S25073）、奥氏体不锈钢（S31603、S30403），个别设备还选择玻璃钢、衬塑等非金属材料。

② 精制单元。

在加氢精制过程中，温度、压力都很高，再加上游离态氢、低浓醋酸的存在，临氢设备材料的选择首先要考虑抗氢性，并且高压流体进入设备时会产生高流速、闪蒸和结晶，所以还要考虑介质对设备内壁的冲刷和磨蚀、腐蚀，在一些重要部位采用硬质合金、钛及 N08904。另外，要保证 PTA 物料的高洁净度，也由于 PTA 装置生产的复杂性和不稳定性，主要材质仍然采用耐腐蚀的奥氏体不锈钢，如 S30403、S31603 材料及其碳钢复合板。

4）关键指标和技术水平

中国石油 PTA 成套技术具有流程短、消耗低、投资省等特点，通过不断优化完善，从第一代到第三代，各项指标都得到了巨大优化，PTA 各代技术消耗指标详见表 5-2。

表 5-2 PTA 各代技术消耗指标

序号	项　　目	第一代	第二代	第三代	备注
1	基础数据				
1.1	年生产能力，10^4t	90	150	120（单台反应器）	
1.2	年操作时间，h	8000	8000	8000	
1.3	操作弹性，%	70~110	70~110	70~110	
2	主要原料消耗				
2.1	对二甲苯，kg/t PTA	656	652	648	
2.1	醋酸，kg/t PTA	37	36	30	
3	公用工程消耗				
3.1	电，kW·h/t PTA	65	9	-125	
3.2	除盐水，t/t PTA	2.6	2.1	0.1	
3.3	高压蒸汽，t/t PTA	0.95	0.75	0.45	

中国石油第一代、第二代 PTA 技术处于当时世界一流水平，第三代 PTA 技术在物耗、能耗、环境友好各方面得到了跨越式发展，成功跻身世界领先行列。

5. 工业应用

中国石油 PTA 技术授权生产的装置有 6 套，合计产能 $770 \times 10^4 t/a$，其中第三代 PTA 技术在自然条件极其艰苦的新疆库尔勒地区建成投产，技术指标达到或优于设计值，充分体现了技术的可靠性、稳定性、可操作性等优势。采用第三代 PTA 技术进行改造的装置达 4套，总产能达到 $540 \times 10^4 t/a$，将原有 PTA 装置升级为"准三代"，技术指标全面超越第二代水平。

1）第一代 PTA 技术

作为首套国产化 PTA 工业示范装置，重庆蓬威石化 $90 \times 10^4 t/a$ PTA 项目采用中国石油自主知识产权第一代 PTA 专利技术，工程设计也由中国石油承担，于 2007 年开始设计，2009 年 11 月投产运行（图 5-26）。江苏海伦石化 $120 \times 10^4 t/a$ PTA 项目是继首套 PTA 示范装置投产后的装置，于 2011 年 9 月投产运行。该项目是在首套 PTA 开车经验的基础上，进行优化建成的装置。产能达到 $120 \times 10^4 t/a$，实现了真正意义上百万吨级 PTA 规模。

图 5-26　重庆蓬威石化 PTA 装置

（1）第一代 PTA 技术打破了国外技术垄断，结束了我国长期完全依赖引进技术和设备建设 PTA 装置的历史，对我国 PTA 工业的发展具有里程碑式的意义。

（2）百万吨级国产化 PTA 装置的问世，促进了我国 PTA 工业的快速发展，以及行业升级换代及结构调整，对巩固国家宏观调控成果，促进行业健康持续发展发挥了巨大作用。

（3）众多国产化设备的首次应用，带动了一大批大型国产化装备制造业的发展，推动了国内大型装备制造业的蓬勃发展，引领产业上了一个新台阶。

2）第二代 PTA 技术

采用第二代 PTA 技术首套建设的绍兴华彬石化 $140 \times 10^4 t/a$ PTA 项目于 2012 年 5 月投产运行（图 5-27）。江苏虹港石化 $150 \times 10^4 t/a$ PTA 项目 2014 年 5 月投产运行，首次实现单台鼓泡塔式氧化反应器达到 $75 \times 10^4 t/a$ 规模。装置原辅料消耗、公用工程消耗进一步降低。江苏海伦石化 $150 \times 10^4 t/a$ PTA 项目 2014 年 9 月投产运行，与虹港石化 PTA 装置同期建设、先后投产，技术达到同期世界一流水平。

图 5-27　绍兴华彬石化 PTA 装置

3）第三代 PTA 技术

采用第三代 PTA 技术建设的新疆库尔勒中泰石化 120×10⁴t/a PTA 项目，2020 年 1 月成功投产运行。该装置集成了第三代 PTA 技术多项创新成果，其顺利开车运行标志着第三代技术成功跻身于世界领先行列。PTA 装置如图 5-28 所示。

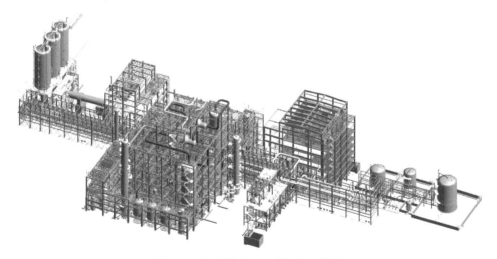

图 5-28　新疆中泰 PTA 装置 3D 模型

采用第三代 PTA 技术对江苏海伦石化 120×10⁴t/a PTA（一期）、江苏海伦石化 150×10⁴t/a PTA（二期）、江苏虹港石化 150×10⁴t/a PTA、重庆蓬威石化 90×10⁴t/a（改造为 120×10⁴t/a）PTA 等 4 套装置进行优化升级改造，实现现有生产装置华丽转身。从第一代、第二代技术水平变身为"准三代"技术，装置原辅料消耗、公用工程消耗大幅下降，污水排放大幅减少，为 PTA 企业实施技改起到了表率作用。

首套 PTA 成套技术的成功开发打破了以往只能从国外进口技术和装备的局面，对于国内装备制造业能力的提升起到了重要推动作用；PTA 技术的持续更新换代、生产成本的显著下降、规模效应的日益凸显等对于我国 PTA 工业的健康快速发展，聚酯产业链的结构调整及核心竞争力的提高，都具有里程碑式的意义。

PTA产业的快速发展使得中国不仅成为世界PTA产能中心，也成为PX、PET产能最大的国家，占据了世界化纤领域的核心地位。

第二节　精间苯二甲酸技术

作为PTA的同分异构体，PIA技术的反应原理与工艺流程均与PTA非常相似。可以说，PIA技术源于PTA技术。从产业发展及生产现状等角度分析，目前国内外大多数PIA装置也是由PTA装置转产改造而来的。但由于两者在理化性质上仍存在较大差别（如反应速率、溶解度、黏度等），PIA技术仍有其特殊性。由于具有较高的产品附加值，目前世界范围内PIA技术商均建有自己的生产装置，除昆仑工程公司外，均不对外进行技术转让。

PIA为无色针状结晶或结晶状粉末，能升华，易溶于甲醇、乙醇、丙酮和冰醋酸，常温下微溶于水，不溶于苯、甲苯、乙醚和石油烃[13]。PIA是一种重要的化工中间体原料，用于生产各种新型非金属材料，主要有不饱和聚酯树脂、酸改性共聚体和醇酸树脂[14]，并用于聚芳酰胺、专用增塑剂、液体结晶聚合物、特种高温树脂、感光材料、染色改性剂等产品的生产。PIA作为重要的第三单体，可有效提升产品的理化性能，增强耐水、耐化学腐蚀、耐冲击性及耐候性。

一、国内外技术进展

PIA生产技术发展历程中，经历了小批量生产的硝酸氧化法到万吨级的硫、氨氧化法，由化学品氧化（高锰酸钾等）发展到目前的主流技术空气氧化法[15]。

1. PIA生产工艺概述

硝酸氧化法是最早用于PIA工业生产的技术。该法的生产条件为：硝酸质量分数为35%~40%，反应温度为140~260℃，压力为0.51~7.09MPa，产品收率为85%~90%。此制备方法因采用硝酸，对设备腐蚀严重，所以对设备的材质要求高。另外，产品收率不高也是其缺点之一。

硫氧化法是由美国Chevron化学公司开发并实现工业化的，其反应条件为：在水、氨存在下，用硫黄加热间二甲苯以得到酰胺，经过蒸馏后去除硫化氢和氨，然后加硫酸水解得到纯度为98%的PIA，收率可达90%~95%。反应温度为350~400℃，压力7~20MPa。该法曾由Chevron化学公司在小型装置上实现工业化，但因工艺条件苛刻而很快关闭。

氨氧化法是由间苯二腈水解生产聚合级间苯二甲酸的工艺。它是间二甲苯在V/Cr/B催化剂体系中，在氨、氧氛围中，控制反应温度在300~400℃下进行氨氧化而得到间苯二腈，然后间苯二腈在乙酸溶剂中水解生产PIA。我国现在还有一些生产农药中间体间苯二腈的厂家用这种方法生产PIA，但产量很小，不适合大规模工业化生产。

不论是硝酸氧化法，还是硫、氨氧化法，不是存在强腐蚀介质，就是具有反应条件苛刻、产品纯度不高，收率低等缺点。目前最经济、最普遍采用的是空气液相氧化法。

现行液相氧化法生产PIA的工业技术都是源于Mid-Century（MC）公司在20世纪50年

代中期的专利技术。1975 年，Amoco 公司获得了 MC 的技术。阿莫科(Amoco)工艺技术特点是采用高纯度(99%)间二甲苯为原料，反应为催化反应，其催化剂是在醋酸溶液中用溴化物活化的重金属盐(钴)。空气液相氧化制备间苯二甲酸的工艺主要有两种：高温氧化法和低温氧化法。

高温氧化法是以醋酸为介质，以醋酸钴、醋酸锰和溴化物作催化剂，在反应温度为170~200℃、压力达 3.0MPa 下，由间二甲苯(MX)经空气氧化生产 PIA，生产 1t PIA 需消耗 MX 709kg，产品收率达 90%，产品纯度依原料的纯度而有所不同，可达 99.8%。其生产流程与加氢精制法 PTA 工艺基本一致。此工艺氧化系统腐蚀性强，对材质要求高，但适合大规模、连续化生产装置[16]。

低温氧化法是以醋酸钴、醋酸锰为催化剂，利用 37%乙醛作助催化剂，选用的溶剂也是醋酸，反应温度 120℃，在 1.6MPa 的压力下进行低温液相氧化。此工艺对设备材质要求不高，温度、压力均低于高温氧化法，但产品的纯度也低于高温氧化法。我国梁山油漆厂、上海南大化工厂均采用此法生产 PIA，由于装置规模小，各种原料的消耗很大，MX 消耗达900kg/t 产品，乙醛消耗达 600kg/t 产品，醋酸消耗达 500kg/t 产品，醋酸钴消耗达 25kg/t产品。

昆仑工程公司从 20 世纪末开始开展 PTA 工艺技术的开发工作，并成功形成了自主工艺技术，并于 2009 年实现了 90×10⁴t/a 工业示范化装置的一次开车成功。作为国内市场知名的 PTA 专利商及工程公司，在此基础上，同步开发了 PIA 专有工艺技术，形成了 20×10⁴t/aPIA 装置技术工艺包。

目前具有 PIA 成套技术的公司主要有中国石油、瑞士英力士、美国伊斯特曼、日本东丽、中国台湾省化学纤维股份有限公司和韩国乐天等。

2. 国内外技术发展趋势

近年来，PIA 技术主要在工艺流程优化及简化、智能化控制、新型装备开发等方面进行不断突破和完善，以进一步减少装置投资，降低物耗和能耗，提高装置连续运行时间，实现绿色、高效生产。

传统 PIA 装置氧化和精制工段相对独立，单元操作多，控制复杂。通过工艺集成优化，使得氧化和精制工段成为一个有机整体，既降低装置能耗和物耗，又缩短流程，减少设备台套数，降低投资，是 PIA 工艺发展的重要方向。

装置的节能减排不但是绿色化的重要内容，更关系着企业的生产成本与社会责任。长期以来，PIA 行业一直致力于绿色减排和节能降耗技术的开发和研究，各专利商将降低高压蒸汽消耗和污水排放量作为技术研究重点。

由于 PIA 装置的特点，能量的回收和利用一直是 PIA 工艺优化的主要目标。目前 PIA技术发展以氧化反应器强化传质技术、精制母液与氧化尾气的耦合利用技术、氧化溶剂置换式压力过滤技术、钴锰催化剂回收技术等为主。主要表现在下列几个方面：

(1)氧化反应热综合利用。由于 MX 氧化反应是强发热反应，在反应过程中会放出大量的热。如何回收和利用反应热，不但关系着氧化反应的进行，更是整个装置能量利用水平的关键因素。目前，各专利技术均通过副产不同等级的低压蒸汽，除供 PIA 装置内的低压蒸汽用户使用外，其余所有蒸汽送蒸汽轮机回收能量。蒸汽轮机与尾气膨胀机共同驱动工艺空气压缩机为氧化反应器提供压缩空气,剩余能量通过发电机对外发电。

(2)氧化尾气净化及能量回收。利用氧化反应尾气中的有机物,通过尾气焚烧(催化氧化)技术,在固定床催化反应器中,将氧化尾气中的有机物(VOCs等)进行催化氧化,从而达到净化尾气的作用。同时,利用催化反应热提高尾气温度。经过净化后的氧化尾气除一部分经过干燥后用于装置内的产品气力输送和惰性保安气体外,其余所有尾气送至空压机组中的尾气膨胀机回收能量。

(3)精制结晶闪蒸汽能量耦合利用。PIA精制反应需要在较高温度和压力下,将氧化工段的粗间苯二甲酸(CIA)重新溶解。在流程安排上,需要有效利用精制结晶过程中的闪蒸蒸汽,将精制结晶的闪蒸蒸汽与精制浆料预热进行能量集成,可以有效降低高压新鲜蒸汽的消耗。

(4)精制母液回收利用。PIA精制母液中溶解有PIA及其氧化中间产物,如果全部排放,将使PIA收率降低,而且母液中所含的PIA、间甲基苯甲酸(m-TA)、醋酸等有机酸所需的化学耗氧量和生物耗氧量极大,导致环境污染。为了解决该问题,随着PIA工艺集成优化,将精制母液全部回用,利用氧化反应热进行精馏,即资源化地利用了精制母液中的有机物和催化剂,更能大幅度降低装置除盐水消耗,实现真正意义上的绿色生产。

(5)其他。脱水塔由普通精馏塔改为共沸精馏,大幅降低了蒸汽用量,同时也降低了脱水塔的高度。提高加氢进料中的CIA的浓度,可提高加氢反应器的生产强度,减少高压蒸汽的消耗。氧化残渣可进行资源化回收处理,不但可有效回收钴锰催化剂,又可以大幅降低装置危废处理量。

二、工艺原理

PIA生产与PTA生产流程基本一致,反应过程均采用空气液相氧化法及催化加氢精制法。

1. 氧化反应

间二甲苯(MX)和空气中的氧气在以醋酸(HAc)为溶剂,醋酸钴和醋酸锰为催化剂,氢溴酸作为促进剂,反应温度170~200℃、压力1.05~2.0MPa的条件下生成CIA。MX氧化反应过程相当复杂,除MX氧化成CIA的主反应之外,还伴随着同时发生的副反应。

1)主反应

氧化反应过程中,MX甲基上的氢原子被取代是一个连串的多步氧化过程。研究表明,MX的连串反应符合典型的自由基链式反应的特征。MX苯环上的甲基被氧化为醛基,醛基再继续被氧化为羧基,然后第二个甲基再依次氧化,最终生成PIA。反应过程中主要中间产物有间甲基苯甲醛(m-TALD)、m-TA及间羧基苯甲醛(3-CBA)等生成。其中由m-TA氧化生成3-CBA最为困难,是整个反应的控制步骤。MX氧化反应历程如下:

因此，MX 氧化成 CIA 的反应途径可以如下表述：

（1）链引发。

$$MX+O_2 \xrightarrow{k_1} [O]_{MX}$$

$$m\text{-}TALD+O_2 \xrightarrow{k_1} [O]_{m\text{-}TALD}$$

$$m\text{-}TA+O_2 \xrightarrow{k_1} [O]_{m\text{-}TA}$$

$$3\text{-}CBA+O_2 \xrightarrow{k_1} [O]_{3\text{-}CBA}$$

（2）链增长。

$$\left.\begin{array}{l} [O]_{MX} \\ [O]_{m\text{-}TALD} \\ [O]_{m\text{-}TA} \\ [O]_{3\text{-}CBA} \end{array}\right\} +MX+O_2 \xrightarrow{k_2} \left.\begin{array}{l} m\text{-}TALD \\ m\text{-}TA \\ 3\text{-}CBA \\ CIA \end{array}\right\} +[O]_{MX}$$

$$\left.\begin{array}{l} [O]_{MX} \\ [O]_{m\text{-}TALD} \\ [O]_{m\text{-}TA} \\ [O]_{3\text{-}CBA} \end{array}\right\} +m\text{-}TALD+O_2 \xrightarrow{k_3} \left.\begin{array}{l} m\text{-}TALD \\ m\text{-}TA \\ 3\text{-}CBA \\ CIA \end{array}\right\} +[O]_{m\text{-}TALD}$$

$$\left.\begin{array}{l} [O]_{MX} \\ [O]_{m\text{-}TALD} \\ [O]_{m\text{-}TA} \\ [O]_{3\text{-}CBA} \end{array}\right\} +m\text{-}TA+O_2 \xrightarrow{k_4} \left.\begin{array}{l} m\text{-}TALD \\ m\text{-}TA \\ 3\text{-}CBA \\ CIA \end{array}\right\} +[O]_{m\text{-}TA}$$

$$\left.\begin{array}{l} [O]_{MX} \\ [O]_{m\text{-}TALD} \\ [O]_{m\text{-}TA} \\ [O]_{3\text{-}CBA} \end{array}\right\} +3\text{-}CBA+O_2 \xrightarrow{k_5} \left.\begin{array}{l} m\text{-}TALD \\ m\text{-}TA \\ 3\text{-}CBA \\ CIA \end{array}\right\} +[O]_{3\text{-}CBA}$$

（3）链终止。

$$i\text{-}OO^{\cdot} +j\text{-}OO^{\cdot} \xrightarrow{k_6} i\text{-}O_4\text{-}j$$

在上式中给出的 MX 氧化反应路径中，$[O]_{MX}$、$[O]_{m\text{-}TALD}$、$[O]_{m\text{-}TA}$ 和 $[O]_{3\text{-}CBA}$ 分别代表 MX、m-TALD、m-TA 和 3-CBA 氧化过程中相应的过氧自由基，k_1、k_2、k_3、k_4、k_5、k_6 为各步反应常数。

研究表明，与链引发和终止步骤相比，链增长步骤进行得更快，这符合典型的自由基链式反应的特征。特别是，链引发步骤的速率常数在 10^{-5} 数量级，对温度变化更敏感。链增长步骤中，k_4 比 k_2、k_3、k_5 小一个数量级，说明由间甲基苯甲酸（m-TA）氧化生成间羧基苯甲醛（3-CBA）最为困难，是整个反应的控制步骤。

2）副反应

氧化过程发生的副反应要比主反应复杂得多。间二甲苯的氧化反应是在高温、过量氧和高搅拌转速的条件下进行的。因此，在主反应进行的同时，系统中的间二甲苯与醋酸溶剂会发生不同程度的燃烧，生成一氧化碳、二氧化碳和水，以及苯甲酸、醋酸甲酯等。间二甲苯和醋酸的主要燃烧反应如下：

$$\text{（间二甲苯结构）} + O_2 \longrightarrow CO_2 + H_2O$$

$$CH_3COOH + O_2 \longrightarrow CO_2 + H_2O$$

$$CH_3COOH + O_2 \longrightarrow CO + H_2O$$

影响氧化反应的主要因素有温度、压力、催化剂和促进剂的组成及浓度、反应物进料中的水含量、溶剂比（HAc/MX）、氧分压、MX 的停留时间等。氧化反应的速度随催化剂浓度的增加，反应温度和压力的提高，反应物含水量的减少，停留时间的增加等因素而加快，燃烧副反应也基本如此，3-CBA 的生成则基本相反。对于二氧化碳的生成，高温时主要来自 HAC 的燃烧；低温时，则主要来自 MX 的燃烧。

上述各因素均能影响 CIA 中 3-CBA 的含量，从而直接影响产品的质量和原材料的消耗。所以，在实际生产中，需要严格控制各工艺参数的变化，确保工艺过程处于安全、高效、经济的操作范围内。各种可变因素对 MX 氧化反应的影响与 PX 反应类似，催化剂浓度、氧分压、反应温度与压力、停留时间增加有利于反应进行，3-CBA 含量降低，但燃烧反应增加，容易造成 MX、HAc 消耗增加；含水量增加，抑制反应速度，燃烧反应减少，有利于消耗降低，但过低容易造成反应不完全，甚至停车。

MX 氧化生成的杂质中，对产品质量危害最大的是 3-CBA，其含量对 PIA 作为聚酯单体参与聚合反应或作其他用途，对后续产品质量影响极大。因此，3-CBA 的含量是氧化工段最重要的控制指标之一，在生产过程中必须严格控制。

MX 与 PX 在液相催化氧化过程中有极大的相似性，但由于二者取代基相对位置的差异，使得二者在反应过程中有所不同[17-18]。假设甲苯苯环上甲基的活性为 1，当对位、间位为不同取代基时，甲基的活性见表 5-3。

表 5-3　苯环上不同取代基时对应的甲基活性

羧基数目 N	$N=0$	$N=1$
甲苯（TO）	1.0	
间二甲苯（PX）	2.5	0.49
对二甲苯（MX）	3.9	0.39

在第一个甲基氧化过程中，PX 的甲基活性为 3.9，大于 MX 的甲基活性 2.5，对位要比间位更快，即 PX 甲基活性比 MX 甲基活性高。这是因为甲基是供电子基团，使邻对位的电子云密度增加更为明显，因此对位甲基自由基比间位甲基自由基更稳定，从而对位的苄基自由基能够相对容易得到。

在第二个甲基氧化过程中，PX、MX 已被氧化成含有羧基的 p-TA、m-TA，由于羧基的吸电子作用，p-TA 的甲基活性变为 0.39，而 m-TA 的甲基活性变为 0.49，即 m-TA 的

甲基活性大于 p-TA 的甲基活性。这是因为羧基基团是一个吸电子基团，由于其吸电子效应使得苯环电子云密度降低，反应活性降低。而羧基作为间位的定位基团，间位电子云密度降低得更明显，使得间位的甲基化学活性更高，因此氧化更加容易。

2. 精制反应

加氢精制过程中，以钯炭（Pd/C）为催化剂，反应温度 200~260℃、压力 2.1~5.0MPa，在此条件下氧化反应生成的 CIA 在水中完全溶解，其中 CIA 的主要杂质 3-CBA 与氢气在催化剂上发生还原反应，生成在水中溶解度更高的 m-TA，并在后续的流程中与 PIA 分离出去，从而得到 PIA 产品。精制反应式如下：

3-CBA 加氢过程中实际上发生了两个平行反应，即加氢反应和脱羧反应。

（1）加氢反应。

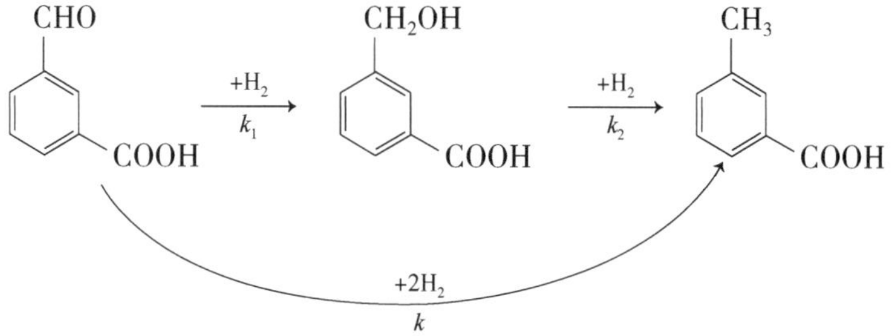

（2）脱羧反应。

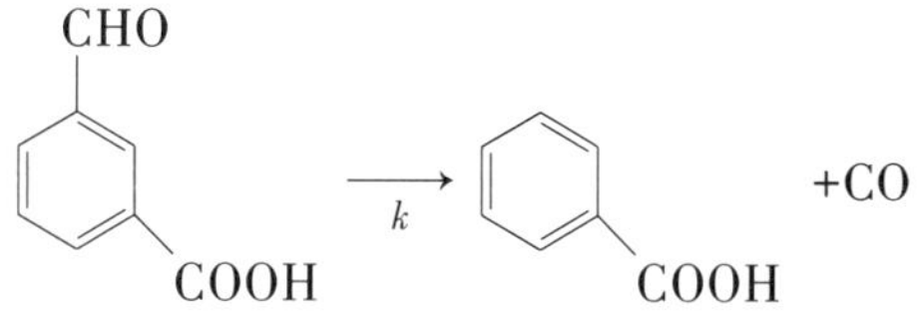

由于脱羧反应为吸热反应，其反应活化能也远大于加氢活化能。基于 3-CBA 加氢反应的复杂性，在氢分压较高及氧气含量极低的情况下，脱羧反应不是主要反应，发生的基本上是 3-CBA 的加氢反应。

影响加氢反应的主要因素有温度、压力、浆料浓度、氢分压以及停留时间等。同时，应严格控制压力平稳和避免引入有害杂质使得钯炭催化剂压碎或者失活，从而影响加氢反应速率，降低产品质量。

3. CIA 结晶

CIA 结晶器的功能主要是：

（1）MX 和中间物在此进行二次氧化。

（2）在反应器中未能析出的 CIA 在此结晶，浆液在此沉降。

（3）晶粒有足够的停留时间长大，以便满足后续过滤单元的分离要求。

（4）大部分母液（约 80%）循环至反应器，以节约催化剂。

利用第一结晶器进行二次氧化，可使有害杂质降至 0.1%~0.2%；催化剂配比可相应降低，催化剂用量可节约 15%~20%；CIA 收率可提高 2%~3%。

实验证明，二次氧化可有效降低液相中 3-CBA 的含量，在固相初始粒度较小的前提下，二次氧化也可有效地降低 CIA 产品中的 3-CBA 和 m-TA 的含量。

在反应阶段约 70% 的 CIA 已经结晶析出，其他部分在后续的结晶器中通过降温降压逐步析出。

4. PIA 结晶

在精制单元，从加氢反应器流出的 PIA 水溶液没有晶体存在，需要通过串联的结晶器析出晶体，确定粒度、粒度分布和产品纯度。为此，需控制结晶温度，尤其是第一结晶器的温度是决定晶体粒度分布的主要变数。进料浓度、浆料流速和停留时间以及搅拌速度都是精制结晶的影响因素。

精制结晶段数不宜过多，多了不经济；也不能过少，以免使生产丧失灵活性。研究和生产证明，四段结晶既可增加各级之间流动的推动力，又能够得到适宜的结晶粒径，满足下游分离工段的要求。

PIA 和 m-TA 在醋酸—水（从纯水到纯醋酸）中的溶解度是工业生产 PIA 设计、优化的前提条件。PIA 在 373.2~463.2K 温度范围内，m-TA 在 313.2~383.2K 温度范围内，在醋酸—水溶液配比为 $x_0 = 1$、0.8507、0.7753、0.6296、0.5455、0.3103、0 下的 PIA 溶解度。如图 5-29 所示。

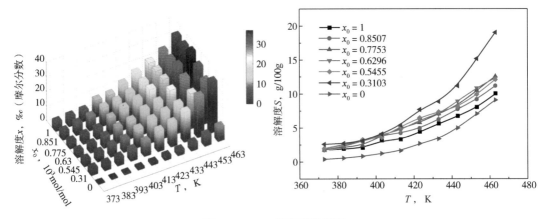

图 5-29　PIA 溶解度数据图

由图 5-29 可以看出，在同一配比的醋酸—水溶液中，PIA 的溶解度随温度的升高而增加。而在相同温度下，PIA 在水中的溶解度最低，在醋酸中次之，混合溶剂对其溶解度的影响并不规律。由此，可以得到几点结论：

（1）比较 PIA 和 PTA 的溶解度数据可以发现，在相同条件下，PTA 的溶解度远远小于 PIA 的溶解度，因此在进行 PX 液相氧化装置改装为 MX 液相氧化装置的过程中，二者溶解度的差异是设备改进的关键；

（2）粗 PIA 的加氢精制过程可以通过消耗更多水或者提高温度来增加 PIA 的溶解度。m-TA 作为 MX 液相氧化过程中的中间产物，其在 PIA 产品中含量虽然不高，但它的存在会影响到 PIA 聚合反应时的各项性能。但与对甲基苯甲酸(p-TA)溶解度远远大于 PTA 的情况类似，m-TA 的溶解度也远高于 PIA 的溶解度，且其熔点仅为 $111 \sim 113℃$。因此，仅考察了低温下的 m-TA 在纯醋酸、纯水和醋酸—水溶液($x_0 = 0.7753$)中的溶解度，如图 5-30 所示。

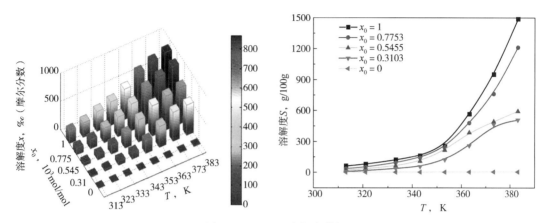

图 5-30　m-TA 溶解度数据

由图 5-30 可以看出，m-TA 溶解度随温度升高而增大；m-TA 在纯水中的溶解度很小，在 $x_0 = 0.7753$ 的醋酸—水溶液和纯醋酸中的溶解度大大高于在水中的溶解度，在纯醋酸中的溶解度最高。由此可以判断，溶剂中水含量的增加，会使得 m-TA 在醋酸—水溶液体系中的溶解度下降，且效果明显。比较这一温度范围内的 m-TA 和 PIA 在水中的溶解度可以发现，m-TA 溶解度明显高于 PIA，因此，在工业生产过程中，可以通过水洗的方式来除去PIA 中一定的 m-TA 杂质，从而实现精制的目的。

三、中国石油 PIA 技术

PIA 技术发展趋势在于充分借鉴最前沿 PTA 技术，对现有技术进行更新换代，开发出绿色低碳、节能高效的 PIA 新工艺，并在此基础上不断完善，继续发展。依托自身 PTA 专利技术和工程经验，昆仑工程公司经过 20 余年科研开发，形成了完整的 PIA 成套工艺包。

国内外 PIA 装置大多由 PTA 装置改造转产而来，因此目前 PIA 装置的物耗、能耗均大幅落后于先进的 PTA 装置，更无法与最新的 PTA 技术相比拟。

由于国外专利商在国内没有转让技术和建设专利工厂，关于国外装置的能耗、物耗数据的报道也很少，因此 PIA 技术指标与国外技术的对比非常困难。据文献报告(PERP 报告)，目前国外 PIA 物耗数据为：MX 为 710kg/t PIA，HAc 为 60kg/t PIA，综合能耗 380kg/t(标煤/PIA)。

中国石油 PIA 生产技术采用独立开发的具有完全自主知识产权的专利技术，以鼓泡塔式 MX 氧化反应器为特点，采用中温中压氧化的 PIA 生产技术，MX 消耗量为 670t/t PIA，综合能耗 149kg/t(标煤/PIA)。中国石油 PIA 工艺技术在物耗、能耗指标方面均较国内外同类装置有明显提高。

1. 催化剂

1) 氧化反应催化剂

MX 氧化过程的催化剂与 PTA 生产类似，采用醋酸钴、醋酸锰为催化剂，以氢溴酸为促进剂。由于 MX 氧化反应属强放热反应，较低的温度、较高的氧分压对于氧化反应的选择性及产品质量有利。基于以上原因，需要通过催化剂与促进剂的比例和浓度的调整，以及溶剂比、水含量及停留时间等关键参数的设置，有效控制氧化反应器内的温度，从而达到最优的反应效果。目前，工业上 PIA 生产氧化反应钴的添加量（以纯金属量计）在 0.3~0.5kg/t PIA，锰的添加量（以纯金属量计）在 0.25~0.5kg/t PIA，溴的添加量（以离子态计）在 1.0~2.8kg/t PIA。

2) 精制反应催化剂

钯炭催化剂用于 CIA 加氢反应，将氧化单元 CIA 中的主要杂质 3-CBA 加氢还原为可溶于水的 m-TA。以便在后续的流程中实现 PIA 与 m-TA 的分离，从而达到 PIA 精制的目的。钯炭催化剂对 PIA 产品的纯度影响很大，同时由于采用贵金属钯作为催化核心，因此其价格高昂。研究制备适用于 PIA 加氢的专用钯炭催化剂，延长催化剂的使用寿命，提高处理能力及反应选择性，具有重要的现实意义。

（1）钯炭催化剂主要物性指标及检测方法。

钯炭催化剂主要物性指标见表 5-4。

表 5-4　钯炭催化剂物性指标

序　号	项　目	规　格	测试方法/标准
1	钯，%	0.5±0.02	原子吸收光谱
2	灰分，%	0.55	GB/T 12496.3—1990
3	铁，μg/g	100	原子吸收光谱
4	铜，μg/g	4	原子吸收光谱
5	铬，μg/g	24	原子吸收光谱
6	堆积密度，g/mL	0.43	堆积密度测定仪
7	机械强度，N	97	颗粒强度仪
8	粒度(4~8目)(过筛率)，%	94.34	GB/T 12496.2—1999

催化剂制备条件优化：解决现有技术中存在钯易团聚易流失、加氢活性差、寿命低的问题。通过对活性炭载体进行原位改性增加 Pd 锚定位点，使得钯晶粒能够牢固地分散锚定在催化剂载体上。

使用氧化剂处理活性炭载体提高载体表面的含氧官能团数量，通过调控 N_2、H_2 复合氛围下的还原条件，选择性地将含氧官能团还原为富含酚羟基、烷羟基为主的碱性官能团，Pd 易与 OH 结合生成 Pd—O 键，丰富的羟基官能团有利于 Pd 的锚定与分散，降低 Pd 的流失或团聚速率，延长催化剂寿命。

活性炭载体不可直接用于金属前驱体的负载，需要进行酸碱氧化改性预处理改善载体表面微环境。CIA 精制催化剂筛选不同预处理条件，优选酸改性载体，具体使用低浓度硝酸预处理载体，处理后可起到载体扩孔作用，增加介孔比例，有利于金属负载及加氢活性，且不影响载体骨架结构，载体强度。

（2）催化剂 X 射线衍射（XRD）测试。

每种晶体物质都有各自独特的化学组成和晶体结构，通过 X 射线可在特定的衍射角呈现指纹特征峰，如图 5-31 右上角所示钯晶粒主衍射峰为 40°（2θ），当钯晶粒较大时（>10nm）且大晶粒含量较高时，则会出现红色曲线所示的 40°（2θ）的特征峰。

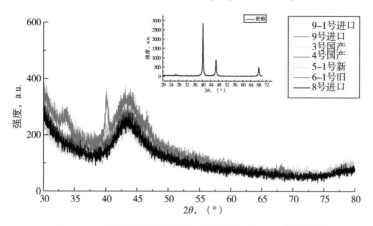

图 5-31　不同类型载体制备得到催化剂 XRD 测试数据

如图 5-31 所示，XRD 测试结果表明，新开发催化剂在 40°（2θ）基本无特征峰或特征峰较宽，说明本项目通用的制备方法得到的钯晶粒尺寸较小（<10nm，较优方案<5nm）。

（3）扫描电镜（SEM）测试。

不同浓度硝酸预处理对活性炭孔道结构产生不同程度的影响。扫描电镜成像（SEM）如图 5-32 所示，图 5-32（a）为 3mol/L 低浓度硝酸预处理载体后，载体外表面清洁、载体孔道骨架结构完整。图 5-32（b）为 8mol/L 高浓度硝酸处理后，载体表面腐蚀严重、骨架结构破坏，载体强度降低。

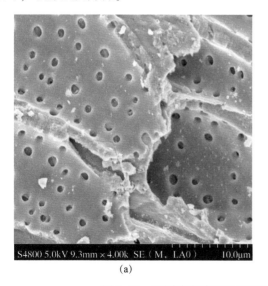
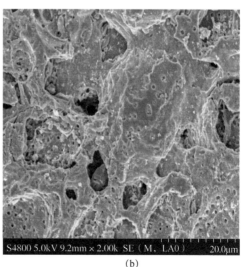

（a）　　　　　　　　　　　　　　（b）

图 5-32　不同浓度硝酸预处理活性炭载体扫描电镜成像（SEM）

（4）透射电镜（TEM）测试。

不同浓度硝酸预处理使得钯晶粒的分散性能发生变化，低浓度硝酸预处理载体后，钯晶粒较小分散较为均匀（3~5nm）。透射电镜成像（TEM）如图5-33所示。

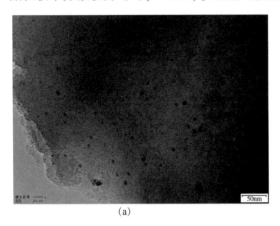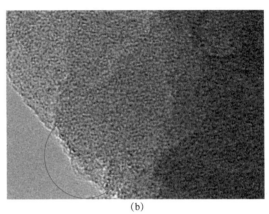

| (a) | (b) |

图5-33 不同浓度硝酸预处理活性炭载体透射电镜成像（TEM）

（5）钯炭催化剂评价。

中国石油开发的精制加氢催化剂活性达达到工艺要求，在210℃、CIA浓度30%条件下，精制后PIA中的3-CBA含量约为10μg/g。该反应条件能耗相对低，且处理量相对高。在多次套用反应活性对拼评价试验中，延续第一次、第二次套用效果，催化活性无明显变化，在较高的活性水平保持稳定。解决了商业化催化剂多次套用活性有明显降低的缺陷。

2. 技术特点

1）中温中压氧化反应系统

工艺反应温度186~192℃，反应压力1.0~1.15MPa。反应器形式为鼓泡塔式，反应器顶部设置洗涤段，空气从反应器下部进入，MX和母液从反应器中部进入，反应条件温和。反应器不设置机械搅拌装置，以压缩空气的动能、反应热产生的醋酸和水的蒸发提供搅拌动力，维持浆态床反应器内的物料悬浮。该系统反应条件温和、MX和醋酸燃烧反应少、副反应少，MX消耗低（4~5kg/t PIA）。同时由于没有机械设备电耗，设备故障率低、运行稳定、可操作性强，适合更大规模的放大，具有强大的技术优势。

2）精制母液耦合利用

氧化尾气处理采用先副产低压蒸汽，再经压力脱水工艺，实现精制母液的全部回用及工艺水的循环利用，同时充分回收精制母液热量。副产低压蒸汽可用于氧化干燥机，降低新鲜蒸汽消耗；主要原料MX消耗降低11kg/t PIA，醋酸消耗升高1~2kg/t PIA；除盐水消耗从3t/t PIA降至0.6t/t PIA，污水排放量从3.2t/t PIA下降到0.7t/t PIA。

3）梯级结晶

采用与PIA结晶动力学相匹配的精制结晶反应器及结晶工艺技术，有利于PIA产品晶体粒度分布和产品纯度。通过控制结晶温度及进料浓度、浆料流速和停留时间最终达到最优的结晶产品，有利于降低精制分离单元浆料的湿含率[PIA浆料湿含率可控制在8%~10%（质量分数）]，从而降低干燥单元蒸汽的消耗。

4）共沸精馏脱水技术

PIA 采用精制母液回用技术之后，溶剂脱水工艺的负荷仅为传统工艺的 50%。同时，采用共沸精馏，既有效降低了脱水塔理论塔板数，减少了一次性投资，又保证了脱水塔顶的醋酸含量，在大幅降低低压蒸汽消耗的同时，又有效控制了排放废水的醋酸浓度。

5）CIA 干燥技术

由于 CIA 的粒径小、黏度大，为了保证 CIA 干燥长周期稳定运行，CIA 干燥机采用桨叶式干燥机。桨叶式干燥机主要由热轴、机身、端板、上盖及传动系统等组成，采用蒸汽作为热源，工作时干燥机的空心热轴和空心夹套都通入蒸汽，通过器壁对湿物料进行加热干燥，湿物料在空心热轴的搅拌下逐渐向出料口移动。

桨叶式干燥机具有以下优点：

（1）搅拌均匀，干燥效果好；

（2）热轴具有自清理作用，可防止物料黏壁；

（3）能耗低，操作费用小；

（4）粉尘夹带小，物料损耗少；

（5）设备占地面积小，设备总投资少；

（6）设备操作弹性大，运行平稳可靠。

6）PIA 干燥技术

PIA 干燥机采用回转式列管干燥机，该干燥机在与旋转圆筒内部等长的同心圆内设有蒸汽列管，利用列管内蒸汽进行间接加热干燥。旋转干燥机具有单位容积处理量大、热效率高、停留时间长、排气中粉尘少、系统能在密闭条件下操作等特点。

回转式干燥机的技术关键是大齿轮圈的设计制造和进出料端的旋转密封以及防止筒体内物料聚集结块、列管支撑板对换热管的剪切、换热管磨蚀等方面。

7）旋转压力过滤技术

旋转压力过滤机（RPF）工作时内部转鼓以调速方式在一个压力框架内同心旋转，转鼓与框架之间采用特殊设计的填料和气体反吹方式密封，而转鼓外表面被加压单元分成不同的过滤单元室，每个过滤单元室由一弯型接管与控制分配头系统连接的过滤单元室组成，在加压状态下，悬浮液从过滤液入口不断地进入过滤单元室，滤饼在过滤单元室中积攒，并随着转鼓的旋转被输送到随后不同的单元室中，过滤、洗涤、干燥可在一个或几个单元室中完成，当单元室被滤饼完全填满后，洗涤液便从不同的清洗水入口输入，置换流体穿过滤饼，洗涤后的滤饼旋转到另一区域进行干燥和卸料，而卸料区的滤饼通过气体反吹式卸料。

3. 工艺技术介绍

PIA 主装置主要分为氧化工段和精制工段，各工段流程简图如图 5-34 和图 5-35 所示。

1）工艺流程

（1）氧化工段。

氧化工段主要包括：工艺空气压缩机系统，原料制备，氧化反应，氧化结晶、分离、干燥系统，溶剂脱水系统，尾气处理系统，母液处理系统等。

工艺流程与传统 PTA 工艺流程相似，主要的不同之处在于氧化浆料结晶、过滤和滤饼干燥。

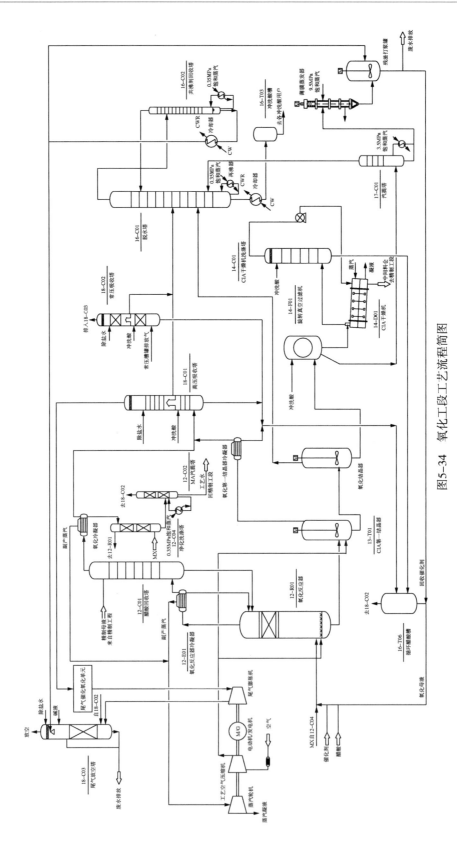

图5-34 氧化工段工艺流程简图

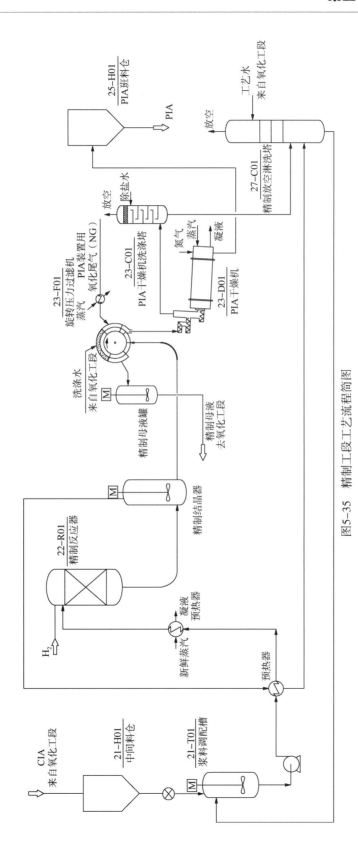

图5-35　精制工段工艺流程简图

167

PIA 性质与 PTA 不同，其在水、醋酸、醋酸水溶液中的溶解度比 PTA 大得多。PTA 随着氧化反应深度的进行，在反应器中完成了约 90% 的结晶，但 PIA 只有约 70% 完成结晶，很大一部分要在后续的结晶器中完成。因此，结晶温度梯度、停留时间、搅拌强度对 PIA 结晶过程的影响程度要远大于 PTA。CIA 第三结晶器出料泵通过液位控制送入过滤机进料罐，经过滤机进料泵向旋转真空过滤机进料。过滤出来的母液与气/汽进入母液分离罐并经液环式真空泵抽真空，在旋转真空过滤机转鼓上的滤饼用带流量控制的脱水溶剂进行洗涤，湿滤饼进入 CIA 干燥机，湿滤饼的含湿率一般低于 15%（质量分数）。

湿滤饼由螺旋送料器送入 CIA 干燥机，该干燥机为桨叶式干燥机。滤饼中残留的溶剂被蒸发，随反吹气从干燥机的进料端排出，进入 CIA 干燥机洗涤塔，CIA 干物料由旋转阀排出，通过惰气气力输送至 CIA 中间料仓。

（2）精制工段。

从氧化工段来的粗 CIA 产品含有少量的杂质，通过加氢精制将其除去。精制工段主要包括：进料准备，加氢精制反应，PIA 结晶、分离、干燥、母液处理及产品输送和包装等。

PIA 在水中的溶解度比 PTA 大得多，所以精制加氢反应过程的温度控制更低，一般在 $210 \sim 230℃$。所以精制预热换热器、精制结晶器的数量较 PTA 装置要少，但停留时间要更长。与氧化结晶类似，结晶温度梯度、停留时间、搅拌强度对 PIA 的影响程度要大于 PTA。传统 PTA 干燥过程采用列管式旋转干燥机进行干燥，由于 PIA 更易结壁、脱水更加困难，需通过控制结晶条件，优化结晶粒径及分布范围，从而有效降低浆料黏度，在此基础上采用回转式列管干燥机进行 PTA 产品的干燥。

其他流程基本与 PIA 相同或者相似，具体可参考本章第一节工艺技术介绍部分的内容。

2）关键指标

PIA 装置主要原材料消耗及综合能耗见表 5-5。

表 5-5　原料消耗量

项　目	新 建 项 目	PTA 装置转产项目
间二甲苯，kg/t PIA	670	675
醋酸，kg/t PIA	50	59.5
综合能耗，kg/t（标煤/PIA）	149	257.8

注：表中新建项目以 20×10^4 t/a PIA 项目为准，PTA 装置转产项目以"中国石油乌鲁木齐石化分公司 PTA 装置改 5×10^4 t/a PIA 及原料配套项目"PIA 装置工艺设计包为准，该工艺包已经通过中国石油科技管理部组织的专家评审，可以作为可行性研究报告和基础设计的依据。

PIA 产品规格见表 5-6。

表 5-6　PIA 规格

项　目	规格（保证值）	规格（设计值）
外观	白色粉末	白色粉末
纯度，%	99.80	99.90
酸值，mg KOH/g	675±2	675±2
灰分，μg/g	≤15	≤10

续表

项　　目	规格（保证值）	规格（设计值）
水分，%（质量分数）	≤0.15	≤0.10
3-CBA 含量，μg/g	≤25	≤15
m-TA 含量，μg/g	≤150	≤135
色差 b	≤1.4	≤1.0
总重金属，μg/g	≤10	≤6
铁含量，μg/g	≤2.0	≤1.0
钴含量，μg/g	≤2.0	≤1.0
锰含量，μg/g	≤2.0	≤1.0
平均粒径，μm	110±20	110±15

第三节　优质聚合级对苯二甲酸技术

优质聚合级对苯二甲酸与 PTA 的主要差别在于 4-CBA 含量和 p-TA 含量的不同，PTA 成品中 p-TA 含量高（≤150μg/g）、4-CBA 含量低（≤25μg/g），而聚合级对苯二甲酸成品中 4-CBA 含量高（≤200μg/g）、p-TA 含量低（≤10μg/g）。聚酯产品种类繁多，对上游 PTA 原料品质的要求不尽相同，在生产短纤、瓶片、微细纤维、双组分纤维、包装膜等产品时，可以使用部分聚合级对苯二甲酸替代 PTA[19]。聚合级对苯二甲酸生产工艺由于没有精制工段，装置流程短、投资少、运行成本低，在部分领域具有竞争优势。

代表此项技术的专利商包括美国伊斯特曼（Eastman）EPTA 技术、日本三菱化学（MCC）QTA 技术和中国石油 KPTA 技术[20]。

美国 Eastman 公司于 1969 年独立开发了 PTA 氧化和提纯技术[21-22]。早期采用钴为催化剂，乙醛等为氧化活化剂，低温低压是 PX 氧化工艺的突出特点。后来用 Co-Mn-Br 催化活化体系代替原钴—乙醛共氧化催化体系。EPTA 采用鼓泡塔反应器，为低温氧化工艺，反应温度约为 160℃；后两级深度氧化的温度也比较低，约为 211℃ 和 195℃；反应催化剂浓度高，反应时间长；浆料过滤采用压力过滤和常压过滤组合技术，流程复杂。

日本三菱的 QTA 工艺采用高活性催化剂进行对二甲苯氧化。催化剂以铈、镧催化剂替代高温氧化工艺中的锰，并采用了无机溴化物。对二甲苯氧化反应条件较温和，反应过程中还要对中间产品进行补充氧化。该工艺对二甲苯、催化剂和溶剂乙酸的单耗接近高温氧化工艺，但能耗降低，并且不需要加氢，产品可达到纤维级聚酯制备要求[23]。

中国石油 KPTA 技术是昆仑工程公司独立开发的具有完全自主知识产权的专利技术，2015 年开发出以鼓泡塔式 PX 氧化反应器为特点，基于深度氧化法的 KPTA 生产技术，成为国内唯一拥有 KPTA 成套技术的专利商。KPTA 技术氧化反应在鼓泡塔式氧化反应器中进行，为中温氧化工艺，反应温度为 185~188℃；采用两级变温深度氧化工艺，第一步深度氧化温度为 230~245℃，第二步深度氧化温度为 210~225℃；浆料过滤采用一道旋转压力过滤。工艺条件温和，流程简单，原料、辅料消耗低。

一、工艺原理

KPTA 采用 PX 液相空气氧化法制得，不同于 PTA、PIA 的生产，KPTA 工艺中无精制工段，而是以深度氧化去除杂质，得到最终产品。

1. 氧化

氧化反应过程与 PTA 生产过程一样，PX 和空气中的氧气在以 HAc 为溶剂，醋酸钴和醋酸锰为催化剂，氢溴酸作为促进剂，在反应温度 170~200℃、压力 0.9~2.0MPa 的条件下生成 CTA。

反应过程中的主要杂质为 p-TA 和 4-CBA，在氧化过程中，p-TA 含量约为 6000μg/g，4-CBA 含量约 2500μg/g，氧化浆料经加热后进入深度氧化过程。

2. 深度氧化

深度氧化反应过程中，主要杂质 p-TA 和 4-CBA 在较高的温度压力和较长的停留时间条件下，与氧气进行二次氧化反应，反应温度 210~245℃、压力 2.0~3.0MPa 的条件下经深度氧化后到 KPTA。反应产物中的主要杂质 p-TA 含量降至 50μg/g 以下，4-CBA 含量降至 300μg/g 以下。

在深度氧化过程中，CTA 固体不断溶解，固体中的 4-CBA 和 p-TA 在液相中被氧化为 TA，生成的 TA 再结晶附着于 TA 固体粒子表面，从而形成了 TA 溶解—反应—结晶的动态过程。深度氧化过程的结果是较小的 TA 粒子数量不断减少，较大粒子不断增大，形成更合理优化的 TA 粒径分布情况，并达到 CTA 固体除杂的目的。通过在 CTA 的深度氧化过程中通入氧气，使固体表面及液相中的 4-CBA 和 p-T 酸发生氧化反应生成 TA。由于 4-CBA 由固相向液相的传递非常缓慢，当向液相通入氧气时，CTA 固体表面及液相中的 4-CBA 很快被氧化消耗，固—液相间的 4-CBA 浓度梯度增大，传质速率增加，进而加速除杂过程的进行。一般深度氧化反应在较高的反应温度下进行，温度越高，CTA 粒子溶解和生长速率越快，晶体的溶解度也越大，从而加速 CTA 深度氧化过程的进行。

4-CBA 和 p-TA 是 CTA 中两个最主要的杂质，相比 p-TA 而言，由于 4-CBA 易与 TA 共结晶，包裹于 TA 晶体之中，其去除较为困难，而且 4-CBA 含量对聚酯产品的色相 b 值影响较大。4-CBA 含量高，聚酯中醛基含量增高，易形成双键及引起支链反应而使聚酯产品的热稳定性降低，b 值上升。因此，深度氧化的关键任务是 CTA 固体中 4-CBA 的去除。深度氧化技术是将 CTA 中的主要杂质 4-CBA 和 p-TA 在较高的温度、压力和较长的停留时间条件下，通入氧气进行二次氧化反应，将 CTA 中的 4-CBA 含量降至 300μg/g 以下，p-

TA 含量降至 50μg/g 以下，从而省略了传统的 PTA 生产技术中的加氢精制工序。

二、中国石油 KPTA 技术

中国石油 KPTA 技术是在昆仑工程公司成功开发精对苯二甲酸（PTA）成果的基础上，融合创新及实用先进技术研发形成的、具有明显竞争优势的新技术。

1. 研究与试验发展

昆仑工程公司通过试验对氧化反应动力学、熟化反应过程模拟、结晶动力学等关键技术进行了持续研究，并进行冷模试验、工业试验验证，形成了工业生产技术的基础。

1）深度氧化反应动力学研究

通过考察温度、氧浓度、压力、催化剂、水含量等因素对主、副反应的影响，获得主、副反应动力学数据。随着温度的升高，p-TA 和 4-CBA 的反应速率加快，当达到一定温度后，温度对深度氧化的反应速率提高效果变得不明显，最终实现 p-TA 和 4-CBA 含量的降低；催化剂和压力的变化对深度氧化的影响较小，可忽略；固含量增加，会造成 p-TA 和 4-CBA 的转化速率降低；水含量对反应速率的影响不明显；粒径减小，杂质转化速率略有提高，但并不明显。

基于自由基反应机理的动力学模型关联动力学数据，得到液相氧化主反应动力学参数。结合在氧化反应动力学实验基础上建立反应动力学和熟化过程模型，建立 CTA 深度氧化的工业反应器模型。从宏观流动状态来看，氧化反应器可以看作是全混流（即 CSTR），据此，建立间歇反应器、深度熟化工业连续反应器的数学模型。研究表明，熟化由间歇式操作变为连续操作时过程并不能得到强化，原因是采用连续化操作时固、液两相间杂质的浓度梯度小于间歇式操作时的状况。采用两级或多级串联可以解决这个关键问题。通过对深度氧化工业反应器模拟计算，得到深度氧化过程的可行工业方案。

根据获得的动力学规律，编制和提供全混流模型的深度氧化过程模拟计算程序如图 5-36 所示。

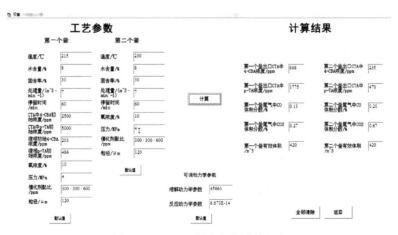

图 5-36 KPTA 深度氧化计算程序

2）深度氧化结晶动力学研究

TA 结晶热力学的研究主要集中于固液相平衡与分配规律研究，测定固相平衡数据为理论研究和过程分析的提供基础，同时也是工程设计必不可少的基础数据。采用粒度不同的工业品 CTA 和醋酸溶剂为原料，通过系统地试验研究，完成了对 CTA 深度氧化条件下结晶动力学的试验研究，获得了大量有重要价值的试验数据和研究成果。

在深度氧化的高温条件下，得到溶解度与温度的数学关联式，为设计和工业化提供了重要的基础热力学数据。TA 晶体的生长与晶体的粒度相关，晶体粒径较小时生长速率较快，晶体粒径较大时生长速率较慢；温度的提高有助于提高晶体的粒度和改善粒度分布；蒸发结晶除了可有效提高结晶收率外，还有助于提高晶体的粒度和改善粒度分布；固含量对 TA 晶体的生长影响不大；水含量对 TA 晶体的生长影响不大；通过试验数据回归出深度氧化反应条件下的结晶动力学方程，可实现对反应温度、CTA 初始粒度等主要影响因素的定量计算，可用来预测不同条件下 KPTA 晶体的粒度和粒度分布，有助于工业试验装置的设计和优化。

3）KPTA 工业试验

图 5-37　KPTA 工业试验装置

2012 年 8 月，中国石油科技管理部立项并划拨专款支持 KPTA 技术攻关，依托中国石油乌鲁木齐石化公司（以下简称乌石化）$7.5 \times 10^4 t/a$ PTA 装置开展大型工业试验。研究工作历时两年，其中工业试验连续 45 天，完成全流程和全工况条件下的工业试验如图 5-37 所示。

通过开展深度氧化反应动力学、反应器冷模、结晶动力学等的规律研究，以及浆料过滤洗涤、母液处理和残渣回收等的技术开发，完成深度氧化模拟优化、流程开发和设备设计，并依托乌石化技术力量、生产装置和公用工程条件开展工业试验。工业试验主要包括空气中氧含量、催化剂配比、水含量等对深度氧化过程的影响；反应温度、停留时间、溶剂配比等对深度氧化过程的影响；空气分布器的结构形式对深度氧化主反应和副反应的影响；深度氧化过程中原料对二甲苯和溶剂醋酸副反应的情况；全混式深度氧化反应器模型，确定相关的工艺参数。试验完成后形成技术更先进、环境更友好的聚合级PTA 成套技术，并具备工业应用的成熟条件。

2. 技术特点

1）两级深度氧化技术

形成了一种采用两级深度氧化，无须加氢精制系统，生产聚合级 PTA 生产技术。流程简捷，投资少，能耗低，经济效益显著。流程简化，无加氢精制单元，和常规 PTA 技术相比，设备台数大约减少 30%。投资降低，百万吨级 KPTA 装置规模和同规模 PTA 装置相比，建设投资可降低约 30%。能耗节省，KPTA 综合能耗约为 38kg/t（标油/成品），其中蒸汽约为 36kg/t（标油/成品），装置发电约 20kg/t（标油/成品），水及其他约 21kg/t（标油/成品），和同规模最新 PTA 生产技术相比，能耗下降约 30%。用水量少，装置排出污水量约

$0.26\,m^3/t$ 成品,其中,约 60% 来自氧化反应生成水,另外 40% 主要是设备及地面冲洗水及少量喷淋水,和同规模 PTA 装置相比,用水量、污水量均下降 50% 以上。

2)深度氧化反应系统

形成了一种无搅拌的氧化和深度氧化反应系统,深度氧化反应器采用氧化反应的贫氧尾气对反应浆料进行搅混,省去了搅拌设备,设备投资和运行电耗大幅度降低。

3. 工艺技术介绍

KPTA 技术工艺由氧化、深度氧化、结晶、过滤、干燥等工序组成。工艺流程如图 5-38 所示。

工艺过程主要由工艺空气压缩机系统,催化剂调配系统,氧化反应及冷凝系统,深度氧化反应系统,结晶系统,分离、干燥系统,溶剂脱水及共沸剂回收,母液处理系统,尾气洗涤、处理及干燥系统和醋酸收集系统等组成。区别于 PTA 的生产过程主要是不需精制系统,而在氧化系统中增加深度氧化过程,直接得到 p-TA 和 4-CBA 含量不同于 PTA 的 KPTA 产品。

(1)氧化反应。

与 PTA 生产一样,氧化过程为 PX 在催化剂存在的条件下,与空气中的氧气发生反应生成粗对苯二甲酸(CTA)、水和其他一些副产物。

(2)深度氧化反应。

从氧化反应器出来的浆料经加热后,进入第一深度氧化反应器,同时,反应器底部通入空气进行深度氧化,反应温度控制在 220~245℃,反应压力为 3.0~4.0MPa,将中间产品 p-TA 和 4-CBA 进一步氧化为 TA 产品,反应完成后,浆料进入第二级深度氧化反应器,气相也进入第二级深度氧化反应器下部;此过程不需加热,操作温度为 200~225℃,反应压力为 1.5~3.0MPa,再进一步进行深度氧化反应,将 p-TA 和 4-CBA 反应降低至所需含量。经深度氧化反应后的浆料送至结晶系统。

(3)氧化结晶。

第二深度氧化反应器底部浆料通过液位控制进入氧化第一结晶器,顶部的氧化尾气通过压力控制进入氧化第一结晶器底部,在 1.5MPa、210℃ 的操作条件下进行进一步深度氧化,4-CBA 和 p-TA 基本完全转化为对苯二甲酸。通过控制 3 台串联的结晶器的压力、温度的逐步降低,达到 TA 浓缩、降温及结晶目的。所有的结晶器都设有连续运转的搅拌器,以使析出的固体保持悬浮状态,TA 结晶浆料进入过滤工序。

(4)分离、干燥。

与传统 PTA 氧化浆料分离、干燥类似,结晶器浆料采用旋转压力过滤(RPF),实现过滤、洗涤的功能。过滤后的母液和洗液返回氧化系统,滤饼下料至干燥机进行干燥,得到 KPTA 产品。

采用无加氢精制的两级降温深度氧化新工艺,一级深度氧化温度 220~245℃,二级深度氧化温度 200~225℃。熟化反应温度较高,反应快,停留时间短,设备容积小,适合装置大型化。

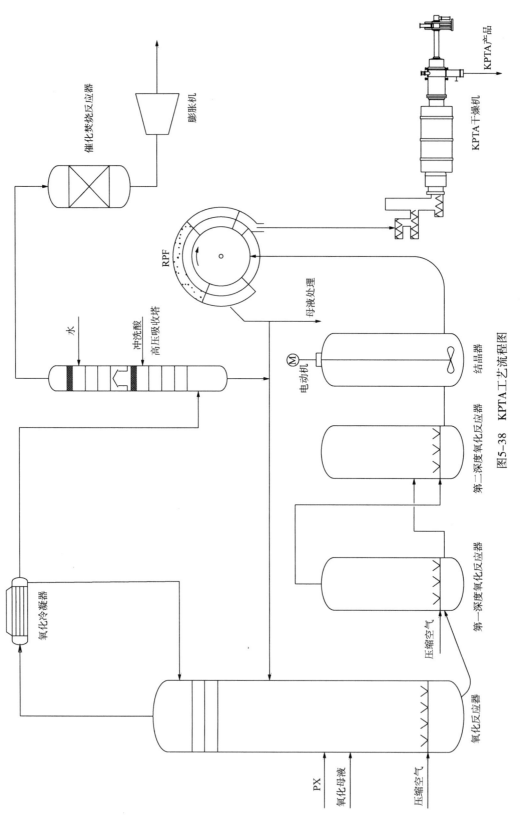

图5-38 KPTA工艺流程图

第四节 技术展望

在芳烃衍生物技术中，PTA、PIA、KPTA 存在比较多的共同点，随着国内外专利商不断革新技术，最新技术与传统技术相比，在工艺流程优化、节能降耗、安全环保等方面得到了大幅提升，实现了装置大型化、节能化、环保化、智能化，在为经济、社会做出贡献的同时，不断降低对环境的影响，减少吨产品对社会资源的消耗，推动技术的不断进步。

未来，以 PTA 为代表的技术发展趋势，主要集中在以下几个方面：

（1）新型氧化系统。

新的 PX 氧化系统，比如微界面氧化反应技术与 PTA、PIA、KPTA 生产的嫁接，大幅提高氧化速率，降低杂质含量，缩短工艺流程，减少装置投资，是一个具有前景的技术发展方向[24]。国内科研机构在以米为直径计量单位的反应器平台上，构建尺度为微米级的界面体系及其特殊效应，在多相反应体系的传质强化过程中的研究取得了较为可喜的成果。传统的鼓泡式空气氧化反应器气泡直径一般处在 5~30mm 之间，而微界面研究成果实现气泡直径 0.5~5μm。

（2）新型催化系统。

随着新型催化剂技术的不断进步，比如有机配体支撑/配位、无机配体支撑/配位的金属催化剂代替钴/锰/溴催化体系的应用，降低对装置的腐蚀，减少"三废"排放，降低生产成本，是此类技术发展的研究方向[25-26]。以 Fe、Cu、CO、Ni、Mn、Pd、Rh、Ru、Ir 等金属为中心，以 Mo 等多种金属为配体可以形成上千种催化剂，为催化领域提供广阔的拓展空间。

（3）绿色低碳。

采用产品指标和成本协同优化，开发新型 PTA 工艺技术，在流程上、工艺上突破，降低运行成本，为不同市场需求提供配套的订制产品。采用弱化反应过程指标，辅以强化靶向技术，比如放宽氧化过程的杂质 4-CBA、p-TA 含量，配套萃取等单元过程互相协同，从而降低装置原料和辅料消耗，达到绿色生产目标。

（4）智能化工厂。

利用物联信息系统（CPS）将生产中的供应、制造、销售信息数据化、智慧化，最后达到快速、有效、个人化的产品供应。作为"中国制造 2025"中五大工程之一的"智能制造工程"，紧密围绕重点制造领域关键环节，开展新一代信息技术与制造装备融合的集成创新和工程应用。智能软件、人工智能、大数据、物联网的信息革命推动着智能工厂蓬勃兴起。以工艺技术为先导、以大数据为核心、以三维模型为载体、以互联物联网为工具，构建共享、开放的工程建设服务平台，建设 PTA 智能工厂。

（5）装置一体化。

企业正在进行"炼油—芳烃—PTA—聚酯"一体化石化基地拓展，随着各装置生产成本的大幅降低，运输成本占据主导地位后，上下游一体化生产基地将是未来 PTA 企业的首选。实现生产装置互通、上下游产品互供、公用工程资源互连，使资源得到充分利用，形成产业链、产业集群，大幅降低运输成本，提高企业抗风险能力。

参 考 文 献

[1] 邢其毅，裴伟伟，徐瑞秋，等. 基础有机化学[M]. 3 版. 北京：高等教育出版社，2005.

[2] 孙静珉，陆德民，吴孝炽，等. 聚酯工艺[M]. 北京：化学工业出版社，1985.

[3] 王瑛，侯燕琴，林勇. PTA 生产技术综述[J]. 济南纺织化纤科技，2005(4)：7-9.

[4] BP 珠海 PTA 三期投产[J]. 石油化工，2015，44(10)：1233.

[5] 姜迎娟，况宗华. 精对苯二甲酸生产工艺综述[J]. 应用化工，2006，35(4)：300-303.

[6] Grace. 首套采用英威达最新 P8 技术的中国装置成功开车[J]. 上海化工，2018(2)：30.

[7] Walt Partenheimer. Characterization of the reaction of cobalt(Ⅱ)acetate, dioxyen and acetic acid, and its significance in autoxidation reactions[J]. Journal of Molecular Catalysis, 1991, 67(1)：35-46.

[8] 谢刚，成有为，李希. 对二甲苯液相氧化催化机理[J]. 聚酯工业，2002，15(4)：1-4.

[9] Alexander Apelblat, Emanuel Manzurola. Solubilities of o-acetylsalicylic, 4-aminosalicylic, 3,5-dinitrosalicylic, and p-toluic acid, and magnesium-DL-aspartate in water from T = (278 to 348)K[J]. J. Chem. Thermodynamics, 1999, 31：85-91.

[10] Sugunan S, Thomas B. Salting coefficients of 2-, 3-, and 4-methylbenzoic acids[J]. J. Chem. Eng. Data, 1993, 38：520-521.

[11] 李殿卿，刘大壮，王福安. 对甲基苯甲酸溶解度的测定及关联[J]. 化工学报，2001，52(6)：541-544.

[12] 朱良，王利生. 邻苯二甲酸、间苯二甲酸和对苯二甲酸在水中的溶解度[J]. 化学工业与工程，1999，16(4)：236-238.

[13] 赵仁殿，金彰礼，陶志华. 芳烃工学[M]. 北京：化学工业出版社，2001：728-734.

[14] 李玉芳，李明. 间苯二甲酸的国内外供需现状及发展前景[J]. 化学工业，2007，25(11)：39-40.

[15] 张娇静，宋华. 间苯二甲酸制备工艺的研究进展[J]. 化学工业与工程，2009，26(5)：468-469.

[16] 何祚云. 间二甲苯和间苯二甲酸生产工艺技术[J]. 合成纤维工业，2000，23(2)：44-45.

[17] Partenheimer W. Methodology and scope of metal/bromide autoxidation of hydrocarbons[J]. Catalysis Today, 1995, 23：69-158.

[18] 胡宏纹. 有机化学[M]. 2 版. 北京：高等教育出版社，1990.

[19] 高峰. EPTA 工艺技术[J]. 浙江化工，2006，37(5)：20，26-27.

[20] 吴鑫干，何斌鸿，等. 精对苯二甲酸生产技术的进展[J]. 石油化工，2005，34(1)：89-94.

[21] 宋景祯. PTA 与 EPTA 生产工艺的发展现状及评价[J]. 聚酯工业，2004，19(4)：1-3.

[22] 姚新星，杨世芳，周雪普. PTA 生产工艺简介[J]. 广东化工，2009，36(12)：76-77.

[23] Tomas R A F, Bordado J C M, Gomes J F P. p-Xyleneoxidation to terephthalic acid：a literature review oriented toward process optimization and development[J]. Chem. Rev., 2013, 113(10)：7421-7469.

[24] 张志炳，田洪舟，张锋，等. 多相反应体系的微界面强化简述[J]. 化工学报，2018，69(1)：44-49.

[25] 余焓. 无机配体支撑/配位的金属催化剂[EB/OL]. [2021-10-30] http：//www.chemhui.cn/a/3479.html.

[26] 张梦齐. 无机配体支撑的碘催化剂的合成及其在合成羰基化合物中的作用研究[D]. 上海：上海应用技术大学，2019.

第六章　芳烃基聚合材料技术

材料工业是国民经济最为重要的基础产业之一,"高、精、尖"等新材料技术是材料工业发展的先导,是重要的战略性新兴产业。"十四五"时期是我国材料工业发展的关键时期,加快培育和发展新材料产业,对于引领材料工业升级换代、支撑战略性新兴产业发展、促进传统产业转型升级等方面将起到重要的支撑和推动作用,在保障国家重大工程建设、加速构建"双循环"体系、赢得国际竞争新优势等方面均具有重要的战略意义。

以芳烃及其衍生物为原料,通过单体聚合可生产众多芳烃基聚合材料产品,中国石油在该领域拥有多项自主成套装备技术,主要包括聚对苯二甲酸乙二醇酯(PET)、聚对苯二甲酸丁二醇酯(PBT)、聚对苯二甲酸丙二醇酯(PTT)、聚碳酸酯(PC)及聚对苯二甲酸己二酸丁二醇酯(PBAT),这些聚合材料广泛应用于纺织化纤、塑料加工、轻工电子、商品包装、交通运输等行业,是国民经济中最为重要的化工材料之一。

本章对上述芳烃基聚合材料的工艺原理和工艺流程、自有技术特点及优势、核心关键设备以及工程化应用等进行了梳理和总结。

第一节　PET 聚酯多品种系列成套技术

PET 聚酯是聚对苯二甲酸乙二醇酯的简称,研究人员最早在 1944 年通过实验合成发现 PET 聚酯,随后在 1946—1966 年先后工业化于纤维、薄膜类制品、工程塑料领域,因其具有耐摩擦、耐疲劳、易加工、抗蠕变等性能特点,迅速成为合成纤维产量中产量最大的品种。聚酯在 20 世纪 70 年代以前一直保持高速发展,20 世纪 90 年代,聚酯工业的发展重心开始转向亚洲[1]。1998 年,中国纺织工业设计院(中国石油下属中国昆仑工程有限公司前身)自主研发的全球首套采用自有技术的 PET 聚酯装置建成投产,彻底打破了国外在该技术领域的长期垄断局面,我国 PET 聚酯产业进入飞速发展时期。进入 21 世纪之后,随着化纤技术、工程、设备国产化和全国纺织行业的快速发展,我国 PET 聚酯行业进入一轮高速发展时期。"十一五"时期,在国家产业调整振兴规划的指导下,国内 PET 聚酯行业产业集中度进一步提高,产能越来越向大企业集中,主流企业的核心竞争力不断增强。"十二五"期间,我国推动企业兼并重组,特别是横向联合与垂直整合,打造一批大型企业集团,突出核心企业的龙头作用和辐射带动效果。随着技术的成熟,国内 PET 聚酯行业产能迅速扩大,产品同质化竞争越来越激烈,对产业用、功能性和差别化纤维的需求逐渐增大。目前,PET 聚酯产品方案多样,包括纤维级、瓶级、薄膜级、工业丝、阳离子可染、阻燃、抗静电和抗静电阳离子聚酯等,广泛应用于纺织服装、产品包装、电子电器、医疗卫生、交通运输等各个领域,与人民生活密切相关。

截至 2021 年一季度，全球 PET 总产能约 $1 \times 10^8 t/a$，而中国产能已突破 $6500 \times 10^4 t/a$，成为全球最大的集 PET 品种研发、装备制造、装置生产、下游加工和产品消费产业链基地。

在 PET 应用中，纤维级 PET 聚酯是最大的应用品种，约占 PET 聚酯总产能的 80%的消费市场份额，配套下游主要用于制造长丝和短纤维（即涤纶长丝和涤纶短纤），在 PET 聚酯的非纤维应用领域，瓶级 PET 和膜级 PET 占比最大，约为总产能的 18%。

瓶级 PET 聚酯作为非纤维聚酯的主要用途，已逐渐成为市场包装材料的首选，这不仅给上游从事 PET 聚酯生产的厂商带来巨大商机，也进一步推动了全球 PET 聚酯工业的发展。瓶级 PET 聚酯是以聚酯基础切片为原料，经过固相增黏，在进一步提升切片黏度的同时，去除切片中的绝大部分乙醛，达到食品接触级加工的切片质量要求。目前，瓶级 PET 聚酯主要用于饮料和食品包装，并且已延伸到医药、农药、化妆品包装等领域，其中饮料和食品包装领域约占其总用量的 80%。近年来，随着瓶级 PET 聚酯生产技术提高及包装技术创新，其产品已能够较好地替代 PVC、铝材料和玻璃等传统的包装材料。

膜级 PET 聚酯是以聚酯熔体或切片为原料，经双轴向拉伸后生产出一种性能优良的高档塑料薄膜，具有透明度高、无毒无味、抗拉伸强度大、挺度佳、不易破损、电气和光学性能优良、阻氧性和阻湿性好、耐寒（-70℃）、耐热（200℃），且具耐化学腐蚀性及收缩性稳定等优良特性。聚酯膜片主要用于电气、绝缘、包装、磁体容器、胶片、录像带、软盘等，其应用范围非常广泛，如烫金膜、镀铝膜、印刷膜、包装膜、包装材料、复合材料、激光防伪商标、绘图纸、电气绝缘塑料及电容器等。根据产品要求不同，薄膜厚度在几微米到几十微米之间。

功能性阻燃 PET 聚酯，尤其是共聚型含磷永久性阻燃 PET 聚酯，因其独特的优点，即永久性、低烟、低毒，广泛适用于各种内装饰材料、服饰用品、工业用布等领域，市场需求巨大。

阳离子 PET 聚酯是将涤纶染色改性剂与涤纶共聚，共聚后的涤纶分子链中引入磺酸基团，可以使用阳离子染料进行染色，上色温度低、织物色彩艳丽、染料吸尽率高、节约能源，并降低了染整污水排放浓度。

抗静电 PET 纤维不仅具有聚酯纤维的优良性能，由于经过抗静电处理，具有良好的导电性，既能阻止静电发生和积累，又能克服纤维及其织物在使用中相互摩擦产生的静电，可以生产抗静电织物、薄膜、薄板等复合材料，广泛应用于容易受到静电破坏和干扰的电子设备或办公自动化设备，用于潜伏火灾爆炸危险环境的工作服、洁净厂房内防尘服、无菌衣等工业及民用领域。

抗静电阳离子 PET 纤维不仅具有良好的导电性和染色性能，既能阻止静电发生和积累，克服纤维及其织物在使用中相互摩擦产生的静电，同时，第三单体使染料易于固定在纤维上，而且可以具有很好的吸湿亲水性，是近代工业和民用的重要纤维材料，广泛应用于潜伏火灾爆炸危险环境的工作服、洁净厂房内防尘服、无菌衣等工业及民用领域。

一、国内外技术进展

PET 聚酯技术发展已有几十年的历史，其不同工艺技术定义多以全流程中设置几个阶段的反应器为依据，目前市场上有应用案例的工艺技术主要为二釜、三釜、四釜和五釜反应的工艺技术。

以德国吉玛(Zimmer)公司为代表的二釜工艺技术，由立式串联反应器和盘环反应器组成(图6-1)。立式串联反应器为无任何机械驱动的联合的酯化/预缩聚反应器，分为3个压力段，最上端为酯化段，利用沸腾的自然循环使物料充分搅拌；中段为反应段，液体产物和蒸汽一起通过几个逐步降压的室，使反应速度较快；第三段为预缩聚段，这一段分割成两个室，上室的蒸汽经过分配环导入下室的液面下，引起类似搅拌的强烈搅拌。二釜工艺与真空系统结合，真空系统用来自第一段的蒸汽作为动力蒸汽。来自后缩器的蒸汽在刮板系统中部分冷凝，用乙二醇蒸汽喷射系统排出。第二喷射系统直接由酯化段的蒸汽驱动，蒸汽被冷凝送至工艺塔。产品黏度较低(0.5~0.66dL/g)，不适合工业丝、包装材料、帘子线和工程塑料等方面应用[2]。

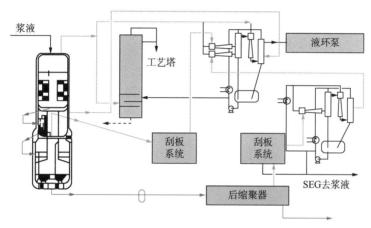

图6-1　德国吉玛(Zimmer)公司二釜流程图

三釜高温短流程工艺主要代表为美国杜邦(DuPont)公司工艺，该工艺反应器数目少，单台自然循环酯化釜，酯化和预缩聚反应器均没有机械搅拌部件，结构简单，但反应温度比较高，酯化温度290~300℃，能耗较高，总反应时间3.5~4.5h。另外，浆料 EG/PTA 物质的量比高(为2~2.8)，酯化率稍低(约94%)，也增加了装置能耗[3]。

昆仑工程公司拥有具有自主知识产权的四釜和五釜工艺。区别是两台酯化反应釜串联，第二酯化釜采用内外室或卧式多反应室，缩聚从上下多层结构想平推流靠近。工艺特点：(1)酯化率稳定且较高(约97%)；(2)较低的反应温度，酯化温度不超过265℃，后缩聚的熔体温度不超过285℃；(3)浆料 EG/PTA 物质的量比低，约为1.1；(4)各阶段反应较均匀，副产物少；(5)根据缩聚过程规律特点分配反应负荷；(6)低温酯化能耗较低；(7)多平推流的反应器使聚酯产品的分子量分布更窄。四釜工艺与五釜工艺的区别在于预缩聚反应器的数量，四釜工艺预缩聚反应器分为上下两个腔室的预缩聚反应器，五釜工艺是两个预缩聚反应器串联(一个槽式全混釜+一个圆盘转子式反应器)。五釜工艺第一预缩聚和第二预缩聚真空系统分开，真空系统的负荷降低，使装置的可调性提高。该技术获得国家科学技术进步奖二等奖2项、中国纺织工业联合会科学技术进步奖一等奖、全国优秀工程承包管理奖、全国勘察设计行业国庆60周年十佳工程承包企业大奖、全国优秀工程设计金奖等。物料消耗和能耗指标继续保持世界最优，总体技术指标达到世界领先水平。目前昆仑工程公司半消光/大有光单

线产能最大已达 $75×10^4t/a$，阳离子/全消光单线产能最大达 $25×10^4t/a$。

进入 21 世纪，PET 聚酯行业步入成熟期，随着石油石化工业市场的扩大和技术水平的提高，竞争变得更加激烈，赢利空间逐渐变小。面对石油石化工业日益激烈的竞争，国内 PET 聚酯行业在完成规模扩张后，将关注点转向采用环境友好的节能技术、生产方式和管理模式来降低成本和减少污染、大型 PET 聚酯装置降低单位产能投资和吨产品运行成本、优化工艺使生产运行平稳和产品品质更稳定，是企业生存发展的必由之路。

为持续保持中国石油 PET 聚酯技术领先优势，昆仑工程公司组建专职团队，开展全流程节能优化公关，通过对塔分离、蒸汽余热利用、真空喷射等系统采用一系列节能降耗生产技术，对搅拌器、泵类动设备进行选配参数优化，实现 PET 聚酯装置综合能耗同比降低约 30%，实现了环境效益与经济效益的统一，为同类型装置建设提供了宝贵经验。

二、工艺原理

PET 聚酯按照规格分为纤维级(大有光、半消光、全消光)、瓶级、膜级；按照差别化品种分为阳离子、阻燃、抗静电、抗静电阳离子等。差别化聚酯的核心为第二酯化反应器，各种助剂的添加要考虑物料全混与反应停留时间的计算，同时需要克服助剂的自聚反应等不利因素。根据产品方案和质量指标，添加不同的添加剂和反应器形式生产不同的品种，主要工艺流程相同，均是以精对苯二甲酸(PTA)和乙二醇(EG)为主要原料，在锑催化剂的作用下进行连续酯化、缩聚反应生成。由精对苯二甲酸(PTA)和乙二醇(EG)生产聚酯包括酯化和缩聚两个单元。

1. 酯化

精对苯二甲酸与乙二醇进行酯化反应，生成对苯二甲酸双羟乙酯和水，在酯化反应进行的同时缩聚反应(对苯二甲酸双羟乙酯的缩合反应)也在进行，生成低聚物和乙二醇。

反应式如下：

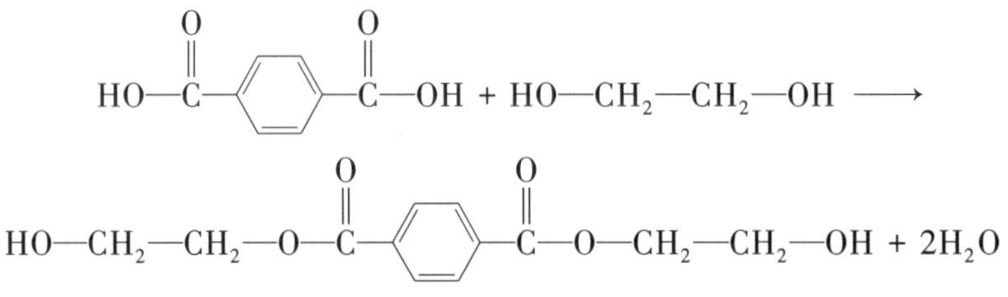

2. 缩聚

酯化物的端羟基间进行缩聚反应，同时酯化反应继续进行。低分子聚合物通过熔融缩聚，最终生产出适合不同用途的高分子化合物。

反应式如下：

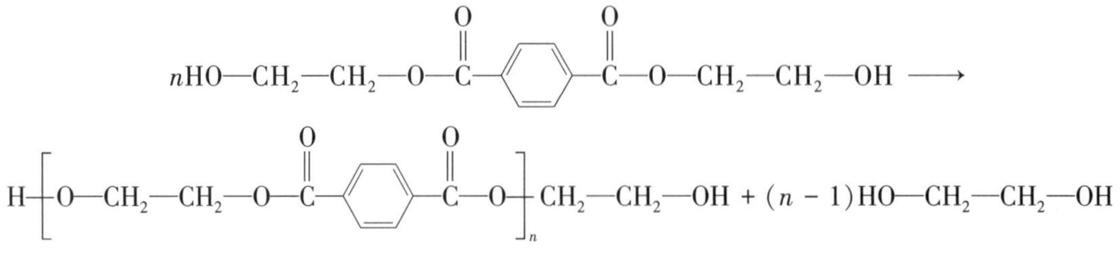

纤维级 PET 聚酯采用二氧化钛为消光剂，TiO_2 调配成一定浓度的乙二醇溶液，经过研磨、过滤、稀释后，加入聚合反应的酯化阶段。二氧化钛（TiO_2）是一种稳定、无毒无味的紫外线吸收剂，用其制得的半消光、全消光聚酯面料被赋予优良的抗紫外线功能，TiO_2 含量越高，其织物的抗紫外线功能越好。根据消光剂 TiO_2 添加量的不同，纤维级聚酯可分为大有光、有光、半消光、全消光四种类型。全消光 TiO_2 添加量是半消光的 8~10 倍，中国昆仑工程有限公司采用原位聚合技术生产全消光 PET，有效解决了 TiO_2 纳米粒子在聚酯熔体中分散不均匀和易团聚、易沉降的问题。

瓶级 PET 聚酯的生产是在原料中加入一定量的间苯二甲酸（PIA），并根据需要在浆料调配或者酯化阶段添加红度剂、蓝度剂、热稳定剂和二甘醇。瓶级聚酯生产中加入 PIA 的目的一是降低 PET 大分子排列的规整性，使其结晶速度、加工温度降低，二是改性注塑、吹瓶时的加工性能，增加瓶坯、瓶子的透明性。

膜级 PET 聚酯为避免拉膜过程产生的静电影响拉膜速度，需要向熔体中添加一定量的抗静电剂，抗静电剂通过计量后加入第二酯化反应器中。膜级 PET 聚酯分为面料和芯料两种，作为面料的熔体中需要添加抗黏剂二氧化硅（SiO_2），二氧化硅经过分散、稀释和离心分离后，以一定的浓度添加到面料生产线的第二酯化反应器。也可以以母粒的形式在线注入熔体中，生产膜级面料。面料和芯料按照不同的方式复合后可形成各种不同用途的 PET 聚酯膜。无机 SiO_2 作为开口剂添加在薄膜中，可以避免塑料薄膜在卷取成卷过程和成卷后膜层间受热压或受压易发生得"粘连"。无机 SiO_2 粒子是多孔有间隙、比表面积很大的松软颗粒，不仅使薄膜便面产生凸起，而且还具有封闭大分子链端的功能。聚合物在加工过程中大分子链的末端被 SiO_2 颗粒的孔隙吸入，同时该颗粒可成为成核中心，加快聚合物结晶速度，这样就大大减少了外露分子链，使两膜接触时没有大分子链的缠绕，而使薄膜分离[4]。

纤维级阳离子可染 PET 聚酯采用间苯二甲酸 5-磺酸钠（SIPE）为第三单体生产高压型阳离子（CDP），同时添加第四单体（具有一定聚合度的聚乙二醇）可生产常压型阳离子（ECDP）。第三单体、第四单体加入后，通过三元或四元共聚，在传统 PET 刚性分子链中引入了磺酸基团，由于聚酯链中磺酸基团的存在，改变了分子链排列秩序，导致刚性排布变成了疏松结构，使得阳离子染料易于进入体系，染色温度较传统工艺低，色牢度强，织物色彩艳丽，染料吸尽率高，降低了染整过程排放废水中的染料浓度。阳离子聚酯能更好地满足现代社会中人们对纺织品色彩丰富的生活需求，并广泛应用于纺织服装等诸多领域。

共聚型含磷永久性阻燃 PET 聚酯采用高效磷系阻燃剂，通过分子中的羟基和羧基等反应性基团与聚合单体发生共聚反应，将可以阻燃的磷引入聚酯大分子链中，使其具有永久的阻燃效果，阻燃剂具有无卤、色泽好、耐热性好、烟密度低等优点，使用时先与 EG 进行预酯化反应，将阻燃级嵌入到反应体系中，然后添加在第二酯化反应器中：

$$HO-\overset{\overset{O}{\|}}{\underset{\underset{R_1}{|}}{P}}-R_2-\overset{\overset{O}{\|}}{C}-OH + HO\diagdown\diagup^{OH} \rightleftharpoons HO-\overset{\overset{O}{\|}}{\underset{\underset{R_1}{|}}{P}}-R_2-\overset{\overset{O}{\|}}{C}-O\diagdown\diagup^{OH} + H_2O$$

精对苯二甲酸（PTA）与乙二醇（EG）和预酯化物进行三元酯化反应，生成对三元共聚酯化物和水，在酯化反应进行的同时缩聚反应也在进行，生成阻燃聚酯低聚物和乙二醇：

$$HOOC-\langle\bigcirc\rangle-COOH + 2HO-CH_2CH_2-OH \rightleftharpoons$$

$$HOCH_2CH_2-O-\underset{O}{\overset{O}{C}}-\langle\bigcirc\rangle-\underset{O}{\overset{O}{C}}-O-CH_2CH_2OH + 2H_2O$$

$$HOOC-\langle\bigcirc\rangle-COOH + 2HO-\underset{R_1}{\overset{O}{P}}-R_2-\overset{O}{C}-O-CH_2CH_2-OH \rightleftharpoons 2H_2O +$$

酯化物的端羟基间进行缩聚反应，同时酯化反应继续进行。低分子聚合物间进行熔融缩聚，最终生产出阻燃聚酯高分子化合物：

抗静电 PET 聚酯采用纳米材料的抗静电剂，抗静电剂经过调配后，加入第二酯化反应器中，BHET 与纳米材料抗静电剂以单体形式共聚，抗静电剂中纳米材料分散在高分子链上，与 PET 大分子形成镶嵌分布的同时，在大分子链表面形成抗静电剂薄膜。

抗静电阳离子功能的实现是通过在酯化阶段添加第三单体(SIPE)、纳米材料抗静电剂和第四单体等，BHET(对苯二甲酸双羟乙酯)与 BHET、BHET 与 SIPE、BHET 与纳米材料抗静电剂等以单体形式共聚。SIPM 与乙二醇(EG)酯交换合成第三单体(SIPE)的酯交换反应是间苯二甲酸二甲酯-5-磺酸钠(SIPM)和乙二醇(EG)反应生成 1,3-间二甲酸双羟乙酯-5-苯磺酸钠(SIPE)和甲醇：

183

三、中国石油 PET 聚酯多品种系列成套技术

自 20 世纪 90 年代开始，下游产业对聚酯的需求快速增长，聚酯工业得到了迅速发展，但直到 90 年代末期，国内聚酯均采用引进技术。1992 年，中国纺织工业设计院(中国石油昆仑工程公司前身)开始致力于聚酯工艺和装备的开发和研制，与仪征化纤公司、华东理工大学等单位合作开发了五釜流程聚酯工艺技术，1999 年，第一套 $10×10^4$ t/a 五釜流程自有技术装置建设开车成功；2002 年开始又牵头开发了四釜流程聚酯工艺及装备，2004 年，第一套 $20×10^4$ t/a 四釜流程自有技术装置建设开车成功；2016 年，第一套 $50×10^4$ t/a 五釜流程自有技术装置建设开车成功；2020 年，第一套 $60×10^4$ t/a 五釜流程自有技术装置建设开车成功。

1999—2004 年开发出大有光、半消光和全消光纤维级聚酯；2005 年，在巴基斯坦第一套 $20×10^4$ t/a 五釜流程瓶级聚酯装置建设开车成功；2008 年，江苏欧亚薄膜有限公司第一套 $20×10^4$ t/a 膜级聚酯装置建设开车成功，随后在江苏双星彩塑/新材料有限公司、中国石化仪征化纤有限责任公司、福建百宏纺织化纤实业有限公司、浙江永盛科技有限公司、绍兴元垄化纤有限公司等成功开车($20~40$)$×10^4$ t/a 膜级聚酯等装置；2008 年，亿丰二期第一套 $6×10^4$ t/a 阳离子聚酯装置建设开车成功，形成 $3×10^4$ t/a、$6×10^4$ t/a、$10×10^4$ t/a、$18×10^4$ t/a 和 $20×10^4$ t/a 系列阳离子聚酯生产成套技术和装备；2012 年成功开车第一套片材级聚酯装置。

2011 年开始致力于多品种聚酯工艺和装备的开发和研制，与北京服装学院合作开发阻燃、抗静电、抗静电阳离子聚酯材料，2016 年完成功能性聚酯工艺技术开发工艺包的成果鉴定。

近十年，昆仑工程公司实现了材聚酯成套工艺装备的大型化、系列化及柔性化，装置生产能力涵盖($6~75$)$×10^4$ t/a，并可在一套装置上实现同时或切换生产两种及以上产品。功能性聚酯和新材料聚酯工艺生产线达到国际先进水平，产品质量可与国际知名生产企业媲美。

1. 技术特点

1) 低温高酯化率工艺

采用低温反应工艺，通过适当延长反应停留时间，实现了装置连续生产稳定可调，抗干扰能力强，通过参数的调整可提高生产负荷，能耗较低。

采用多项节能措施，如实现工艺塔顶副产蒸汽的余热回收；采用新型高效真空设备降低了装置能耗；配套酯化水汽提装置，将聚酯装置反应产生的主要有害副产乙醛通过空气气提从酯化水中脱除，并将脱除的乙醛和工艺废气一起送至热煤炉焚烧，回收了废气的燃烧热值，同时实现装置的清洁生产。

2) 三级半乙二醇高效喷射真空系统

工艺的真空系统采用乙二醇喷射系统，为预缩聚和后缩聚反应提供真空，根据两段缩聚压力的不同要求，在同一台真空泵设备上同时实现串级和并联使用，既节省了设备投入，又降低了蒸汽能耗，同时，最为关键的是，一台设备为两段缩聚可以提供稳定操控压力，且不相互干扰。另外，采用乙二醇为动力源与水蒸气喷射相比较，不但能耗大幅下降，喷射泵的操控条件也相对平缓易控，此外，由于乙二醇作为原料，其蒸汽或凝液在装置中循环使用，不额外产生向外排放的废水，因此，可大幅减少污水排放，环保效应好。

3) 常压易染阳离子工艺

针对阳离子可染改性聚酯反应特点和要求，设计了新型第二酯化反应器。第二酯化反应器区别于聚酯装置常规立式反应器，采用三分室卧式反应器，三个分室分别设有独立的传热和传质设施以满足传热及产品质量的稳定要求。

针对阳离子可染改性聚酯生产中回用乙二醇的特殊性和要求，设计了精制塔系统。用于清除回用乙二醇中的凝聚粒子和沉淀杂质，防止管线和过滤器堵塞，并将精制的乙二醇全部回用，降低装置的原料单耗。

此外，也避免了因阳离子单体的不稳定性及相关的副反应产物在系统内的积聚，最终实现了工艺生产稳定及产品性能优良的目的。

4）熔体直拉聚酯薄膜工艺

在聚酯熔体直拉膜生产中，保证压力稳定最为关键，因此，熔体输送工艺采用非常规设置的齿轮泵和快速调节液压阀门联调联动控制组合，利用齿轮泵定量输送和快速调节阀门灵敏性的特性，完美地提供了保证熔体压力稳定的解决方案。

5）高品质共聚型磷系阻燃工艺

独特的阻燃剂/EG 预酯化物制备及添加系统：阻燃剂与 EG 按照一定的比例加入预酯化反应器中进行反应，得到预酯化液，然后经过滤器过滤后收集在预酯化物供料槽中，经泵计量后按一定配比加入第二酯化反应器，进行三元共聚反应，实现聚酯分子链中嵌入阻燃基团，达到持久不衰减的阻燃效果。

6）共聚型抗静电工艺

工艺中使用的抗静电剂具有优良的化学稳定性和良好的导电性能，且呈浅色透明，抗静电聚酯产品颜色浅，比使用炭黑粉、金粉、银粉等导电填料生产的深色抗静电聚酯安全可靠。该抗静电剂在共聚生产过程中，采用吸湿单体与抗静电剂配合使用，实现抗静电剂在乙二醇以及聚酯中的均一分散，达到持久、耐衰减的抗静电改性效果。

2. 工艺简介

PET 聚酯工艺由酯化工段和缩聚工段组成，工艺流程如图 6-2 所示。

1）常规聚酯工艺流程

工艺过程主要由添加剂配制、浆料配制、工艺塔（乙二醇回收系统）、预缩聚反应、预缩聚输送及过滤系统、后缩聚反应、真空系统、熔体输送及过滤系统、原料卸料及输送系统、乙二醇分配及催化剂配置、热媒放空及收集系统、废水汽提系统、切片生产及输送等工序组成。

（1）浆料调配。

精对苯二甲酸(PTA)自原料料仓经计量后送入浆料调配槽中。在特殊设计的浆料调配槽搅拌器的作用下，加入的精对苯二甲酸(PTA)粉料与经连续计量的乙二醇(EG)、催化剂和添加剂溶液（根据产品的要求选择）充分混合形成浓度均匀的悬浮浆料。

通常用乙二醇(EG)的加入量调节控制精对苯二甲酸(PTA)、催化剂和添加剂等的加入量，通过测量浆料密度可控制浆料的物质的量比(EG/PTA)。浆料调配槽的容量可满足正常运行 2.5~3.5h。配制完成的浆料采用浆料输送泵输送至第一酯化反应器中。

（2）第一酯化反应器。

聚酯生产线第一酯化反应器设置一台，为立式夹套反应釜，内设加热盘管且带搅拌器，其中第一酯化反应搅拌器的主要功能是强化传热。通过控制酯化反应器的液位，第一酯化反应器物料在压力差的作用下进入第二酯化反应器。

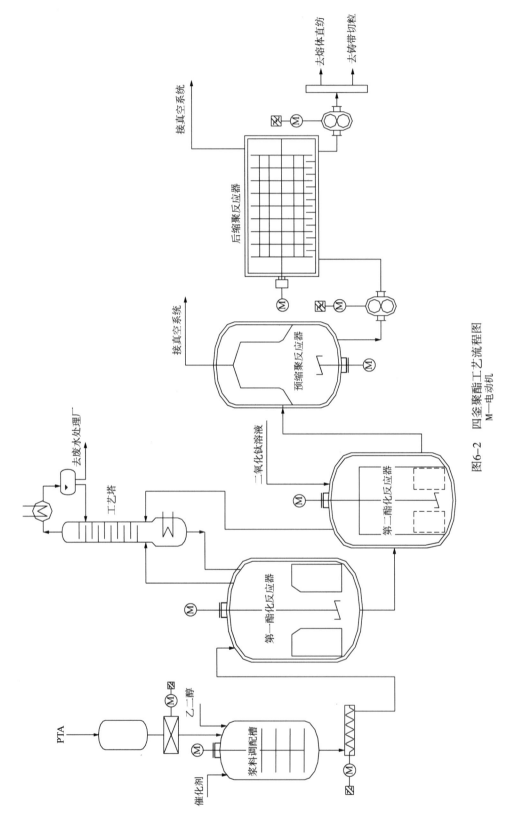

图6-2　四釜聚酯工艺流程图
M—电动机

通常控制第一酯化反应器的酯化率约为 91.0%。通过调节酯化反应的温度、压力、液位以及乙二醇(EG)的回流量等，可以控制第一酯化反应的酯化率。第一酯化反应器的热负荷最大，其盘管由一次热媒或者二次热媒(液相)直接加热，第一酯化反应器夹套(筒体)及其气相管线则采用道生蒸发器产生的气相热媒加热。气相热媒采用一次热媒(液相)加热，冷凝液自流返回道生蒸发器中。

（3）第二酯化反应器。

常规聚酯生产线第二酯化反应器设置一台，为立式夹套反应釜，内设加热盘管且带搅拌器，其中第二酯化反应搅拌器的主要功能是强化传热。通过控制酯化反应器的液位，第一酯化反应器物料在压力差的作用下进入第二酯化反应器外室，并由其内室出料。

第二酯化反应器盘管及物料管线分别由热媒循环泵提供的二次热媒(液相)加热。第二酯化反应器夹套及其气相管线用气相道生蒸发器产生的气相热媒加热。气相热媒采用一次热媒(液相)加热，冷凝液自流返回至相应的蒸发器中。

差别化聚酯第二酯化反应器采用卧式带搅拌形式容器，内部设有三腔室，反应物料由输送泵从第二酯化反应器送入第二酯化反应器的第一室，并加入乙二醇降温，进入反应器的第二室，同时添加剂根据需要加入不同腔室，酯化物和添加剂充分混合和反应后，继续进入后续腔室。从第二酯化反应器第三腔室自流进入第一预缩聚反应器。第二酯化反应器每个室设有单独的搅拌器，物料通过溢流进入下一室。

通常控制第二酯化反应器的酯化率约为 96.5%。通过调节酯化反应的温度、压力、液位以及乙二醇(EG)的回流量等，可以控制第二酯化反应的酯化率。

（4）乙二醇分离及精制系统。

酯化反应生成的水和蒸发的乙二醇(EG)需分别送入工艺塔中进行处理，其中的重组分乙二醇(EG)从塔釜出料，采用乙二醇(EG)输送泵分别送回到相应的第一反应器中；轻组分在塔顶先经热水板换热用于制冷，再送入空气冷凝器，冷凝液收集于冷凝液储槽中，其中部分冷凝液用作塔的回流液，剩余部分，即酯化反应生成的工艺废水，送至废水汽提系统进行汽提处理。通常控制工艺塔塔顶冷凝液中乙二醇(EG)含量小于 0.1%。

差别化 PET 聚酯由于添加剂种类多、物性等因素造成回用乙二醇中杂质较多，需要配置乙二醇(EG)精制系统(精制塔)。差别化 PET 聚酯第二酯化反应器生成的水和乙二醇蒸发后进入乙二醇(EG)精制塔进行处理，预缩聚、终缩聚真空系统置换乙二醇(EG)也进入塔精制，精制塔侧线采出乙二醇(EG)回用，塔釜重组分出售。轻组分在塔顶空气冷凝器中冷凝后，冷凝液收集于冷凝液储槽中，其中部分冷凝液用作塔的回流液，剩余部分，即酯化反应生成的工艺废水，送至废水汽提系统进行汽提处理。

（5）预缩聚、终缩聚反应及其真空系统。

预缩聚共设置两台预缩聚反应器。其中第一预缩聚反应器为立式带内套筒无搅拌形式；第二预缩聚反应器为卧式带组合型圆盘形式，采用单轴驱动，变频调速。

第二酯化反应器的反应物料通过压力差的作用自流进入第一预缩聚反应器的内室，并由其外室出料。因系统压力降低，进入反应器的酯化物的小分子物质从物料中脱除而使物料处于"沸腾"状态。通常控制第一预缩聚反应器的操作压力在 100mbar 左右，出口侧的预缩聚物特性黏度为 0.13dL/g 左右。第一预缩聚反应器由液环真空泵产生真空。

第一预缩聚反应器的物料通过压力差的作用自流进入第二预缩聚反应器,在第二预缩聚反应器的出口侧设置两台相邻鼓泡式液位计,进口侧和出口侧均设置温度检测。通常控制第二预缩聚反应器的操作压力在 10mbar 左右,出口侧预聚物特性黏度为 0.25~0.32dL/g。第二预缩聚反应器和终缩聚反应器共用真空系统,由乙二醇(EG)蒸气喷射泵组和液环真空泵组产生真空。乙二醇(EG)动力蒸汽由乙二醇(EG)蒸发器闪蒸产生,采用热媒循环泵提供的二次热媒(液相)加热。

终缩聚反应器为卧式带组合式圆盘形式,驱动用电动机均采用变频调速模式。预缩聚物料被连续送入终缩聚反应器,在搅拌和高真空条件下就可到达最终产品质量。控制压力、温度和停留时间到适当水平,使作为聚合度测量的特性黏度在 0.620~0.660dL/g 可调。通过调节热媒的温度,可以调节反应器中物料温度,控制出口物料的特性黏度。反应器圆盘转子的电流和出料熔体管路上黏度计的测定值作为调节反应器压力的参数。

在第一预缩聚反应器、第二预缩聚反应器、终缩聚反应器都有与之配套的真空系统,在反应器及其各自的真空设备之间设置刮板冷凝器,反应生成的气相物进入刮板冷凝器,与喷淋的乙二醇(EG)逆向接触,捕集气相中的夹带物,主要包括乙二醇(EG)、水和低聚物等,乙二醇(EG)凝液(主要成分为乙二醇、水、低聚物以及反应生产的副产物)收集在液封槽(俗称热井)中,采用乙二醇(EG)循环泵输送,经乙二醇(EG)冷却器采用循环冷却水或者冷冻水冷却降低温度后循环使用。预缩聚乙二醇(EG)冷凝液中的水含量比较高,需要送入工艺塔分离后再回用;后缩聚真空系统为了提高气相冷凝效果,加入的新鲜乙二醇(EG)凝液中含水量低,直接送入乙二醇(EG)收集槽回用。

(6) 预聚物、熔体的过滤及输送。

预缩聚/终缩聚反应器反应生成的预聚物/熔体分别经熔体夹套阀出料、预聚物/熔体出料泵增压,通过预聚物/熔体过滤器过滤去除其中的杂质和凝聚粒子后,经过预聚物/熔体夹套阀汇集后,经特殊设计的熔体夹套管送至终缩聚反应器中。通常预聚物/熔体出料泵为带夹套的齿轮泵,正常生产时两台泵同时运行,并采用变频调速。当其中一台泵需维护和(或)出现故障时,另一台泵可维持生产而不至于停车。

(7) 乙二醇蒸气喷射系统。

乙二醇蒸汽喷射泵为预缩聚反应器和终缩聚反应器产生真空。它们的第一级喷射分别吸入后缩聚真空的尾气,附加喷射级分别吸入第二预缩聚真空的尾气,它们的第三级混合冷凝器尾气压力约 10kPa,用液环泵作为排气级。喷射泵的抽吸真空度是与其吸入量相对应,通过调节补充的吸入乙二醇(EG)蒸气控制吸入真空度。

乙二醇(EG)蒸发器用于产生乙二醇(EG)蒸汽供喷射泵组使用,蒸汽凝液收集在乙二醇(EG)液封罐,乙二醇(EG)输送泵则把凝液送回至乙二醇(EG)蒸发器循环使用。新鲜乙二醇(EG)通过计量加入乙二醇(EG)蒸发器以提高喷射乙二醇(EG)蒸汽的质量。

2) 功能性聚酯工艺流程

图 6-3 为阻燃、阳离子等功能性聚酯工艺流程图,功能性聚酯与常规聚酯系统的区别主要有:

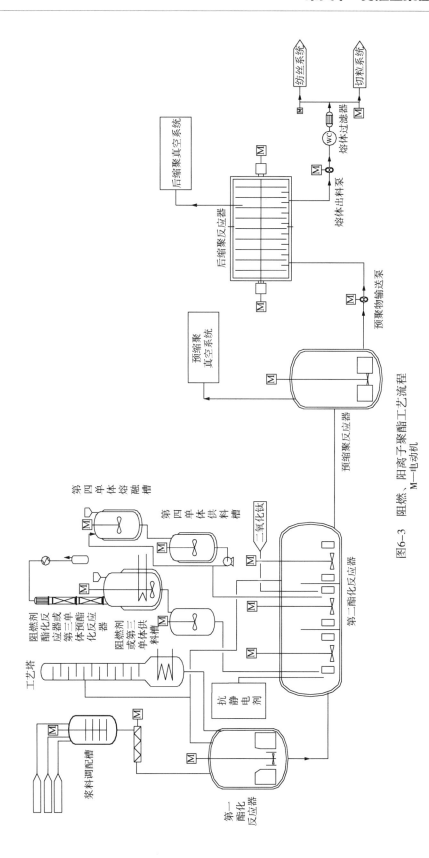

图6-3 阻燃、阳离子聚酯工艺流程

M—电动机

189

瓶级 PET 聚酯原料中加入一定量的间苯二甲酸(IPA),同时系统中加入调色剂等添加剂。膜级 PET 聚酯需要抗静电剂配置系统和抗黏剂二氧化硅的配置系统。

阳离子 PET 聚酯是在常规聚酯生产工艺中引入第三、第四单体,可形成共聚物而得到阳离子可染聚酯产品(CDP、ECDP)。由于在聚酯大分子链上增加了新的基团,改变了纤维的原有结构,使纤维的熔点、玻璃化温度、结晶度有所降低。在无定形区,分子间空隙增加,有利于染料分子渗透到纤维内部,克服了常规 PET 聚酯的染色性能不足,明显改善纤维的染色性能,色彩鲜艳、染色牢度好。

抗静电 PET 聚酯是在常规聚酯生产的直接酯化阶段添加抗静电剂等改性组分,使抗静电剂与聚酯单体——对苯二甲酸双羟乙酯(BHET)共聚,提高聚酯材料的电导率,从而产生抗静电的性能。

抗静电阳离子 PET 聚酯是在常规聚酯生产的直接酯化阶段添加第三单体、第四单体、抗静电剂等改性组分,使聚酯单体——对苯二甲酸双羟乙酯(BHET)与第三单体、第四单体、抗静电剂等以单体形式共聚,提高聚酯材料的电导率,突破了染料分子只有在高温、高压下才能进入聚酯纤维内部,且产品色调、风格和性能均受限制等缺点,从而产生抗静电的性能,并实现常压可染。

阻燃 PET 聚酯需要第三单体配置系统、第四单体配置系统、乙二醇精制系统。阻燃聚酯需要阻燃剂预酯化系统。抗静电聚酯需要抗静电剂研磨分散系统。抗静电阳离子聚酯需要抗静电剂研磨分散系统、第三单体配置系统和第四单体配置系统。

3)关键控制策略

为实现产品优质、装置平稳运行,工艺生产中需要控制主要的关键点,比如配制物质的量比、酯化率、塔分离、特性黏度、产品指标[醛含量(瓶级)、二甘醇含量等],控制副反应等,各主要单元的控制回路如下:

(1)物质的量比控制方案及回路。

物质的量比控制用于实现反应原料进料流量的在线控制,通过搅拌将液态乙二醇、固态 PTA(粉料)充分混合均匀,实现调配罐内密度场、温度场均一,便于后续酯化反应快速进行。物质的量比控制采用以 PTA 质量流量为主环,回用 EG 加入量和催化剂加入量为副环的双闭环流量比值控制系统。一般以 PTA 进料量为基准,根据预先设定好的 EG 与 PTA 的物质的量比分别计算出回用 EG 和催化剂加入量设定值,通过密度计精准计量其下料量,并以此为计算基准,按物质的量和质量比例控制,对进入调配罐的乙二醇等进行定量控制加入,生产中 EG/PTA 的物质的量比一般控制在 1.08~1.13,浆料经过充分混合后,再通过后续在线浆料密度监测,对浆料物质的量比进行偏差校正,并反馈至前序物质的量比控制回路,确保浆料组成稳定,避免波动。

(2)第一酯化反应器、第二酯化反应器控制方案和回路。

酯化率用于表征酯化反应进行的程度,工艺上控制第一酯化反应器达到酯化率约90.5%,第二酯化反应器酯化率达到约96.5%。提高物料温度、延长物料在反应器中的停留时间、提高物质的量比、降低操作压力都有助于提高酯化率,为此分别设置物料的温度控制、料位控制、回流乙二醇的流量控制和反应器的压力控制,维持酯化反应达到较高的酯化率。酯化反应是一个可逆平衡反应，在一定条件下存在平衡酯化率。而当反应接近平衡酯化率时，反应速率大大降低，即其他参数波动（如回流乙二醇量和料位变化）对酯化率的变化影响很小，因此有利于装置的稳定运行。

（3）塔分离控制方案和回路。

在工艺塔内，汽相物流被分离，塔釜液（主要是乙二醇）大多回流至酯化反应器，重新参与酯化反应，以保证酯化反应器内物料具有恒定的物质的量比，系统中多余的乙二醇被送往乙二醇收集槽。工艺塔分别设置工艺塔塔釜的温度控制、塔顶压力与出口蒸汽流量的控制、塔温与回流乙二醇的流量控制等。

（4）真空喷淋系统控制方案和回路。

为防止真空系统堵塞，在各级后缩聚反应器气相出口后分别设有刮板冷凝器。刮板冷凝器为一倒 T 形结构的真空容器（图 6-4）。由反应器引出的气相物质由刮板冷凝器横筒远离立筒处进入，冷却后凝聚物沉积在开口附近及横筒壁上，然后由装在横筒内旋转的刮板刮掉。气体进入立置的喷淋塔后，流经装在塔内的伞板，被下淋的 EG 冷却，落入横筒，然后通过堰板由下面的开口排出，未冷凝气体被下游真空泵由冷凝器顶抽走。

缩聚反应器中生成的乙二醇、水的混合蒸汽在真空设备作用下进入喷淋冷凝器。它与来自反应器的混合蒸汽逆向接触，蒸汽中绝大部分的乙

图 6-4　刮板冷凝器

二醇和部分水冷凝。喷淋冷凝器顶部未凝气的温度是重要的工艺数据，它的温度越高表明未凝气的量越大。喷淋液和凝液收集在液封槽，用泵输送通过换热器冷却到工艺要求的温度，再送到刮板冷凝器作喷淋，循环使用，用调节冷却介质流量控制喷淋乙二醇的温度。

乙二醇蒸汽喷射泵和液环泵组为预缩聚反应器和后缩聚反应器产生真空，通过调节液环泵、喷射泵的补加吸入量控制反应器的压力。

（5）最终产品特性黏度控制方案和回路。

熔体的黏度控制是通过控制后聚釜中真空度来实现的。用设在熔体管道上的在线黏度计测量的黏度结合后缩聚釜的搅拌马达驱动电流综合对后缩聚反应器的真空度进行控制，以保证后缩聚釜内的最佳真空度，从而得到一个最好、最稳定的黏度。

（6）反应器的液位控制。

各反应器的液位控制均采用逆向控制方案，即各反应器的液位控制各自的加入量来保证各个反应器液位稳定。

4）关键技术指标及水平

（1）产品质量（以半消光聚酯为例）。

产品为聚对苯二甲酸乙二醇酯（PET），无其他副产品。半消光 PET 产品规格见表 6-1。

表 6-1　半消光 PET 产品规格

序号	项目		国标优等品	中国石油产品	检测标准
1	特性黏度，dL/g		0.66	0.66	毛细管黏度计
	特性黏度偏差，dL/g		±0.01	±0.002	GB/T 17931—1999
2	端羧基，mol/t		≤30	≤30	GB/T 14190—2008
	端羧基偏差，mol/t		±4	±3	
3	二甘醇含量，%		≤1.2±0.15	≤1.2±0.1	GB/T 14190—2008
4	熔点（DSC 法），℃		≥259	≥259	显微镜法
5	≥10μm 的凝聚粒子，N/mg		≤1.0	0	
6	色相	L 值，APHA	≥86	≥86	反射比色法
		b 值，APHA	≤8	3±1	
7	二氧化钛含量，%		0.25	0.25	
8	灰分（不含二氧化钛），μg/g		≤0.06	≤0.01	GB/T 14190—2008
9	铁含量，μg/g		≤2.000	≤2.000	GB/T 14190—2008
10	水含量，%		≤0.4	≤0.2	GB/T 14190—2008

（2）辅料消耗。

半消光 PET 原辅料消耗见表 6-2，其中 PTA 消耗达到世界最优水平，其他指标达到世界领先水平。

表 6-2　PET 装置原辅料消耗

物料名称	指标	备注
PTA，kg/t	857	
乙二醇，kg/t	332	
二氧化钛，kg/t	2.5	半消光
催化剂，kg/t	0.19	以锑元素计

（3）综合能耗。

半消光 PET 公用工程消耗见表 6-3，消耗指标达到世界领先水平。

表 6-3　PET 装置公用工程消耗

物料名称	指标	备注
电，kW·h/t	≤48	常规产能 30×10⁴t/a
标油，kg/t	≤48	常规产能 30×10⁴t/a

（4）关键核心设备。

聚酯自有技术设备主反应器采用标准化、系列化、柔性化设计，根据不同工艺产品的要求，开发设计出低投资不锈钢—碳钢复合材料、内外室结构、上下室结构、水平多分室结构、气液相夹套、多种支撑及搅拌传动形式的专用反应器系列。

（5）第一酯化反应器。

第一酯化反应器是装置中容积最大的压力容器，为立式单室搅拌釜（图 6-5）。釜内设有盘管式内加热器。反应器设有外部夹套用于加热和保温。夹套采用气相热媒夹套。内盘管采用螺旋形盘管，具有独立的热媒出入口，盘管和内件采用OCr18Ni9材料。内筒体和内封头采用304+16MnR复合钢板，夹套选用16MnR钢板制造。搅拌器采用上装式，桨叶位于反应器内筒下端。由于轴很长，轴下端设有下支承轴承。搅拌器采用双端面机械密封，有独立的润滑、冷却系统。目前已成功设计、加工、制造出世界最大的75×10^4t/a的第一酯化反应器，其内径达6.8m，总重量约240t。该系列设备工程克服了强化搅拌混合过程中密度场、温度场和传质换热均匀，高效反应换热循环，产品端羧基含量偏高，以及运输超限等工程放大的难题，所有运行指标均达到预期设计指标。

图6-5　第一酯化反应器

（6）特殊设计的第二酯化反应器。

常规的第二酯化反应器结构形式与第一酯化反应器相类似，体积比第一酯化反应器要小。特殊设计的第二酯化反应器区别于常规聚酯生产通常所用的立式反应器，采用三个分室卧式反应器，各分室间由隔板分开，用于熔体从第一分室流入第二分室，进而流入第三分室，液位可控；三个分室的顶面上分别开有若干其他单体输入口；三个分室分别设有热媒内加热盘管，用于控制三个分室的温度；三个分室还分别设有搅拌器；隔板底端设有低排孔，用于正常停车时的排料。不同添加剂添加在不同的腔室。

（7）乙二醇精制系统。

针对改性聚酯生产特点和要求，创新地设计了精制塔系统。由于生产过程中第三单体和添加剂极性基团的引入，会生成凝聚粒子，磺酸根等的引入会与金属离子反应生成沉淀物，如不及时去除会污染管线，造成过滤器堵塞。精制塔系统用于对乙二醇系统进行精制除杂并回用乙二醇。

（8）预缩聚反应器。

预缩聚反应器为立式全混反应釜，为一釜两室结构，分上下室。酯化物料由上室进入，上室物料经控制阀进入下室，上室利用气流搅拌，不设搅拌器，在下室设有机械搅拌。反应器的夹套、盘管结构形式与第一酯化反应器相类似。

（9）后缩聚反应器。

反应器为卧式圆盘结构，反应条件为真空态，在夹套式卧置圆筒形反应器内设有盘式搅拌(成膜)系统,搅拌轴上有多块圆盘。圆盘搅拌系统由电动机、减速机驱动。传动装置和密封系统设有独立的润滑、冷却油系统。圆盘转动时带出物料,在盘面上形成液膜,及时蒸发反应中产生的乙二醇等低分子产物。搅拌轴的两端分别由前后两端盖上穿出,支承在固定于各端盖的轴承上。各轴封设有独立的润滑、冷却油路系统。卧式圆盘反应器内物料流动要呈现出平推流,避免返混现象的发生。圆盘反应器的搅拌轴上串联多个圆盘,相当于一系列的全混釜串联,预聚物从反应器底部进入,在出料口流出,这个过程近似于平推流,这种设计使得反应速率变大。同时反应器内尽可能避免物料死角,否则物料会滞留,导致产品质量低下,高黏装置后缩聚反应器搅拌桨上装有刮刀,加快液相表面更新强化脱挥。

3. 工程化应用

PET聚酯技术广泛应用于国内各省市,并集中于浙江、江苏、福建为主的东南沿海地区,并成功推广应用在巴基斯坦、阿联酋、埃及、印度、土耳其等国家十多套装置上。目前采用中国石油自有技术建设PET生产装置300余套,形成产能超过5000×10⁴t/a,占国内总产能75%以上,占国内自2000年新增聚酯产能90%以上和国外新增聚酯产能45%以上市场份额,在国内外市场竞争力和市场占有率稳居第一。

2000年至今,中国石油在PET聚酯大型化、系列化、柔性化、功能化技术方面持续保持国际领先地位,拥有国际最多系列产能和最大单线产能,同时装置装备的整体国产化率也近90%,装置投资大幅下降,仅为2000年之前同规模引进装置的1/10~1/8。

中国石油经过多年在聚酯领域的研发创新,已形成以下系列技术:

(1)(6~75)×10⁴t/a系列化生产能力工艺和成套装备技术;

(2)纤维级(大有光、半消光、全消光)、瓶级、膜级等多规格聚酯(PET)工艺技术;

(3)阳离子、阻燃、抗静电、抗静电阳离子等多品种差别化聚酯(PET)工艺技术。

各规格产品均达国标优等品等级,瓶级产品广泛应用于可口可乐、百事可乐、农夫山泉、怡宝、依云等国内外知名企业。

膜级工艺采用国内首创熔体直接拉膜技术及废膜降解回收技术,突破了切片挤压熔融工艺质量不稳定的难题,产品厚度规格从几微米到百微米,广泛应用于高亮、电镀、食品、包装等膜材料行业。

阻燃、抗静电级工艺采用国内首创引入第三、第四单体共聚技术,其阻燃产品的极限氧指数(LOI)≥28%,抗静电系数体积比电阻达10⁸Ω·cm级,产品质量稳定性和耐久性明显优于市场上共混技术产品。

阳离子级工艺在国内率先引入第三、第四单体共聚技术,产品指标达行业标准优等品,染色性能处于同行业领先,染色色彩鲜艳,色牢度高,稳定性好。

共聚型阻燃聚酯具有阻燃性能持久、抗熔滴等优点,燃烧时不会发生熔融滴落,且不会释放有毒的卤化氢气体和烟雾,广泛应用于建筑、交通、户外等行业。纳米导电金属共聚型抗静电聚酯,抗静电剂与聚酯本体结合性好、导电性能好、成本适中、易于加工、抗静电性能稳定持久,明显优于市场上共混技术产品。

新型阳离子常压可燃聚酯具有节能、染色周期短等优点,上色后有优良的染色牢度,可以在100℃左右深染,上染率可达98%,各项色牢度达4~5级,染色饱和值达5.8。

第二节 功能性聚酯 PBT、PTT 成套技术

随着中国国民经济的迅速发展，特别是下游服装、家纺等产业的快速发展，尤其在高端面料需求上不断加大，推动了 PBT、PTT 市场需求的迅猛增长。

目前 PBT 广泛应用于汽车、电子电气、纺织、机械设备及精密仪表部件、通信、照明及其他高科技领域。另外，由于 PBT 的聚集结构中有结晶区和非结晶区，易于通过添加其他物质进行改性，从而赋予其各种功能。PBT 经增强改性后，PBT 纤维在针织、毛纺、织带和丝织等领域也显示出独特的性能。

PTT 由于其独特的螺旋状结构而具有优异的性能，兼具尼龙的柔软性、腈纶的蓬松性和涤纶的抗污性，加上本身固有的弹性、适中的玻璃化温度和良好的加工性能，把各种纤维的优良性能集于一体。而且 PTT 易与尼龙或聚酯纤维共聚，与纤维素丝共混，与弹性纤维（如聚氨基甲酸乙酯、聚醚基纤维等）复合，具有不褪色、不变黄、不起条等优点，已成为当前国际上最热门的高分子新材料之一。PTT 主要用于生产优质地毯、混纺、工程塑料等产品。尤其是 PTT 生产的地毯，具有回弹性好、易染、色彩鲜艳、膨松性好、抗污性好、吸水性低、清洗方便、耐磨等优点。

目前国内 PBT、PTT 产能远远不能满足国内需求，大部分仍依赖进口。另外，PTA 法生产 PBT、PTT 的技术长期由美国杜邦、荷兰壳牌、日本东丽、韩国合纤公司等几家国外公司垄断。因此，中国石油通过研发，形成高产能、低能耗、产品质量优质的 PBT、PTT 连续化生产装置，打破了国际工程公司的技术垄断，对国内该行业的发展具有重大意义。

一、国内外技术进展

1. PBT 国内外技术进展

聚对苯二甲酸丁二醇酯（PBT），是一种直链非饱和热塑性聚酯，与对苯二甲酸乙二醇酯（PET）相比，PBT 的熔点和玻璃化温度较低，因此在通常的成型条件下，甚至在低至 30℃ 左右的模温下，还能达到很高的洁净度而且结晶化速度与聚甲醛相近，比 PET 快得多。

从技术来源来看，国外技术处于相对领先地位，主要技术商为德国吉玛、美国杜邦、瑞士伊文达等公司，国内主要有昆仑工程公司、上海聚友、扬州普利特等公司。目前市场上多采用国外专利技术，其中德国吉玛（Zimmer）公司的技术独占鳌头，占据了 70% 的市场份额。

昆仑工程公司从 20 世纪 90 年代开始致力于聚酯技术国产化，并在国内外推出了多套聚酯装置，具有丰富的研发和工程设计经验。昆仑工程公司曾于 2001 年受南通合成材料厂委托，进行过 $1 \times 10^4 t/a$ DMT 法 PBT 连续聚合工艺的开发。另外，昆仑工程公司还曾与天津大学合作对四氢呋喃（THF）的分离进行过研究。

昆仑工程公司结合自身长期以来在聚酯技术领域研发的丰富成功经验，委托中国科学院化学所和天津大学进行专项基础研究，充分利用昆仑工程公司的工程设计和开发能力，目前已形成拥有自主知识产权的 PBT 工艺技术和成套装备。

2. PTT 国内外技术进展

聚对苯二甲酸丙二醇酯（PTT）是由对苯二甲酸二甲酯或对苯二甲酸和 1,3-丙二醇聚合

而得的聚酯，是继 20 世纪 50 年代聚对苯二甲酸乙二醇酯(PET)和 70 年代聚对苯二甲酸丁二醇酯(PBT)之后新研发的一种极具发展前途的新型聚酯高分子材料。

PTT 工艺技术现有三釜、四釜、五釜等工艺流程，三釜工艺流程具有代表性的专利商是美国杜邦公司、壳牌公司，其装置在国内外均有应用，占据较大市场份额。昆仑工程公司的聚酯工艺技术为四釜和五釜工艺流程系列，并已在国内实现成功应用。各家技术主要在催化剂、反应器等核心关键各有特点。此外，西班牙的 Antex 公司、日本的帝人和韩国的 SK 化学公司也有 PTT 装置建成投运。

昆仑工程公司自 2000 年以来，长期致力于 PTT 技术开发与应用，该技术成功应用于江苏中鲈科技发展股份有限公司 $3 \times 10^4 t/a$ PTT 装置，技术成熟、可靠，打破了国外对该技术的长期垄断。

二、工艺原理

1. PBT 技术工艺原理

生产 PBT 主要有两种方法：酯交换法(DMT 法)和直接酯化法(PTA 法)。

1) 酯交换法(DMT 法)

酯交换法是以对苯二甲酸二甲酯(DMT)与 1,4-丁二醇(BDO)为原料来生产。工艺过程为：DMT 和 BDO 先进行酯交换反应，先生成对苯二甲酸双羟丁酯(BHBT)，并脱除甲醇，然后再进行缩聚反应生成 PBT。酯交换反应过程中，除产生副产物甲醇外，BDO 在高温下发生环化反应生成副产物四氢呋喃(THF)。酯交换法又有间歇式工艺和连续式工艺两种。间歇式工艺设备简单、易于调控，适用于小规模生产，但各批次产品质量有差异，因此产品质量稳定性差；连续式酯交换工艺采用管式或螺杆式反应器，效率较高、质量稳定，适于较大规模生产。

2) 直接酯化法(PTA 法)

利用 PTA 法制备 PBT 主要经过两个步骤：酯化反应和缩聚反应。先由精对苯二甲酸(PTA)和 1,4-丁二醇(BDO)经过酯化反应生成 BHBT 和 H_2O，单体 BHBT 在催化剂作用下进一步聚合生成 PBT，同时脱出 BDO，又因 BDO 脱水环化而生成副产物 THF。反应所用催化剂有 $TiCl_4$、$Ti(OBu)_4$、SnC_2O_2、K_2TiF_6、$K_2TiO(C_2O_4)_2$，其中钛酸四丁酯 $Ti(OBu)_4$ 应用最为广泛。

3) 酯化反应机理

直接酯化反应中，粉末状的 PTA 溶解于 BDO 中，已溶的 PTA 和 BDO 在高温下酯化反应生成 BHBT，该反应为可逆反应：

另外，在高温及反应物浓度较高的条件下，还将发生 BDO 环化生成副产物 THF 的反应：

4）缩聚反应机理

缩聚反应是发生在酯基之间的反应，即每两分子丁二醇酯的酯基缩聚并生成一分子 BDO，反应方程式：

$$n\ HO（CH_2）_4OC\text{—}\bigcirc\text{—}CO（CH_2）_4OH \longrightarrow （n\text{-}1）HOCH_2CH_2CH_2CH_2OH +$$

$$HO\text{—}（H_2C）_4\left[OC\text{—}\bigcirc\text{—}CO（CH_2）_4\right]_n O\text{—}H$$

缩聚反应是可逆反应，反应物系中降低 BDO 浓度将使反应向生成高聚物方向进行。因此，要得到高聚合度的聚合物就要设法把生成的 BDO 尽量从反应物中脱除。物料汽相体系中 BDO 分压的降低，可引起反应体系的 BDO 浓度降低，使反应向生成高聚物的方向进行，同时反应速度也相应提高。为此，缩聚反应要求在真空条件下进行，特别是在缩聚反应后区要求在高真空下进行，同时应该尽量增加蒸发面积，以利于 BDO、H_2O 等小分子的脱离。

2. PTT 技术工艺原理

以对苯二甲酸(PTA)和 1,3-丙二醇(PDO)为原料，生产聚对苯二甲酸丙二醇酯(PTT)的工艺包括酯化和缩聚两部分。由于 PTA 不溶于 PDO，但可溶于酯化物中，因此，PTA 和 PDO 的悬浮液(浆料)在进入酯化反应器后，迅速由非均相反应转为均相反应。在酯化反应的同时，还伴有缩聚反应，当酯化率达约 99% 时，进入缩聚反应器。在催化剂和真空条件下，随着不断抽走反应生成的小分子 PDO，促使反应向缩聚方向进行，聚合物的分子链逐渐加大，成为具有一定特性黏度的聚酯熔体。

1）酯化反应机理

直接酯化反应中，粉末状的对苯二甲酸(PTA)溶解于 1,3-丙二醇(PDO)中，已溶的 PTA 和 PDO 在高温下发生酯化反应生成对苯二甲酸双羟丙酯(BHTT)，该反应为可逆反应：

$$\text{—}\bigcirc\text{—}COOH + HO\text{—}[CH_2]_m\text{—}OH \xrightarrow{k_1}$$

$$\bigcirc\text{—}\overset{O}{\underset{\|}{C}}\text{—}O\text{—}[CH_2]_m\text{—}OH + H_2O$$

$$\text{—}\bigcirc\text{—}COOH + \bigcirc\text{—}\overset{O}{\underset{\|}{C}}\text{—}O\text{—}[CH_2]_m\text{—}OH \xrightarrow{k_2}$$

B

$$\text{—}\bigcirc\text{—}\overset{O}{\underset{\|}{C}}\text{—}O\text{—}[CH_2]_m\text{—}O\text{—}\overset{O}{\underset{\|}{C}}\text{—}\bigcirc\text{—} + H_2O$$

由于 PTA 在 PDO 中的溶解度很小，且无确定的熔点，仅在 402℃升华，而 PDO 沸点仅为 210℃，大大低于 PTA 的升华点，所以上述反应体系属于固液非均相体系，反应主要发生在已溶解的 PTA 与 PDO 之间，反应速度慢。反应刚开始时，溶液中 PTA 总是处于饱和状态，反应速度与 PTA 和 PDO 的配制浓度无关，一直向生成的 BHTT 方向进行。

2）缩聚反应机理

缩聚反应是发生在酯基之间的反应，即每两分子丙二醇酯的酯基缩聚并生成一分子 PDO。

所得到的低聚物的每个分子仍然具有活性双官能团（丙二醇酯基），还可以继续发生缩聚反应。事实上，酯化反应开始后不久生成一定量的 BHTT 时，就有缩聚反应同时发生。酯化反应后期，单体已基本消失，生成不同聚合度的低聚物。形成的低聚物可以与原料单体相互缩合，也可彼此之间缩合，甚至形成 PTT 大分子。

催化缩聚机理为配位催化过程，即催化剂中金属原子与羰基氧进行配位络合，提高羰基碳正电性，促进羟基氧的亲核进攻反应，实现催化作用。因此，催化剂的催化活性和选择性取决于金属原子与羰基氧的配位络合能力。

聚酯熔融缩聚过程中，链增长和链降解反应同时进行，仅当链增长速率大于链降解速率时，聚合物分子量才会上升。催化剂促进缩聚链增长反应的同时，也能催化链降解反应。

在高温条件下，随着聚合物分子量的增加，同时会发生降温、热氧降解、线型高聚物环化等多种副反应，从而导致聚合物分子量降低、熔点下降和着色，影响产品质量。

3）副反应

随着酯化反应的进行，因为 PTA 在反应混合物中的溶解度远较纯 PDO 中高，PTA 粒子溶解速度逐渐加快，当 PTA 完全溶解时，反应开始转入均相酯化阶段。此时，反应速度将随 PTA 与 PDO 的浓度变化而变化。

另外，在高温及反应物浓度较高的条件下，还将发生 PDO 脱水和降解生成副产物丙烯醇和丙烯醛的反应：

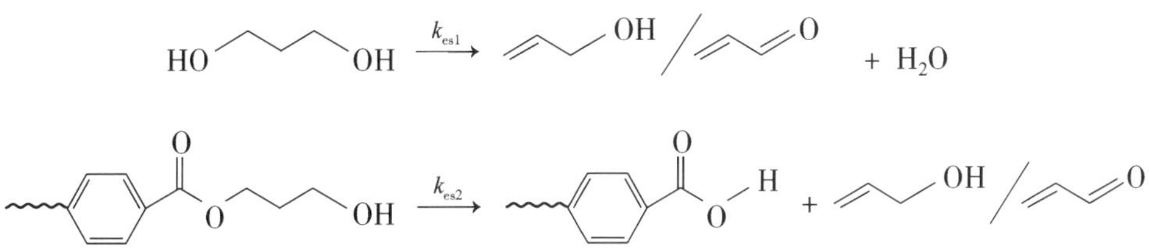

三、中国石油 PBT 聚酯成套技术

昆仑工程公司从 20 世纪 90 年代开始起致力于聚酯技术国产化，并在国内外推出了多套聚酯装置，具有丰富的研发和工程设计经验。

昆仑工程公司曾于 2001 年受南通合成材料厂委托，进行过 $1 \times 10^4 t/a$ DMT 法 PBT 连续聚合工艺的开发。

2011—2013 年，昆仑工程公司委托国内知名高校进行专项基础研究，建立完善了工艺流程，开发出高效复合催化剂。

2015 年，依托于昆仑工程公司专有聚酯技术，利用昆仑工程公司的工程设计和开发能力，开发新型反应器、精制系统、真空系统等。

2016 年，昆仑工程公司开发成功具有自主知识产权的 PBT 工艺技术及成套装备。

PBT 自有技术的形成，成功打破了国外常年在该领域的技术垄断，为聚合物材料多品种、多功能发展铺平了道路。

1. PBT 技术特点

（1）采用高效钛系为催化剂，催化剂催化活性高、无毒，价格便宜，而且催化剂用量小，反应速度快，反应条件温和，反应可控，产品特性黏度可达到 $0.85 \sim 1.00 dL/g$。

（2）采用低温反应工艺，通过适当延长反应停留时间，实现了装置连续生产稳定可调，抗干扰能力强，通过参数的调整可提高生产负荷，能耗较低。

（3）强调反应过程优化控制，并将节能环保技术融入工艺流程之中。采用丁二醇全回用工艺，减少了单耗和设备投资；真空系统采用丁二醇喷射系统，与水蒸气喷射相比较，一方面能够有效降低能耗，另一方面，由于丁二醇蒸汽凝液在装置中循环使用，不产生向外排放的废水，因此，可大幅减少污水排放，环保效应好。

（4）采用了多项节能措施，如采用新型高效真空设备降低了装置能耗；工艺尾气经收集洗涤后全部送入热煤炉焚烧，回收了工艺废气的燃烧热值，同时基本实现装置的清洁生产。

（5）"三废"排放量相对较少，废气经收集淋洗后焚烧，酯化反应产生的含四氢呋喃的废水经提纯后进一步生化处理，达标后排放或回用，废固（渣）量很少，且这些废固大部分可回收利用，因此本技术对环境产生的影响很小。

（6）采用一个常压精馏塔和一个加压精馏塔或三塔处理酯化废水以回收副反应产生的四氢呋喃，回收四氢呋喃的纯度大于 99.9%，可作为商品直接出售，既节省成本又实现了装置的清洁生产。

2. 工艺技术简介

1）PBT 工艺流程

PBT 聚酯生产一般由 PTA 的加料、催化剂溶液调配、PBA 和 1,4-丁二醇浆料的调配、酯化、缩聚、熔体输送、切片生产结晶干燥、1,4-丁二醇回用系统以及添加剂系统和热媒（加热）系统组成。图 6-6 为 PBT 工艺流程简图。

（1）酯化。

浆料经配置搅拌后进入酯化反应器，在二次热媒加热下进行酯化反应，通过调节回用丁二醇的量可控制反应的物质的量比。酯化反应器为内外两室结构，PTA 浆料从酯化反应器顶部进入酯化反应器内室，再流到外室。

（2）丁二醇分离。

酯化反应生成的水蒸气、副产物四氢呋喃和蒸发的丁二醇蒸气等一起自酯化反应器顶部进入丁二醇分离塔塔釜。在分离塔内，汽相物流被分离，塔釜液（主要是丁二醇）大多回流至酯化反应器，重新参与酯化反应，以保证酯化反应器内物料具有恒定的物质的量比，系统中多余的丁二醇被送往丁二醇收集槽。塔顶馏出物主要是水和四氢呋喃的混合蒸汽，经两级冷凝器冷凝。

分离塔塔顶真空由液环真空泵提供。工艺塔塔釜内设加热盘管，由二次热媒加热，作为分离塔的再沸器，提供分离塔精馏所需热量。

（3）预缩聚。

酯化反应器流出的物料借助压差与位差，进入预缩聚反应器。在预缩聚反应器内主要进行的是缩聚反应，同时完成酯化反应。

预缩聚反应器内设置搅拌器，以提高表面更新速度和传热效果。反应物料自反应器底流出，通过预聚物输送泵送至后缩聚反应器。

预缩聚反应器中经缩聚反应生成的丁二醇蒸气和水蒸气的混合物经带热媒夹套的汽相管线送至刮板冷凝器。凝液收集在液封槽，液封槽内有滤网，经过滤的丁二醇通过循环泵和冷却器循环使用。采出的含水丁二醇送至分离塔精馏，保证丁二醇的喷淋及液封槽液位恒定。

（4）预聚物输送及后缩聚。

预聚物输送泵将预聚物送入后缩聚反应器。预聚物输送泵转速是可调的，用调节转速来控制后缩聚反应器入口处液位。预聚物输送管线与后聚物过滤器和输送管线合用一组二次热媒回路伴热。

预聚物从后缩聚反应器底部进入反应器，完成缩聚反应。得到特性黏度满足工艺要求的 PBT 熔体。

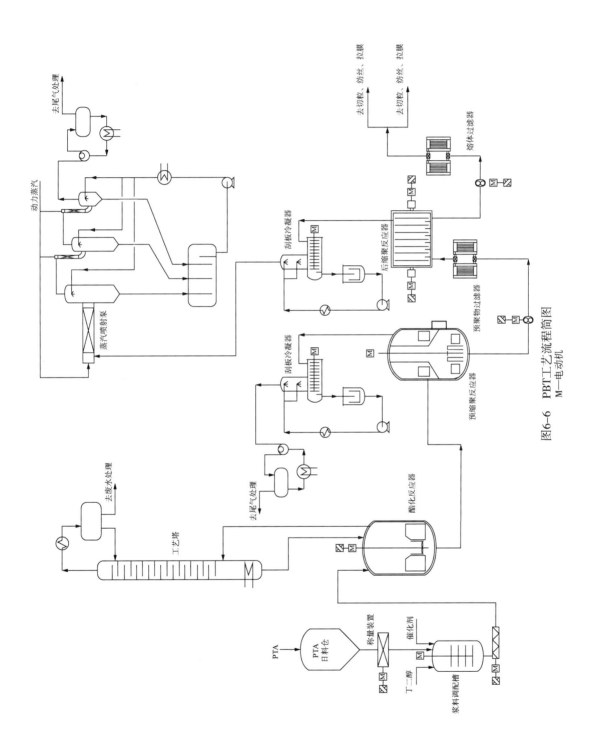

图6-6　PBT工艺流程简图
M—电动机

反应时蒸出的丁二醇等低分子蒸气在出料端的上端进入刮板冷凝器。凝液收集在液封槽，液封槽内有滤网，经过滤的丁二醇通过循环泵和冷却器循环使用。采出的丁二醇由于含水量很低，直接送至回用丁二醇收集槽进行回用。

（5）真空系统及尾气洗涤系统。

真空系统包括丁二醇喷射系统和液环真空泵系统，为预缩聚反应器和后预缩聚反应器产生真空。丁二醇蒸发器用于产生动力丁二醇蒸气，正常操作中需补加一定量的新鲜丁二醇，蒸发器中其余部分液相丁二醇来自蒸汽喷射液封槽中的丁二醇蒸气凝液。丁二醇蒸气喷射泵使用二次热媒加热。

装置工艺尾气进入尾气洗涤塔经低温水喷淋吸收，主要目的是将废气中的四氢呋喃等有机物洗涤捕集下来，尾气再引至热媒站焚烧，废水去往汽提装置进行处理，达标后在指定地点排放。

（6）熔体输送及过滤系统。

从后缩聚反应器出来的熔体进入熔体出料泵，泵的转速可调。熔体经过滤后送至切粒系统切片。在熔体出料泵后的输送管线上装有在线黏度计，通过它的监测及联锁控制来保证最终产品的黏度稳定。

（7）切片生产及包装。

熔体自铸带头挤出、铸带，随后落入导流槽，用除盐水喷淋冷却，水下切粒机将带条切断成要求规格的粒子，并进一步冷却、固化，最后在干燥机中将水分离，并用风机吹除粒子表面水。干燥后的切片经切片分级器除去超长切片，合格切片收集在切片料仓。切片出切片料仓采用半自动包装。

切片冷却用的除盐水经过滤后循环使用，除盐水用泵输送，通过冷却器冷却达到所需温度。切片生产过程中会蒸发和随切片带走一定量的除盐水，补加的除盐水加入在贮槽中，该槽上方带有过滤网，可滤去水中带入的聚合物粉末，以保证循环用水的清洁。

2）PBT关键技术指标及水平

（1）产品质量。

主要原材料精对苯二甲酸（PTA）和1,4-丁二醇（BDO）消耗量分别为751kg/t产品和471kg/t产品。吨产品综合能耗约为150kg标油。单耗、能耗处于国际领先水平。聚酯（PBT）产品指标见表6-4。

表6-4　聚酯（PBT）产品指标

序　　号	项　　目		指　　标
1	特性黏度，dL/g		0.80~1.00
2	特性黏度偏差，dL/g		±0.015
3	端羧基，mol/t		≤30
4	熔点，℃		≥225
5	水分，%		≤0.15
6	灰分，μg/g		≤300
7	色相	L值	≥90
		b值	≤5.0

（2）原料消耗。

原料消耗见表6-5。

表6-5　吨 PBT 切片主要原材料用量

原材料名称	单位消耗量
精对苯二甲酸，kg/t 产品	751
1,3-丙二醇，kg/t 产品	471

（3）综合能耗。

综合能耗见表6-6。

表6-6　公用工程用量（吨 PBT 聚酯切片）

序　　号	项　　目	用　　量
1	电，kW·h/t 产品	85
2	标油，kg/t 产品	100

3）PBT 工程化应用

PBT 聚酯工艺技术及成套装备，工艺路线先进，技术安全可靠。钛酸四丁酯作为催化剂，催化活性高，价格低廉；整个工艺催化剂用量小，反应速度快，反应条件温和，反应可控；最终产品 PBT 切片性能稳定，质量优异，特性黏度达到 $0.85 \sim 1.00 dL/g$；副产物四氢呋喃经精制后纯度超过 99.5%，经济价值高。昆仑工程公司正在与浙江万凯新材料有限公司、台湾省新光实业股份有限公司稳步推进项目合作。

四、中国石油 PTT 聚酯成套技术

1. PTT 技术特点

（1）PTT 聚酯连续生产系统。

针对 PTT 聚酯反应的特点和要求，开发了四釜或五釜工艺流程的全套生产系统，包括独特的二元醇精制系统、真空喷淋系统、连续切粒结晶干燥系统等。并创新地设计了聚合反应器。如设计了卧式第二酯化反应器、后缩聚反应器，采用特殊径长比，精细计算搅拌器间隙和物料自洁转角等。另外，还针对 PTT 聚酯生产过程中会产生丙烯醛、烯丙醇等有毒气体的特点，将系统设计为全密闭系统，所有装置内设备的尾气均汇集后通过尾气喷射泵送入热媒炉焚烧。

（2）二元醇精制系统。

创新地设计了生产聚酯（PTT）的二元醇精制系统，其特征在于精制塔采用负压操作，塔体为板式或板式/填料复合塔，再沸器为降膜式再沸器，再沸器与塔釜顶部直接连接。

（3）连续切粒结晶干燥装置。

由于 PTT 聚酯玻璃化温度较低（45~65℃），为避免在气温较高时 PTT 切粒黏稠、结块，不利于打包后的储存及运输，装置采用水下球磨机切粒后，在水下形成球状粒子，切粒与水一起从球磨切粒机进入结晶塔，在螺旋结晶塔内水下结晶，提高其玻璃化温度。

（4）PTT 催化剂配置。

PTT 分子链的热稳定剂性较差。熔融缩聚过程中，PTT 分子链易发生 $\beta-H$ 转移反应

（图 6-7），导致聚合物黏度快速下降。因此，高选择性催化剂是高黏度 PTT 合成的关键。

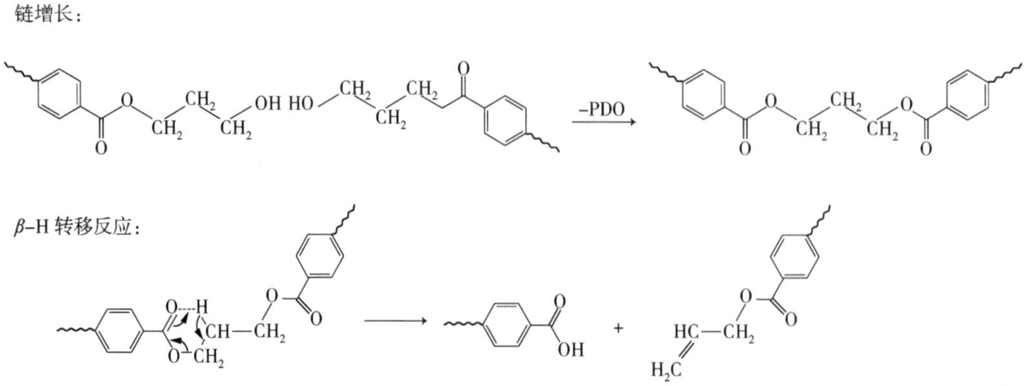

链增长：

β-H 转移反应：

图 6-7　PTT 缩聚过程中的链增长和 β-H 转移反应

钛酸四丁酯是最常见的聚酯催化剂，但其对于 PTT 聚合反应的催化活性过高，会导致严重的 β-H 转移反应，所得 PTT 特性黏度较低（<0.9dL/g）。如何适当降低钛酸四丁酯对 PTT 降解反应的催化活性，提高其催化选择性，是合成高黏度 PTT 的关键。

磷原子具有较强的给电子能力，能与钛原子配位络合，可降低钛原子与羰基氧的配位络合能力，从而降低催化活性，提高选择性。因此，PTT 催化剂筛选的基本依据是利用外给电子体含磷化合物与钛酸四丁酯配位络合，改变钛原子的电子环境，提高其催化选择性。亚磷酸酯类抗氧剂具有分解氢过氧化物、减缓聚合物的降解、耐高温、挥发性小等优点，同时还能提供磷原子，是一种理想的外给电子体。

2. PTT 工艺流程

PTT 聚酯生产一般由 PTA 的加料、催化剂溶液调配、PTA 和 1,3-丙二醇浆料的调配、酯化、缩聚、熔体输送、切片生产结晶干燥、1,3-丙二醇回用系统以及添加剂系统和热媒（加热）系统组成。图 6-8 为 PTT 工艺流程简图。

1）浆料调配

粉末状的 PTA 经链板送至 PTA 料仓或通过人工投料方式投至 PTA 料仓。PTA 自 PTA 料仓回转阀出料，通过振动筛去除夹带的异状物，经 PTA 秤连续计量后，送入浆料调配槽。在浆料调配槽中，PDO 与 PTA 混合均匀后，通过浆料输送泵将浆料连续送入酯化反应器。

2）酯化

酯化分为两个阶段，即第一酯化和第二酯化，内设加热盘管。浆料经输送泵进入第一酯化反应器，在二次热媒加热下进行酯化反应，通过调节回用丙二醇的量可控制反应的物质的量比。第一酯化反应器为内外两室结构，PTA 浆料从酯化反应器顶部进入酯化反应器内室，再流到外室。酯化物在压差的作用下，由第一酯化反应器流入第二酯化反应器，反应同样在二次热媒的加热下进行。

3）丙二醇分离塔

酯化反应生成的水蒸气、蒸发的丁二醇蒸气、副产物丙烯醇/丙烯醛和少量酯化物/低聚物等一起，自两台酯化反应器顶部进入丙二醇分离塔塔釜。在分离塔内，汽相物流被分离。工艺塔塔釜内设加热盘管，由二次热媒加热，作为分离塔的再沸器，提供分离塔精馏所需热量。

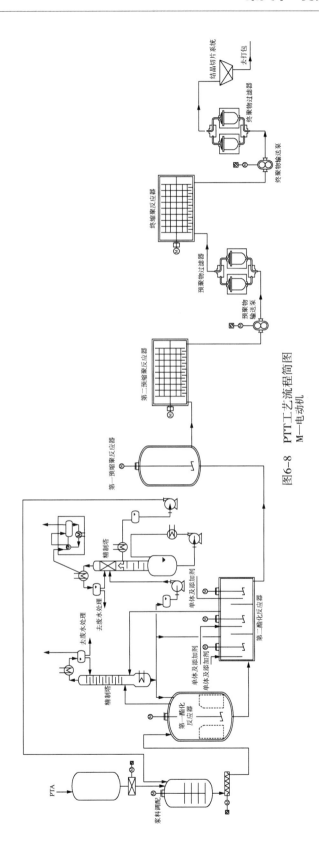

图6-8　PTT工艺流程简图
M—电动机

4）预缩聚

第二酯化反应器流出的物料借助压差与位差，进入预缩聚反应器。在预缩聚反应器内主要进行的是缩聚反应，同时进一步完成酯化反应。预缩聚反应器分上下室，上下室连通管线之间设置控制阀，实现反应器停留时间的控制。

预缩聚反应器中经缩聚反应生成的丙二醇蒸气和水蒸气的混合物经带热媒夹套的汽相管线送至刮板冷凝器，以粗丙二醇喷淋冷却捕集汽相组分中夹带的丙二醇、水和低聚物，防止其进入真空系统管线，减小液环泵的工作负荷。

5）后缩聚

预聚物通过预聚物输送泵进入后缩聚反应器，完成缩聚反应，得到特性黏度为 0.85～1.00dL/g 的 PTT 熔体。

反应时蒸出的丙二醇等低分子蒸气在出料端的上端进入刮板冷凝器，以粗丙二醇喷淋冷却捕集汽相组分中夹带的丙二醇、水和低聚物，防止其进入真空系统管线，减小液环泵的工作负荷。凝液收集在液封槽，液封槽内有滤网，经过滤的丙二醇通过循环泵和冷却器循环使用。

3. PTT 关键技术指标及水平

1）PTT 产品质量

本工艺路线生产的 PTT 切片，色泽好、稳定性高、质量优异，与普通涤纶 PET 切片相比，PTT 切片在经济性上显著提升。根据前期开发经验，结合目前国内市场需求，装置生产的产品数据规格见表6-7。

表 6-7　PTT 切片质量指标

序　号	项　目	指　标
1	特性黏度，dL/g	0.85～1.0
2	特性黏度偏差，dL/g	±0.015
3	熔点，℃	228～233
4	≥10μm 凝聚粒子，个/mg	≤0.3
5	色相 b 值	≤8
6	含水，%	≤0.4
7	灰分，%	≤0.025

2）原料消耗

原料消耗见表6-8。

表 6-8　吨 PTT 切片主要原材料用量

原材料名称	单位消耗量
精对苯二甲酸，kg/t 产品	787
1,3-丙二醇，kg/t 产品	387

3）综合能耗。

综合能耗见表6-9。

表 6-9　吨 PTT 聚酯切片公用工程用量

序　号	项　目	用　量
1	电，kW·h/t 产品	90
2	标油，kg/t 产品	70

4. PTT 工程化应用

伴随着国家促进消费、不断扩大内需，以及消费能力的升级，PTT 纤维应用领域不断拓展，已广泛应用于服装、家纺及工业用纺织品等行业。该技术除应用于传统的 PTT 生产以外，还可以应用于改性 PTT 及 PTT 衍生品的生产。PTT 在薄膜、电子/电气、家电、容器、汽车部件和家具等领域的应用也有非常广阔的前景。PTT 经过加工可以合成纤维和工程塑料，其优异的性能使其具有广阔的应用前景。

昆仑工程公司的 PTT 成套技术已应用于江苏某化纤集团 $3×10^4$t/a 聚酯工程，该装置于 2011 年开车，运行平稳，产品质量优异。目前 PTT 正处于市场培育期，企业获得该技术能够迅速占领市场；PTT 产品属于纺织化纤类高端产品，利润率高，有利于传统纺织化纤企业多元化发展，提升自身品牌价值。

第三节　PC 成套技术

聚碳酸酯(PC)是一种综合性能优良的工程塑料，也是聚酰胺(PA)、聚碳酸酯(PC)、聚甲醛(POM)、聚对苯二甲酸丁二醇酯(PBT)、聚苯醚(PPO)五大工程塑料中唯一具有透光性的品种，具有良好的透光率、抗冲击性、耐候性及尺寸稳定性等，加工方便[5-7]，广泛应用于电子电器、建筑材料、光学镜片、汽车工业、航空航天、医疗器械及 3D 打印等领域。长期以来，我国 PC 面临技术门槛，产能增长缓慢，2011 年以前我国 PC 对外依存度超过 95%，2015 年开始国内产能快速增长，截至 2020 年底，我国 PC 产能约 $190×10^4$t/a，约占世界产能的 26%。与此同时，我国 PC 需求也在稳步增长，近十年的年均复合增长率约 8.5%，属于合成材料领域屈指可数的高需求增长率品种之一，预计未来我国 PC 产业仍将快速发展。

面对国外技术封锁和国内市场的不断增长，中国石油通过多年技术攻关，开发了具有自主知识产权的大型非光气熔融酯交换法 PC 生产成套技术，实现了核心设备的国产化，并在濮阳市盛通聚源新材料有限公司 $13×10^4$t/a PC 项目上成功应用，为炼油行业实现炼化一体化、发展高端新材料打下了基础。

一、国内外技术现状

PC 合成方法有很多种，如溶液缩聚法、吡啶法、光气法、非光气法、固相缩聚法等，但在工业上实现规模化生产 PC 的技术主要有两大类，即光气法和非光气熔融酯交换法。

1859 年，俄国化学家布特列洛夫首先合成出 PC。一百年后，德国拜耳和美国 GE 公司几乎同时建设生产装置，拜耳公司于 1958 年实现 PC 的工业化生产，商品名为 Markrolon；GE 公司于 1959 年推出商品名为 Lexan 的 PC。早期的 PC 装置基本都采用光气法技术。

光气法由于反应温度较低、能耗消耗较少，可以生产分子量相对较高的产品，其透光性也略高，但光气的剧毒会造成严重的环境污染，分离反应生成的杂质和盐的技术较复杂，反应副产 HCl 对设备有腐蚀，而且残留的盐和 CH_2Cl_2 对产品的机械性能有负面影响。

鉴于光气危险性高、环境污染大等缺点，反应过程不采用光气生产 PC 的技术逐渐诞生。1993 年，GE 公司在日本建成 $2.5×10^4$t/a 非光气熔融酯交换法 PC 装置。在此之后，拜耳、旭化成、三菱化成及出光公司等也都开发了各自的非光气法技术。2007 年，GE 被出售给沙特基础工业公司(SABIC)。目前，拜耳、SABIC 等已成为世界 PC 行业的主力，世界上新建装置也以非光气法为主。

我国 PC 技术研发始于 20 世纪 50 年代，与世界几乎同步。光气法和非光气熔融酯交换法两种技术都在并行发展。原化工部晨光化工研究院(现为中蓝晨光化工研究院)于 1965 年在大连塑料四厂建成 100t/a 非光气酯交换 PC 装置。"九五"期间，中蓝晨光化工研究院承担了国家科技攻关项目，与中国纺织工业设计院(现为中国昆仑工程有限公司)合作于 1999 年建成千吨级连续化实验装置。2005 年，中科院长春应化所开发成功光气界面法制备 PC 技术，2007 年，甘肃银光化学工业集团有限公司与中科院长春应化所合作建设 500t/a 光气法 PC 装置，并分别于 2010 年 5 月和 2011 年 3 月进行了两次优化改造，生产出合格产品。2015 年，宁波浙铁大风化工有限公司采用非光气法技术建设 $10×10^4$t/a 的 PC 装置投产。随后，鲁西化工 $6.5×10^4$t/a 光气法 PC 装置也建成投产。2018 年 1 月，烟台万华化学 $7×10^4$t/a 光气法 PC 装置投产。2019 年 6 月，泸天化中蓝国塑 $10×10^4$t/a 非光气法 PC 装置建成投产。2019 年 11 月，濮阳市盛通聚源新材料有限公司和昆仑工程公司合作，$13×10^4$t/a 非光气熔融酯交换法 PC 装置建成投产。截至目前，我国光气法 PC 装置生产装置仍占国内 68%的产能。

昆仑工程公司于 2000 年前开始研发 PC 技术，选择了非光气熔融酯交换路线攻关 PC 生产技术。2002 年，昆仑工程公司在千吨级中试线基础上完成了万吨级非光气熔融酯交换法 PC 工艺包编制。2003—2015 年，致力于 PC 前期项目的开展、技术优化及市场开拓，并逐渐形成了碳酸二苯酯(DPC)-PC 一体化技术发展的理念。2016—2017 年，昆仑工程公司与国内知名科研机构合作，成功开发出大容量 PC 连续化生产工艺技术及装备，2019 年 11 月，采用中国石油 PC 成套技术的盛通聚源 $13×10^4$t/a 聚碳酸酯及其配套原料装置一次投产成功，整个工艺生产线达到国际先进水平，产品质量可与国际知名生产企业媲美。

国内外 PC 技术发展的特点：

(1) 技术垄断，生产相对集中。

光气法及非光气法 PC 合成技术目前仍然被科思创(原 Bayer)、SABIC、旭化成、三菱化学等国际化工巨头垄断。迄今为止，我国在高端 PC 生产技术上，仍受限于国外。世界五大 PC 生产商产能占世界总产能的 60%以上，科思创、SABIC、三菱化学分别是世界 PC 第一、第二、第三供应商。科思创是世界 PC 开发和生产的领头企业。

(2) 生产技术朝绿色环保方向发展。

随着全球绿色、安全要求的提高，以及对剧毒光气使用的限制，未来对人类与环境造成危害的化工生产工艺与原料将逐步受到限制并最终被淘汰。非光气的熔融酯交换技术必将逐渐取代界面缩聚法，成为世界上 PC 生产技术发展的方向。

（3）市场不断开拓，发展差异化 PC 是行业趋势。

我国 PC 消费增长较快，但应用领域相对较窄，今后 PC 将不断延伸在建材、汽车、电子电器、休闲医疗等领域的应用。同时，PC 产品将向功能化、专用化等高品质方向发展，充分利用共聚改性、塑料合金方面的技术成果，将大力提高产品的档次和附加值。

二、工艺原理

PC 生产方法主要有光气法和非光气熔融酯交换法。其中，光气法又分为溶液光气法、界面缩聚光气法及间接光气法等。

1. 溶液光气法

把双酚 A（BPA）加到二氯甲烷（CH_2Cl_2）中，溶解后通入光气进行反应，用氢氧化钠（NaOH）溶液吸收反应中生成的氯化氢（HCl）气体，并将得到的胶液经过洗漆、沉淀、干燥、挤出造粒等过程生产 PC。此工艺经济性较差，无法和界面缩聚光气法相比。

2. 界面缩聚光气法

界面缩聚光气法是把 BPA 和 NaOH 溶液反应生成双酚 A 钠盐，然后在惰性溶剂中被光气化。按照缩聚反应发生的阶段，界面缩聚光气法法又可分为一步界面缩聚光气法和二步界面缩聚光气法。（1）一步界面缩聚光气法中，开始便加入催化剂，使得光气化阶段和缩聚阶段同时进行。（2）二步界面缩聚法分光气化阶段和缩聚阶段两个阶段：①光气化阶段。用 CH_2Cl_2 作为溶剂溶解双酚 A 钠盐，将光气通入 CH_2Cl_2 中形成有机相，和无机相的双酚 A 钠盐溶液在两相界面处发生反应生成低分子量的 PC。②缩聚阶段。在生成的低分子量 PC 溶液中，加入催化剂（一般为三乙胺）和 NaOH，低分子量 PC 再经过缩聚得到高分子量 PC。与二步法相比，一步法反应迅速，消耗原料少。界面缩聚光气法反应方程式如下：

3. 间接光气法

间接光气法是苯酚和光气首先生成碳酸二苯酯（DPC），将一定量 NaOH 水溶液加入液态苯酚中，反应生成苯酚钠，再通入光气，进行界面反应得到粗产品。然后用盐酸进行洗涤，除去未反应的苯酚和副产物氯化钠（NaCl），再精馏得到 DPC。DPC 再和 BPA 进行熔融酯交换和缩聚制得 PC。间接光气法的 DPC 和 BPA 的反应原理和非光气熔融酯交换法相同。苯酚和光气生成 DPC 的反应方程式如下：

4. 非光气熔融酯交换法

非光气熔融酯交换法是指在生产 PC 的整个过程中均不使用光气，PC 合成的副产苯酚可以循环至 DPC 合成，从而形成了非光气法合成 DPC—PC 的绿色、安全、无毒和清洁的生产工艺路线。非光气法原料简单，无须使用溶剂，避免了繁杂的后处理工序、高温、高真空及反应后期的高黏度成为其显著特点[8]。非光气熔融酯交换法包括酯交换、缩聚等反应步骤。

第一步反应是酯交换反应，其反应方程式如下：

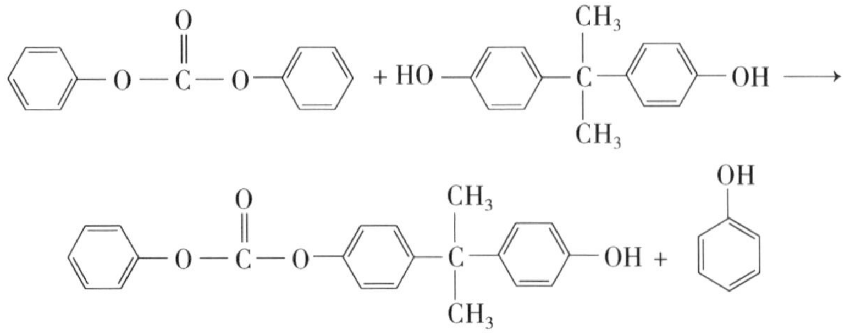

第二步是缩聚反应，由于聚合物的分子量及黏度不断增大，反应体系的传质效率降低，将副产物苯酚脱除系统的难度随之增加，因此，缩聚反应需在高温、高真空条件下进行，缩聚反应方程式如下：

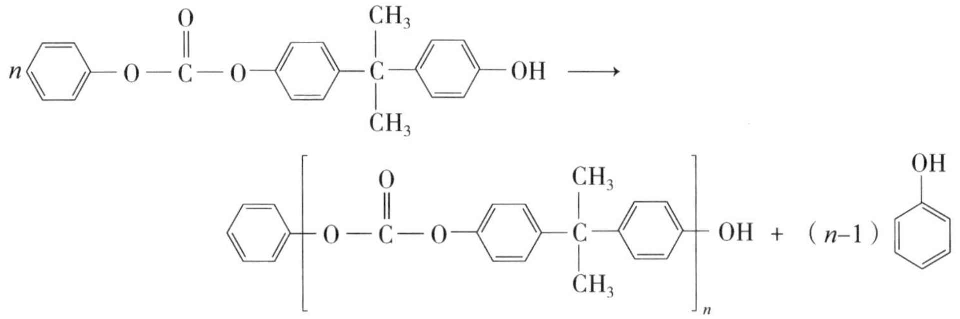

三、中国石油非光气熔融酯交换法 PC 成套技术

中国石油在 PC 工艺技术研发初期，从绿色、安全、环保等角度出发，一直致力于非光气熔融酯交换法 PC 技术的研发。历经多年的自主开发与创新，昆仑工程公司打破了大型非光气熔融酯交换法 PC 生产技术的垄断，攻克了 PC 高温、高真空、高黏度等技术难点，并攻克了配套原料 DPC 绿色工艺技术，形成了中国石油拥有自主知识产权并拥有中国石油特色的非光气熔融酯交换法 PC 成套技术。

1. 自有技术特点

DPC—PC 装置一体化设计，PC 反应副产的苯酚循环到 DPC 装置，作为 DPC 反应原料，DPC 装置产品 DPC 以液相送至 PC 装置，省去了 DPC 结晶、DPC 固体运输及重新熔融等流程，DPC 装置副产的蒸汽还可用于 PC 装置物料的加热等，实现了两个套装置物流的有机循环、能量的有效耦合，降低了生产成本。

（1）配套原料 DPC 装置采用环保型高效钛系催化剂、碳酸二甲酯（DMC）和苯酚为原料非光气酯交换的工艺路线，采用反应—萃取精馏分离副产物甲醇，技术先进、绿色环保。

（2）PC 装置采用非光气熔融酯交换的工艺路线，实现了配料技术、物质的量比调控技术、酯交换及缩聚反应技术、反应尾气处理技术等一系列创新，实现了产品质量的提高、灰分降低及工艺优化等。

（3）开发出特殊卧式终缩聚反应器，攻克高温、高黏度 PC 聚合生产难点，形成 PC 聚合反应核心专利设备 7 台(套)，并实现国内设计及制造。

非光气熔融酯交换工艺中最大难点是在反应后期，随着分子量的增大，反应物系黏度明显增大，使得传热、传质状况恶化，导致一些不良副产物的生成，使得聚合产物质量下降。在酯交换和缩聚各阶段中采用不同形式的反应器，尤其是在缩聚后期注重反应器内部强制混合型搅拌元件的特殊设计，是使该问题得到成功解决的关键。

酯交换反应温度较高，反应器需满足传质、传热、反应副产物苯酚脱出等，并达到工艺要求的分子量。酯交换反应器为立式搅拌釜，釜内设有盘管式加热器，反应器外部设有夹套用于加热和保温，盘管、夹套均采用液相热媒加热，筒体和封头采用不锈钢—碳钢复合板，内部盘管采用螺旋形盘管，具有独立的热媒出入口，搅拌器采用上装式，桨叶位于反应器内筒下端，搅拌器有独立的润滑、冷却系统。

缩聚反应在高温、高真空条件下完成，随着反应进行，聚合物熔体分子量不断增加，黏度也不断增加。缩聚反应器为特殊设计的卧式圆盘反应器。在各主轴上用键固定多块成膜圆盘，形成圆盘搅拌系统。轴的两端从端盖上穿出，支承在固定于端盖的轴承上。轴封为机械密封，并设有润滑、密封液系统。圆盘搅拌系统由悬挂在轴端的电机减速机传动。圆盘转动时带出物料，在盘面上形成液膜，在反应器各段，根据不同黏度，在盘面上做了不同处理，以达到高的成膜效率，促进反应中产生的低分子产物的脱除。圆盘反应器结构示意图如图 6-9 所示。

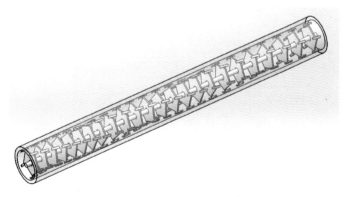

图 6-9　圆盘反应器结构示意图

（4）打破国外技术封锁，研发出特型拉法尔喷嘴，形成多级苯酚喷射真空专有技术，实现 PC 缩聚反应真空装备国产化。

PC 反应需在很高的真空度下完成，由于进入真空泵的物料中含低熔点物和低聚物等，这些组分被抽入喷射泵内，容易黏附在喷射泵内导致真空泵堵塞。苯酚喷射真空泵采用苯酚蒸气作为动力蒸气，苯酚液体作为喷淋液，通过多级喷射和多级喷淋获得缩聚反应所需要的高真空度，通过补充动力蒸汽来调节真空度。喷射泵的引射器需采用特性型面喷嘴，第一个圆弧构成拉法尔喷嘴的喉部，第二个圆弧构成拉法尔喷嘴的扩张段，避免进入真空泵物料引起的堵塞。多级苯酚喷射真空泵如图 6-10 所示。

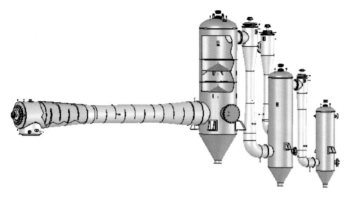

图 6-10　真空泵示意图

2. 工艺技术简介

中国石油非光气熔融酯交换法 PC 聚合由调配、酯交换、缩聚、苯酚/DPC 回收、切粒及打包等工段组成。工艺流程简图如图 6-11 所示。

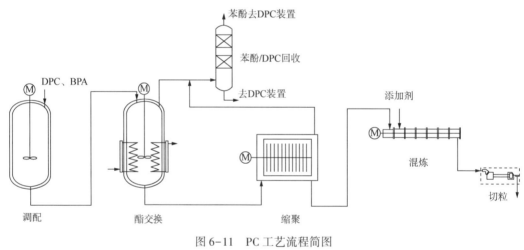

图 6-11　PC 工艺流程简图

M—电动机

1）调配

本工序的主要功能是为反应系统提供原料。从界区来的 DPC、双酚 A 按比例进行调配，严格控制物质的量比，并根据反应工艺要求加入催化剂。

2）酯交换

从调配工序送来的物流进入酯交换反应系统，反应汽相送苯酚、DPC 回收工序处理，酯交换液相产物送缩聚系统。酯交换反应系统为多级串联反应。

3）缩聚

来自酯交换工序的酯交换液相产物进行缩聚反应，反应在真空条件下进行，反应过程中同时脱出小分子，达到分子量要求的聚合物熔体经混炼后送切粒工序。

4）苯酚/DPC 回收

酯交换、缩聚反应过程产生的苯酚和过量的 DPC 混合物经苯酚回收塔处理，顶部采出苯酚，循环至 DPC 装置，塔釜采出的液相送 DPC 回收塔处理。DPC 回收塔顶部采出合格 DPC 循环利用，塔釜采出的残液送 DPC 装置处理。

5）切粒及打包

本工序主要是将聚合物熔体冷却后，切成颗粒状固体料，经打包后送库房储存、外售。

中国石油大型非光气熔融酯交换法 PC 技术为实现自动化生产，装置生产控制采用集散控制系统，对生产过程参量进行自动显示、报警和控制，在反应配比、反应温压、反应流量、反应黏度、分离温度、分离流量、精馏塔液位、精馏塔压力等关键控制上采用了串级、比值、分程等复杂控制和逻辑控制。

同时，为满足大型现代化装置安全生产需求，装置在 MPC 反应精馏系统、DPC 反应精馏系统、酯交换反应系统、缩聚反应系统、反应真空系统等还设有紧急停车和安全联锁系统，在装置发生故障时起到安全保护作用，即使在电源故障情况下，也能保证关键设备或生产装置处于安全状态。针对部分反应原料、辅助物料及反应副产物具有毒性、可燃性等，装置还设置了有毒和可燃气体检测系统，保证了生产装置运行的安全性。

3. 工程化应用

昆仑工程公司聚碳酸酯技术已成功运用于濮阳市盛通聚源新材料有限公司（简称盛源）$13\times10^4t/a$ 聚碳酸酯及其原料配套工程上。该项目是昆仑工程公司承接的首个大型 PC 工程项目，也是国内首套工业级大产能 PC 国产化装置。

项目设计涵盖了 PC 装置、DPC 装置、罐区、综合给水站、综合动力站、热媒站、污水处理站、原料及产品仓库、中心控制室及中心化验室等全套生产设施。装置于 2019 年 11 月 24 日一次投料开车成功，2020 年 11 月 24 日通过性能考核。产品质量、主要消耗指标达到或优于设计值。盛源 PC 装置可生产熔融指数 5 以上的高分子量 PC 产品，形成企业牌号 20 多种，并可以根据客户要求生产定制特殊牌号产品。

（1）注塑级产品。主要目标市场是针对通过注塑加工方式生产的电子电器、仪表盘、车灯、生活制品等，分熔融指数 7、10 两大类，共 5 个牌号。

（2）板材专用料。主要针对高端板材，如阳光板、PC 板材、薄膜等市场，分熔融指数 5、7、10 三大类，共 3 个牌号。

（3）改性专用料。主要目标市场是提供改性工厂使用，分熔融指数 7、10、15、20 四大类，共 6 个牌号。

（4）LED 专用料。主要针对 LED 灯管、LED 灯导光板、面板、背光板等用户。

（5）阻燃、开关专用料。达到 V0 级（2mm），满足电表箱、开关、电器柜等用户。

第四节　PBAT 成套技术

塑料是现代化工行业最重要的材料之一，然而多数废弃塑料制品在自然环境中难以降解，造成环境污染，影响生态平衡，威胁人类健康。在"白色污染"日益严重的大背景下，全球推行限塑禁塑政策已经达成了共识，众多国家和地区组织制定并实施了限制塑料制品的相关政策法规。可降解材料不仅可以大幅减少废弃塑料对环境造成的影响，同时也是实现资源循环利用的有效载体。我国已形成了从国家到地方多层次的禁塑政策体系，政策执行日益趋严，促进了可降解塑料行业的发展。可降解塑料已应用在多个场景，如线下商超、零售、外卖、餐饮、社区团购等，需求量大幅增加。未来 5 年我国可降解塑料市场需求量有望达到 $500×10^4t/a$，市场规模可达 477 亿元。

聚对苯二甲酸—己二酸丁二酯（PBAT）属于石油基生物降解塑料，因其性能优良、生产技术较成熟、产业化程度较高，是目前生物降解塑料研究中非常活跃和市场应用最好的降解材料之一。PBAT 主要是以己二酸（AA）、对苯二甲酸（PTA）、丁二醇（BDO）为单体，经酯化或酯交换反应和缩聚反应合成。PBAT 的性能介于聚乙烯（PE）和聚丙烯（PP）之间，可直接作塑料加工用。PBAT 熔点、力学强度与聚烯烃（PE、PP）接近，又具有 PET 聚酯的特性，熔体强度与 PET 相近，高温下易氧化降解。对于挤出、注塑、吹膜及吸塑等加工工艺，PBAT 具有良好的适应性，可在通用聚烯烃的成型加工设备上进行。由于 PBAT 具有良好的延展性、断裂伸长率、耐热性和冲击性能，可用于包装、餐具、化妆品瓶及药品瓶、一次性医疗用品、农用薄膜、农药及化肥缓释材料、生物医用高分子材料等领域，具有良好的应用推广前景[9-10]。

一、国内外技术进展

PBAT 是可降解材料替代传统塑料的主要产品之一，产业链较为成熟，拥有良好的使用性能和经济性。PBAT 产品首先由德国巴斯夫公司开发并投产，商品名为 ECOFLEX。PBAT 根据德国标准 DIN EN 13432 以及美国标准 ASTM D6400 认证为可堆肥产品，目前国际上主要生产企业为德国巴斯夫公司和意大利的诺瓦蒙特公司[11]。

国内从事 PBAT 技术研究的机构主要有中国科学院理化技术研究所（简称中科院理化所）、中国科学院化学研究所（简称中科院化学所）、清华大学、新疆蓝山屯河聚酯有限公司（简称蓝山屯河）等。

中科院理化所针对国外开发的全生物降解脂肪族聚酯合成技术中存在扩链剂、生物安全性低的问题，开发出低成本、力学性能高、生物安全性高的全生物降解聚酯 PBAT，可替代通用难降解的塑料制品，形成了具有自主知识产权的 PBAT 生产工艺包及成套生产及应用专利技术[12]。

中科院化学所通过技术整合、工艺设计以及结构调整，也已掌握了稳定的 PBAT 合成工艺，并通过了中国塑料加工工业协会、全国农业技术推广服务中心组织的完全生物降解地膜农田试验[12]。

PBAT 工艺路线根据原理不同主要分为两种。一种是以巴斯夫、金发科技等企业为代表的偶联法（二步法）工艺。一种是以新疆蓝山屯河科技股份有限公司、金晖兆隆高新科技股份有限公司、杭州鑫富科技有限公司等企业为代表的酯交换（一步法）工艺。行业内目前所有公司的酯化反应设备、工艺基本相似，区别主要在缩聚反应过程。采用偶联法工艺时，PBAT 酯化物先经熔融缩聚至较低黏度，再通过扩链剂将 PBAT 低聚物增黏至所需黏度。采用酯交换工艺时，PBAT 酯化物直接通过熔融缩聚反应增黏至所需黏度。两种工艺技术路线的对比见表6-10。

表6-10　PBAT工艺技术路线对比

项　　目	酯交换(一步法)	偶联法(二步法)
主要应用企业	蓝山屯河、金晖兆隆、杭州鑫富	巴斯夫、金发科技
关键设备	预缩聚釜、终缩聚釜、增黏釜	塔式反应器、转盘或笼式反应器、挤出机+瑞士LIST公司反应器
原辅料消耗	相对较低	较高
公用工程消耗	相近	相近
是否使用扩链剂	否	是，六亚甲基二异氰酸酯(HDI)扩链剂
投资	相对较低	相对较高
工期	相近	相近
工艺复杂情况	简单	复杂
优点	操作简单，设备要求低，可利用现有聚酯合成设备，容易实现工业化	反应速度快，可迅速获得高分子量聚酯
缺点	分子结构难以控制，大多是无规结构；反应后期反应体系黏度高，小分子难以脱除，获取高分子量共聚物相对较难	扩链剂的引入将影响聚酯结晶性能，同时由于扩链剂在反应体系中的分散难以有效控制以及活性基团的活性差异导致最终产物分子量分布宽，性能不好掌握。同时，由于HDI的引入会影响产品在医药、食品等领域的应用

二、工艺原理

PBAT是一种芳香族—脂肪族共聚酯，是在分子主链上同时含有芳香族聚酯结构单元与脂肪族聚酯结构单元的共聚酯。芳香族聚酯可以通过芳香族二元酸或酯的衍生物与脂肪族或脂环族二元醇经过缩聚反应得到，脂肪族聚酯也可以通过脂肪族二元酸或酯的衍生物与脂肪族或脂环族二元醇经过缩聚反应得到，它们也可以通过芳香族聚酯和脂肪族聚酯的内酯或交酯的开环聚合得到。正因为如此，合成芳香族—脂肪族共聚醋的方法也有很多种，其中酯交换—熔融缩聚法和偶联法最为常见。

1. 偶联法

偶联法也称扩链法，指利用扩链剂的活性基团与芳香族聚酯与脂肪族聚酯的端羧基或者端羟基反应来提高分子量的方法。扩链剂的选用根据共聚酯端基的不同而有所变化。由于PBAT共聚酯由醇(POH)过量聚合得到，封端基团是羟基，因此可用双官能团的二异氰酸酯(MDI)作为扩链剂。利用扩链剂的引发作用，在聚合物分子链上产生碳自由基，通过自由基偶合单体而产生长支链，从而提高共聚酯的分子量和熔体强度，反应方程式[13]如下：

$$2POH+O\!=\!C\!=\!N\!-\!R\!-\!N\!=\!C\!=\!O \longrightarrow POOCN\!-\!R\!-\!NHCOOP$$

扩链法首先解决了PBAT的链增长问题，但其工艺相对复杂，更主要是因为扩链法的扩链剂MDI的引入，导致了材料的生物安全性降低，采用扩链法生产的产品，在食品包装及人体接触的产品中受到限制。目前国外生产的生物降解塑料主要采用的是此方法。

2. 酯交换—熔融缩聚法

直接熔融酯交换与缩聚法也称一步法，指在熔融状态下各组分通过酯交换、共缩聚反应合成共聚酯的方法，反应过程中各组分的长嵌段均聚酯逐步断链、酯交换成为无规则共聚酯。酯交换—熔融缩聚法是将二元醇、二元酸先进行酯化，然后再在高真空下进行熔融缩聚[14]。

二元酸二元醇的酯化反应及缩聚反应，反应方程式如下：

（1）己二酸和1,4-丁二醇酯化反应：

$$n\text{HOOC}-(\text{C}_2)_4-\text{COOH}+2n\text{HO}-(\text{CH}_2)_4-\text{OH} \rightleftharpoons$$
$$n\text{HO}-(\text{CH}_2)_4-\text{OOC}(\text{CH}_2)_4-\text{COO}(\text{CH}_2)_4-\text{OH}+2n\text{H}_2\text{O}$$

（2）对苯二甲酸和1,4-丁二醇酯化反应：

（3）酯化物进行酯交换反应得到 PBAT：

在酯化和缩聚反应过程中，伴随副反应生成四氢呋喃。

（1）丁二醇脱水生成四氢呋喃：

（2）PBAT 分子链上脱水生成四氢呋喃：

采用酯交换—熔融缩聚法生产的产品，避免了因扩链引入的异氰酸基因，提高了产品的食品安全性能，为产品在食品、药品包装、农业生产等领域的应用提供了可能。

三、中国石油 PBAT 聚酯成套技术

昆仑工程公司于 2016 年与中科院理化所合作，开展 PBAT 工艺技术开发和市场开拓工作。2019 年，与中科院理化所达成联合开发大产能成套工艺技术意向，推动 PBAT 技术向大型化、规模化、绿色化方向发展。

2020 年，中国石油开发了 $10×10^4 t/a$ 大产能 PBAT 工艺包和新型反应装置，并对精制系统、真空系统等高耗能单元进行了优化。新型反应器可适用于高产能、高真空、高黏度条件下 PBAT 连续生产。优化后的精制系统和真空系统，能有效降低生产能耗，提高副产物回收率，工艺技术水平达到国际先进水平。

1. 技术特点

PBAT 成套技术通过对高真空、高黏反应体系的研究，采用分酯化工艺、高真空增黏反应器及先进的真空系统、四氢呋喃回收系统，提高了 PBAT 装置生产规模，有效地降低了装置能耗，是全球首批 10 万吨级 PBAT 生产技术。

1）大型化设计

昆仑工程公司利用在聚酯工程放大设计和大型化高黏缩聚反应器设计中的经验和技术优势，针对目前市场中现有技术受限于缩聚反应器处理能力，缩聚单元规模普遍不超过 $(2~3)×10^4 t/a$ 的情况，开发出 $5×10^4 t/a$ 规模的增黏反应器，采用"一头两尾"流程设计，单套装置产能达到 $10×10^4 t/a$。

2）分酯化工艺

针对 AA 和 BDO 反应体系特点，采用分段酯化工艺流程。PTA 与 BDO 酯化反应温度为 190~220℃，AA 与 BDO 酯化反应温度为 140~180℃，根据酯化温度的区别，分别设置两个酯化反应器。不同于 PTA/AA 共酯化技术，采用分酯化技术后，在节约能量、工艺条件易于控制的同时，由于降低了酯化温度，能有效地降低副产物四氢呋喃的生成，降低真空系统的负荷。

3）高真空高黏反应体系

增黏反应在 20~50Pa(绝压)高真空条件下进行，有利于充分脱除熔体中的 BDO 和低分子量副产物，以获得高分子量的聚合产品，采用卧式双轴增黏反应器，PBAT 动力黏度可达到 1200~1600Pa·s。工艺真空系统采用 BDO 蒸汽喷射泵与机械真空泵组合。BDO 蒸汽凝液在装置中循环使用，不产生向外排放的废水，可以大幅减少污水排放，环保效果好。

4）四氢呋喃回收系统

PBAT 生产装置配套了四氢呋喃回收装置，用于回收工艺废水中的副产物四氢呋喃。采用三塔精馏工艺，可柔性化回收纯度 99.5%~99.99% 的四氢呋喃。同时，反应过程中生成的含四氢呋喃废气收集后全部送入热媒炉焚烧，回收工艺废气的燃烧热。

2. 工艺技术简介

PBAT 装置由调配、酯化、缩聚、熔体输送、切粒系统、真空系统、BDO 循环系统等工段组成。工艺流程图如图 6-12 所示。

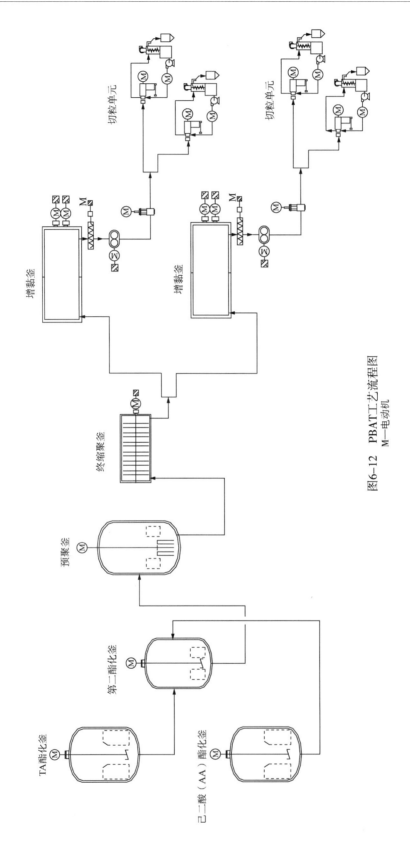

图6-12　PBAT工艺流程图
M—电动机

1）工艺流程

（1）浆料配制。

装置分别设置 PTA 调配单元和 AA 调配单元。原料 PTA 和 AA 自料仓采用回转阀出料，通过振动筛去除夹带的异状物，经计量后，分别送入 PTA 浆料调配槽和 AA 浆料调配槽。BDO 自罐区和回用 BDO 罐，经泵送至浆料调配罐中。原料按照预设物质的量比投入浆料调配槽。浆料调配是连续进行的，浆料调配槽装有搅拌器，在搅拌作用下原料以及配制好的催化剂溶液等在浆料调配槽中形成均匀的浆料悬浮液。PTA 浆料和 AA 浆料通过浆料输送泵分别连续送入对应的第一酯化反应器，浆料输送泵为螺杆泵。为了防止将氧气带到发生反应的工艺物料中发生氧化降解，浆料调制罐需要进行氮封。

（2）第一酯化反应器。

装置共设置两个第一酯化反应器。PTA 浆料和 AA 浆料分别进入对应的第一酯化反应器，在搅拌器搅拌和热媒加热情况下进行酯化反应，通过调节回用 BDO 的量可控制反应的物质的量比，反应生成的酯化物酯化率约达 91%，在压力差作用下自流进入第二酯化反应器进行混合，反应生成的水、副反应生产的四氢呋喃（THF）连同 BDO 蒸气进入 BDO 分离塔。

（3）第二酯化反应器及 BDO 分离塔。

酯化物进入第二酯化反应器，反应继续进行。第二酯化反应器是一个有内、外室结构的反应器，物料先进入外室，再通过套筒上的狭缝流入内室，内室设有加热盘管，并靠搅拌器循环强化传热。BDO 分离塔回流的 1,4-丁二醇加在内室，提高了反应物质的量比，进一步加速反应进行。第二酯化反应器酯化率达到约 96.5%，物料靠压差送到预缩聚反应器。第二酯化反应器的盘管加热使用液相热媒，单设一套二次热媒回路；该反应器夹套和气相管路加热使用气相热媒，与预缩聚反应器夹套共用一套气相热媒蒸发器。反应器内反应温度是通过调节一次热媒的加入量，改变二次热媒的温度来控制的。反应器有两套液位计，一套仅用于记录，另一套用于料位调节、高低位报警和联锁控制。酯化反应需要的真空由液环泵抽吸酯化冷凝器的尾气来提供。从第二酯化反应器出来的酯化物由低聚物泵经过低聚物管道和低聚物加热器送入预缩聚反应器。

BDO 分离塔主要用于分离两个酯化反应器的混合蒸汽中的水和 BDO。在酯化工序中，由于反应温度在水的沸点之上，PTA、AA 与 BDO 酯化反应所产生的水和 BDO 副产物 THF 及夹带出的 BDO 组成的酯化蒸汽，酯化蒸汽从酯化釜顶部的升气管进入分离塔进行分离。

酯化蒸汽从塔底进入分离塔后，蒸汽穿过塔盘向上流动，与上一层塔盘留回的液体进行热交换，形成新的气液平衡。从下到上随着每层塔盘温度逐渐降低，气相中重组分的含量逐渐减少。

该工序主要对酯化蒸汽中的 BDO 和 THF 进行分离，BDO 由塔底流出，经 BDO 过滤器过滤后回流用于浆料配制；THF 和水蒸气由塔顶排出，经冷却后流至冷凝液储罐，由储罐泵送至 THF 回收系统。不能回收的微量酯化蒸汽排至热媒炉系统焚烧处理。

（4）预缩聚。

酯化完成后物料进入预缩聚反应器，装置设一台预缩聚反应器。酯化物在反应器内发生预缩聚反应。通过调整温度、压力、液位等参数，控制预聚物的聚合度。满足要求的预聚物通过预聚物泵，经过滤后，送入终缩聚反应器内。预缩聚单元使用丁二醇蒸汽喷射泵和液环真空泵产生真空。

在预缩聚反应器及其真空设备之间设置刮板冷凝器，反应生成的气相物进入刮板冷凝器，与喷淋的BDO逆向接触，捕集气相中的夹带物，主要包括BDO、水和低聚物等。BDO凝液(主要成分为BDO、水和低聚物)收集在液封槽中，采用BDO循环泵输送，经BDO冷却器采用循环冷却水冷却降低温度后循环使用。其中从第一预缩聚反应器被抽出的气相中水含量较高，其凝液需要送入分离塔分离后再回用。预缩聚反应器内物料由齿轮泵送到终缩聚反应器中。

(5) 终缩聚。

终缩聚反应器设有一台。通过调节进入BDO蒸汽喷射泵的吸入蒸汽量来实现真空度的调节。在反应器进、出料侧各设置一个液位计，通过两个液位值来调节预聚物输送泵的进料量，控制物料的停留时间。

从终缩聚反应器出来的熔体进入熔体出料泵，泵的转速可调。熔体出料泵后设置一台双联式熔体过滤器，在熔体出料泵后的输送管线上装有在线黏度计，通过它的监测及联锁控制来保证最终产品的黏度稳定。终聚物经过滤后通过夹套三通阀分两路送入两个增黏反应器。

(6) 增黏缩聚。

装置共设置两个增黏反应器。终聚物出料泵送过来的熔体从底部进入增黏反应器，在反应器内形成熔体膜，在高真空条件下不断脱出小分子BDO，进一步发生缩聚反应。使产品达到更高的黏度要求。反应脱出的BDO蒸气通过气相管线被真空系统抽出，不可凝的尾气被真空泵组抽走。

反应器内部结构为高黏熔体的轴向流动和径向成膜脱挥提供了充分条件，提高了液相内BDO的脱出速率，达到迅速脱出BDO的目的，使得在高黏度情况下的缩聚反应能够顺利进行。

增黏缩聚反应在真空状态下进行，自控系统通过自动调节位于增黏反应器工艺尾气管线上的调节阀开度来调整增黏缩聚真空度，控制压力为在50Pa(绝压)以控制反应速度。

(7) 熔体输送、造粒及打包。

增黏反应器出口的聚酯熔体被高聚物出料泵抽出，高聚物出料泵送来的熔体过滤掉40μm凝聚粒子和杂质后，分两路送到切粒单元进行水下模切。每台切粒机产生的切片经风送系统送入对应的成品切片料仓，之后由包装称重机包装、称重、封口，制成一定规格的料袋，用推车运至产品仓库。

切片冷却用的除盐水经过滤后循环使用，除盐水用泵输送，通过冷却器冷却达到所需温度。切片生产过程中会蒸发和随切片带走一定量的除盐水，补加的除盐水加入在贮槽中，该槽上方带有过滤网，可滤去水中带入的聚合物粉末，以保证循环用水的清洁。

2) 关键技术指标

装置主要产品为聚对苯二甲酸己二酸丁二醇酯(PBAT)，副产品为四氢呋喃。PBAT产品规格见表6-11。

表 6-11　PBAT 产品规格

序　号	项　目	指　标
1	外观	乳白色或浅黄色等本色颗粒
2	密度(25℃)，kg/m³	1230±30
3	熔点，℃	110~145
4	熔体质量流动速率(MFR)，g/10min	3~8
5	含水率，%	≤0.1
6	羧基含量，mol/t	≤50
7	色值(L值)	≥70
8	色值(A值)	≤5±1
9	色值(B值)	≤10±1
10	断裂拉伸强度，MPa	≥15
11	断裂拉伸应变，%	≥500
12	弯曲强度，MPa	≥3
13	弯曲模量，MPa	≥30
14	维卡软化点 A50，℃	≥70
15	灰分，%	≤0.1

装置原辅料消耗见表 6-12，指标达到国际先进水平。

表 6-12　PBAT 装置原辅料消耗

序　号	物料名称	数　量
1	PTA，kg/t	386
2	己二酸，kg/t	365
3	1,4-丁二醇，kg/t	620
4	催化剂/助剂，kg/t	5

3）核心关键设备

（1）负压酯化反应器。

第一酯化反应器为立式单室搅拌夹套反应釜，釜内设有盘管式加热器，反应器为负压操作工况。反应器外部设有夹套用于加热和保温。盘管和夹套采用热媒加热。第一酯化反应器设置两台，AA 酯化反应器筒体和封头材料采用 S31603+Q345R 不锈钢—钢复合板；夹套选用 Q345R 钢板，内部盘管采用多组螺旋形盘管，每组具有独立的热媒出入口，盘管和内件材料选用 S31603。PTA 酯化反应器的不锈钢材质采用 S30408，其他部分材质不变。反应器搅拌器采用上装式，桨叶位于反应器内筒下端，搅拌器有独立的润滑和冷却系统。搅拌器选用变频防爆电动机驱动。

第二酯化反应器为立式夹套搅拌釜，反应器为负压操作工况，在反应器内装有一圆筒形隔离筒，将反应器分为内、外两室，物料由外室通过内室筒壁上的窄缝进入内室，然后由内室下部流出。物料在搅拌下进行反应，由内部盘管和外部夹套进行加热与保温。搅拌器为上部安装，下部设有下支承轴承，内部加热盘管结构、夹套结构与第一酯化反应器相同。反应器筒体和封头材料选用 S31603 + Q345R 的不锈钢—钢复合板，夹套材料选用 Q345R，盘管和内件材料选用 S31603。

（2）增黏反应器。

增黏反应器为卧式双轴圆盘真空反应器。在各主轴上用键固定多块成膜圆盘，形成圆盘搅拌系统。主轴在釜内的轴承支承在轴承支架上，该轴承利用聚酯熔体进行润滑。传动端由端盖上穿出，支承在固定于端盖的轴承上。轴封设有润滑、密封液系统。圆盘搅拌系统由悬挂在轴端的电动机传动。圆盘转动时带出物料，在盘面上形成液膜，在反应器各段，根据不同黏度，在盘面上做了不同处理，以达到高的成膜效率，促进反应中产生的低分子产物的脱除。反应器筒体和端盖材料选用 S30408 + Q345R 的不锈钢—钢复合板，夹套材料选用 Q345R 钢板。主轴采用特殊的合金材料，内件材料选用 S30408。

（3）BDO 蒸汽喷射泵。

BDO 蒸汽喷射泵由工作蒸汽进入室、气体吸入室、拉瓦尔喷嘴和扩压器等组成。拉瓦尔喷嘴和扩压器这两个部件组成了一条断面变化的特殊气流管道。工作蒸汽通过喷嘴将压力能转变成动能进行抽气，而混合气流通过扩压器又将动能转变成压力能从而进行排气。工作蒸汽压力和扩压器出口压力之间的压力差，使工作蒸汽得以在管道中流动。

（4）水下切粒机。

水下切粒机是一种新型的高分子聚合物半成品加工机械。水下切粒系统一般由开车阀、模头、切粒机头、水旁路系统、粒子干燥器及控制系统构成。水下切粒技术属于"模面热切"的一种，当均一的高温熔融状物料从上游设备（如反应釜、螺杆挤出机、混合设备等）末端进入铸带头，物料在刚离开模具模孔时即被高速旋转的切粒机刀片切成滴状物并进入除盐水中，由于粒子比表面积最大化的物理特性和熔化的滴状聚合物同加工用水的温差，滴状物凝固并形成接近球体的颗粒。这种"先热切后水冷"的造粒方式决定了它能够很好地胜任熔融态强度差、黏性大、对热敏感度高的物料造粒作业。

与传统造粒方式相比，水下切粒机具有环保、造粒均匀、智能切粒、高效低能耗等突出优势。（1）环保：水下切粒机采用封闭式循环工艺水管道，生产材料过程中可做到无色无味，保护材料，对材料不会出现二次污染。因设备工艺装备精良，不漏水，车间也容易保持干净整齐，相对适合于对环保要求较高的食品级和特殊材料的造粒。（2）造粒均匀：塑料是在熔体状态下被切刀切下，颗粒经循环水冷切后凝固的，出口模时即被切割。熔体状态下切粒不会形成任何粉尘，且切粒形状规整，均匀。（3）智能切粒：水下切粒可根据挤出量自动调节模头的出料量、模孔直径和切粒速度来改变切粒的大小，也可人工采用不同刀片数的刀架来改变切粒大小和形状。（4）高效低能耗：造粒工艺实现了自动化切粒、操作方便、颗粒质量好，较传统拉条切粒而言，具备更低的能耗及生产成本和更大的产量生产空间优势。

第五节　技术展望

近年来随着我国产业结构调整和制造业产品品质的提升，对高性能高分子结构材料的需求日益增多[15]，尤其是以芳环或芳杂环为分子结构主体的高分子聚合材料，因其拥有强于其他聚合材料的综合加工性能和广泛的应用场景，且国内在高分子聚合材料领域的基础研究和产业规模化发展也历经多年，与国外产业发展水平的差距正在逐步缩小。

中国石油多年来致力于下游聚合材料技术自主研发，自昆仑工程公司于20世纪末成功实现聚酯自有技术突破以来，通过不断创新研发，已经形成拥有3大系列、12项特色技术方向的大型化、系列化、功能化、柔性化聚合材料成套装备技术群，并成功完成了300多项聚酯工程技术转让和总承包，自有技术专利工厂实现总产能突破$5000 \times 10^4 t/a$，显著提升了在聚合材料领域中国自有技术的地位，也有力带动了聚合材料产业在中国乃至全球的高速发展。

同时，我们也要看到，国产自有技术促进了国内聚合材料市场的快速发展，其中的PET(纤维级、瓶级、膜级)等大宗聚合产品市场已基本成熟，有些甚至出现饱和或过剩的情况。聚合材料产业快速发展的几十年，也是全球经济高速发展的黄金期，人们对聚合材料各类用品的需求，已经从"有的用、穿的暖"的最基本保障需求，逐步升级为体感需求和外观需求，既要舒适有质感，又要靓丽有特色。此外，近些年来，产业发展对绿色、低碳、安全、环保等方面也提出了更高的要求，这对于聚合材料产品来说，对其品质和功能化提出了更高的期望，而技术升级则是满足这些期望的最主要、最直接的方法。未来聚合材料技术发展主要会在以下几个方面引起更多关注。

一、聚酯产品多功能差异化技术发展

聚合材料中聚对苯二甲酸乙二醇酯(PET)是应用最大、最广泛的产品，但从目前市场来看，大宗功能产品应用占比超过80%，新功能、新性能的产品还是小众，这与人们日益增长的品质生活要求尚有差距，因此，在多功能差异化技术发展上，一直呼声不断，尤其在优质染色性能、耐高温、高强度、抗菌、吸湿透汗方面需要有进一步的技术突破，也是研究热点。功能化、差别化产品需求的逐渐放大，提高产品附加值，也会推动技术生产结构的转型升级。

二、高性能工程塑料产品高端化技术发展

聚合材料家族中的工程塑料广泛应用于电子电器、汽车、机械、仪表及民用等各种领域，聚对苯二甲酸丁二醇酯(PBT)、聚碳酸酯(PC)是工程塑料中的佼佼者。我国工程塑料虽然产能巨大，但多为大宗商品，鲜有高端产品，尤其在航空航天、医疗等领域的高性能材料多为进口，虽然总量不大，但其高科技含量也相应带来了高的产品附加值，在国内大循环经济下的高端技术突破更具意义。

三、可降解环保材料技术发展

近些年快递等各种包装材料消耗量大幅增长，而这些绝大多数是非可降解的塑料，白色垃圾污染越趋严重，各国政府对非环保塑料产品(特别是塑料包装)的限制越来越严格，市场对环境友好的生物可降解塑料需求量持续增长。近年来我国对环境保护日益重视，尤其是近期国家限塑令的出台，更是加快了可降解材料技术进入快速发展期，而未来在众多

的可降解材料技术研究中，功能强、易获得、降解自然条件要求低、速度快、环境影响小等方面是关注重点。

四、聚酯现有技术换代提升技术发展

聚酯在全球发展几十年来，总产能已超过 $1 \times 10^8 t/a$，国内产能也已超过 $6000 \times 10^4 t/a$，由于近些年聚酯行业加速发展，其中采用近 5 年来新技术的装置产能不到 20%，在当今如此激烈的市场竞争环境下，大量生产装置对原有技术的节能改造、更新换代有强烈需求，市场巨大，因此，不断提升现有技术水平，保持行业领先的市场竞争力尤为重要。

五、产业链集成技术发展

市场发展到一定阶段，势必要进入更新换代的阶段，而在传统认识中，由于投资规模、技术能力等方面的限制，大多企业只能关注单一装置的升级改造。未来随着行业不断发展，市场竞争多发生在几家龙头企业之间，每家龙头企业规模也将不断壮大，势必会将企业发展带入产业链发展的路线上，进行全成本竞争，在这种情况下，如果能够将下游装置技术统一考虑，紧密衔接，省去其中的共有技术环节或过渡技术单元，形成真正的产业链整合技术，将大幅缩短流程生产，减少生产波动，降低成本，提高效率，形成全新的技术产品竞争力。

六、聚酯回用技术发展

聚酯回用技术理念在多年前就已被业内研究人员提出来，虽然市场上有些企业和研究机构推出了一些回收利用技术，但相对落后，聚酯回收技术也一直未能有大的发展，总体而言，主要原因在于技术、成本、政策等均未有成熟的支撑。近年来随着国家环保政策不断趋严和经济发展、社会进步，每年大量一次性非降解的废旧聚酯材料产品如何处理越来越受到社会的广泛关注，也逐步成为行业追踪思考的热点，当前，全球非降解的废旧聚酯材料产品产量超过 $1 \times 10^8 t/a$，如果能够实现低成本回收废旧聚酯材料用以制造新的中高端产品和中间产品，实现材料循环使用，既可显著减少新的废旧材料处理量，也会大幅降低一次能源消耗量。虽然面对纷繁复杂的废旧材料，研发过程可能会遇到许多困难，但该类技术归属于绿色环保范畴，将会是未来行业发展不可或缺的主流趋势之一。

参 考 文 献

[1] 高小山，王爽芳，周娜. 我国聚酯产业的发展现状[J]. 新材料产业，2012(2)：44-49.

[2] M Reisen. Zimmer 二釜新工艺[J]. 国际纺织导报，2008，36(8)：12-13.

[3] 刘玉栓. 聚酯发展历史与趋势[J]. 山东化工，2013，42(8)：53-57.

[4] 高宏保. 聚酯膜用 SiO_2 开口剂的特征及评价[J]. 合成技术及应用，2017，22(1)：20-22.

[5] 宋倩倩，马宗立，王红秋，等. 聚碳酸酯市场供需现状与发展趋势[J]. 世界石油工业，2019，26(5)：53-57.

［6］赵军，李安邦．聚碳酸酯生产工艺及市场前景研究［J］．科学管理，2020，27(2)：227-231.

［7］刘峰，翟刚，李建国，等．脂肪族聚碳酸酯的研究进展［J］．石油化工，2013，42(5)：568-576

［8］戢子龙．熔融酯交换法合成聚碳酸酯缩聚工艺的研究［D］．上海：华东理工大学，2011.

［9］季君晖．全生物降解塑料的研究与应用［J］．塑料，2007，36(2)：37-45.

［10］陶怡，柯彦，李俊彪，等．我国生物可降解塑料产业发展现状与展望［J］．化工新型材料，2020，48(12)：1-4.

［11］欧阳春平，卢昌利，郭志龙，等．聚对苯二甲酸-己二酸丁二醇酯(PBAT)合成工艺技术研究进展与应用展望［J］．广东化工，2021，48(6)：47-48.

［12］赵凌云．我国生物降解塑料 PBAT 产业化现状与建议［J］．聚酯工业，2018，31(5)：9-11.

［13］吕静兰，陈伟，祝桂香，等．可生物降解聚(对苯二甲酸丁二醇酯-co-己二酸丁二醇酯)共聚酯的挤出扩链反应［J］．石油化工，2007，36(10)：1046-1051.

［14］庞道双，潘小虎，李乃祥，等．PBAT 合成工艺研究［J］．合成技术及应用，2019，34(2)：35-39.

［15］史冬梅，张雷．高性能高分子结构材料发展现状及对策［J］．科技中国，2019(8)：9-12.

第七章　芳烃生产技术展望

第三次能源革命已然扬帆起航，人类赖以生存的能源，也由高碳向低碳，并进一步向无碳演变，能源的生产由化石能源向可再生能源和清洁能源过渡，能源的载体由传统的汽油、煤油、柴油、高碳电力等向绿电、氢能等转变，能源发展迎来了新时代。由此，能源变革也持续而深入地推动了第四次工业革命向能源低碳化、动力电动化、系统智能化等方向发展。新变革孕育了新场景，新场景诞生了新需求，新需求催生了新产业，新产业在呼唤新技术，新的体系正在构建、迭代之中，重构、赋能，成为产业链发展演变的新特征。

芳烃产业链也步入了同一条历史长河。芳烃基合成材料以其多元化的基本构造、改性方式、构建路径，正在成为先进基础材料、关键战略材料、前沿新材料等方向的主要支撑基础之一。新的材料及原料、中间体成为芳烃产业拓展的新空间，新的产业链也应运而生。产业的发展急需科学基础理论研究的新进展。

科学技术的发展进入了新阶段。科学理论研究向基础纵深充分发展，技术开发进步则加速由理论向应用转化。在研究量级上，更多由宏观特性向分子级别研究转变，吸附、结晶、膜分离等新兴技术得到日益广泛的应用；在研究尺度上，更多由宏观尺度向微观尺度过程强化研究转变，采用微化工、微反应、微界面等新方法开展更为深入的探索和实践；在研究方法上，由传统实验数据回归预测向智能生态自学习转变，路径智能筛选、神经网络反应模型、分子构型智能搭建等一批新方法应用于科技创新；在路线选择上，更多由高反应苛刻度、高能耗向功能性绿色生态安全转变，绿色合成、生物技术、节能技术等对传统技术的改良和革命催生了新一轮的竞争。随之而来的是科技创新活力日益增强，一批新兴技术完成技术成果转化，并实质性走向商业应用。

飞速前进的科技发展，为芳烃生产技术的提升和丰富带来了新的发展活力。以分子管理为核心的油品分质利用技术将成为炼化行业"减油增化"、转型升级的关键性支撑技术；以微界面氧化反应技术为关键创新的新一代 PTA 技术将会引领产业走上技术的新高度；以反应路径重构、催化剂活性提升和传质界面突破为特征的反应技术将不断带来新的发展动力；以物质宏观特性、特征官能团和分子尺度差异为基础并有机耦合的分离技术，与日新月异的节能方法和技术相结合，将进一步降低芳烃技术能耗；反应转化与分离纯化将呈现更多的跨界融合，相互替代和集成组合将有助于实现技术的螺旋式上升。日益繁荣的科技创新将会有效提升科技供给能力，进一步满足和适应高质量发展、建设现代化经济体系日益迫切并持续增长的需求。

科学日益向更多学科方向、更新基础理论前进，技术则在跨学科集成组合、产品或产业替代中面向市场需求。科研工作者不仅要有精湛的专业知识素养，更要有系统多元的人文精神，才能在人民对美好生活的向往中挖掘市场需求，在品质和成本的平衡中架构技术路线，在改造世界和保护我们赖以生存的地球中构筑多元协同发展的化工产业新体系。"碳中和"是环境问题，更是发展问题，是中国转型的巨大驱动力。化石能源是推动此前三次工业革命的主要力量，现在我国需要让化石能源逐渐退出，由"化石燃料时代"变成"化石材料时代"[1]。

创新重构未来。炼化行业的大转型为创新性芳烃技术的应用提供了良好契机，芳烃技术的路线重构也为一体化大发展提供了强力支撑。芳烃产业链的高质量发展，应立足于在持续重构中对技术体系的加速演进，将解决原料、技术与需求间的不匹配不平衡问题作为创新的主要着力点。让技术更适应原料，让原料更匹配技术，炼化一体化分子管理技术正在逐步成型。价值、成本、投资、安全、环保之间的平衡转化，依然是芳烃技术发展的发力点，根据彼此情况差异而进行的技术路线的整体适应性调整，则成为各家的技术特色，甚至成为鲜明的时代特征，和而不同的技术生态体系正在焕发出勃勃生机。

在芳烃生产技术领域，传统连续重整技术仍然占据主导地位，并不断探索芳烃生产的新途径。甲醇因其具有向苯环和甲基的双向转化特性，展示出强大的生命力。我国煤炭相对丰富而油气短缺的资源禀赋也决定了煤经甲醇（和甲苯或苯）高选择性制芳烃技术的重要性，在成熟的芳烃联合装置中耦合甲醇和甲苯选择性烷基化制芳烃技术，以最大限度地增产芳烃，也是通过技术创新打破行业壁垒，既利用好煤炭，又促进石油化工的发展，从而实现煤化工和石油化工协调发展新理念的具体案例[2]。催化剂依然是研发关注的重点，并为多甲基芳烃定制开辟了新路径。同时，基于废弃油气资源原位转化利用的新方式，标准化和橇块化装置成为工程化研发的热点。

在芳烃转化技术领域，重点围绕苯环和烷基的再利用和再平衡展开，并沿着大宗化工产品和特色化工产品两个方向前进，重点通过烷基转移、歧化、甲基化、轻质化、异构化等不同转化方式解决芳烃资源的价值提升问题。未来发展主要表现在催化剂性能更加优异、技术集成组合更加多元、价值目标取向更加综合、全厂一体化的加工路径更加灵活。2,6-二甲基萘、均四甲苯等特色品种的绿色低碳生产路线，将为 PEN、PI 等高性能材料的快速发展提供技术支撑。更多双环、多环、稠环芳烃的转化和利用，将催生更为丰富的化工新材料体系。

在芳烃分离技术领域，分子管理理念日臻成熟，分离方式推陈出新，族组成分离成为研究的热点。新型分离材料和溶剂的研制成为技术开发的重点，根据分子的不同特征形成不同分离技术的有机整合是技术应用的关键，也是绿色低碳的必然发展方向，技术与装备的深入耦合将进一步塑造持久的竞争力。未来产业链的构建，也将更多的通过新型分离技术，在现存体系中以更低成本直接获取，以替代更高能源消耗的反应转化技术，分子级管理和利用将成为未来发展主要路径。

在芳烃衍生物技术领域，PTA 系列技术以其规模效益而影响深远，其研发的重点主要体现在产品质量指标与加工深度的再平衡、主流程反应结晶条件与能量利用效能的再平衡、氧化和精制单元不同溶剂系统的再融合、新型催化体系效能与新型界面传质速率的再平衡。在再平衡中嫁接新体系、新方法、新装备，持续重构发展新动能。芳烃基本构造中的单环、多环、杂环，苯环与烷基的空间构型，苯环加氢与否，以及由此衍生的酸、醇、胺、酯等转化形态的有机耦合，令芳烃衍生物的多元化、多向性成为业界关注的热点。围绕资源利用和能量消耗展开而构建的技术路线新体系，也为芳烃衍生物技术向纵深发展揭开了新的序章。多链段、多节点的转化路径，为不同反应加工过程的不同排列组合顺序、不同反应与分离的有机组合提供了更为丰富的可能，新的立体式、网络化技术体系将会持续演变提升。在芳烃基合成材料技术领域，作为直接面向消费终端的"最后一公里"，其发展的重点就是满足人民对美好生活的向往所产生的需求，并向具有优异性能的结构材料和有特殊性质的功能材料两个方向创新突破，是人类对物质性质的更深层次再认识和再应用。结构材料所主导的强度、韧性、硬度、弹性等机械性能，可以满足高强度、高刚度、高硬度、耐高温、耐磨、耐蚀、抗辐照等性能要求，而功能材料所主导的电、光、声、磁、热等功能和物理效应，可以实现诸如半导体材料、磁性材料、光敏材料、热敏材料、隐身材料和核材料等某种功能。二者的有机结合，将为新场景、新应用、新需求提供更为丰富立体的功能和性能组合。研究的重点则在于市场需求的科学问题转化，以及技术成果的工程化转化和产业化应用。具体而言，大宗基础性产品序列将向功能化、差异化发展，不断提高特定性能、降低加工成本、持续实现替代；特种工程塑料和合成纤维将向功能化顶峰冲击，不断实现性能超越和功能集成耦合；产品形态将向全生命周期管理发展，材料回收再利用技术和可生物降解材料成为热点。此外，绿色低碳生产技术和产业链集成技术也将成为工程转化的开发重点。

未来已来。科学技术之光正焕发出璀璨的光芒，在浩渺的宇宙中星光闪耀。让我们敞开思想之门，用系统思维、科学态度和进取精神迎接她的到来，向着美好生活，勇往直前！

参 考 文 献

[1] 郑挺颖，于宝源，陈北斗."碳中和"是中国转型的巨大驱动力——专访中国工程院院士、清华大学化学工程系金涌教授[J].环境与生活，2021，160(6)：62-63.

[2] 于政锡，徐庶亮，张涛，等.对二甲苯生产技术研究进展及发展趋势[J].化工进展，2020，39(12)：4983-4992.